国家职业资格培训教材
技能型人才培训用书

食品检验工（高级）

第2版

国家职业资格培训教材编审委员会　组编
刘长春　谭佩毅　主编

机械工业出版社

本书是根据最新《国家职业标准　食品检验工》（高级）的知识要求和技能要求，按照岗位培训需要的原则编写的。本书的主要内容包括：食品检验基本知识，粮油及其制品检验，糕点、糖果检验，乳及乳制品检验，白酒、果酒、黄酒检验，啤酒检验，饮料检验，罐头食品检验，肉、蛋及其制品检验，调味品、酱腌制品检验，茶叶检验。本书还附有大量的知识要求试题和技能要求试题，以便于企业培训、考核和读者自测自查。

本书主要用作企业培训和职业技能鉴定培训的教材，也可作为高级技校、技师学院、高职院校以及各种短训班的教学用书，还可供有关工人自学使用。

图书在版编目（CIP）数据

食品检验工：高级/刘长春，谭佩毅主编；国家职业资格培训教材编审委员会组编．—2版．—北京：机械工业出版社，2012.6（2024.12重印）

国家职业资格培训教材　技能型人才培训用书

ISBN 978-7-111-38671-1

Ⅰ.①食…　Ⅱ.①刘…②谭…③国…　Ⅲ.①食品检验-技术培训-教材　Ⅳ.①TS207.3

中国版本图书馆CIP数据核字（2012）第120114号

机械工业出版社（北京市百万庄大街22号　邮政编码100037）
策划编辑：陈玉芝　责任编辑：陈玉芝　王华庆
责任校对：张　媛　责任印制：单爱军
北京虎彩文化传播有限公司印刷
2024年12月第2版第7次印刷
169mm×239mm · 19.75印张 · 383千字
标准书号：ISBN 978-7-111-38671-1
定价：49.80元

电话服务	网络服务
客服电话：010-88361066	机　工　官　网：www.cmpbook.com
010-88379833	机　工　官　博：weibo.com/cmp1952
010-68326294	金　　书　　网：www.golden-book.com
封底无防伪标均为盗版	机工教育服务网：www.cmpedu.com

国家职业资格培训教材（第2版）
编 审 委 员 会

第2版 序

在“十五”末期，为贯彻落实“全国职业教育工作会议”和“全国再就业会议”精神，加快培养一大批高素质的技能型人才，机械工业出版社精心策划了与原劳动和社会保障部《国家职业标准》配套的《国家职业资格培训教材》。这套教材涵盖41个职业工种，共172种，有十几个省、自治区、直辖市相关行业200多名工程技术人员、教师、技师和高级技师等从事技能培训和鉴定的专家参加编写。教材出版后，以其兼顾岗位培训和鉴定培训需要，理论、技能、题库合一，便于自检自测，受到全国各级培训、鉴定部门和广大技术工人的欢迎，基本满足了培训、鉴定和读者自学的需要，在“十一五”期间为培养技能人才发挥了重要作用，本套教材也因此成为国家职业资格鉴定考证培训及企业员工培训的品牌教材。

2010年，《国家中长期人才发展规划纲要（2010—2020年）》、《国家中长期教育改革和发展规划纲要（2010—2020年）》、《关于加强职业培训促就业的意见》相继颁布和出台，2012年1月，国务院批转了“七部委”联合制定的《促进就业规划（2011—2015年）》，在这些规划和意见中，都重点阐述了加大职业技能培训力度、加快技能人才培养的重要意义，以及相应的配套政策和措施。为适应这一新形势，同时也鉴于第1版教材所涉及的许多知识、技术、工艺、标准等已发生了变化的实际情况，我们经过深入调研，并在充分听取了广大读者和业界专家意见的基础上，决定对已经出版的《国家职业资格培训教材》进行修订。本次修订，仍以原有的大部分作者为班底，并保持原有的“以技能为主线，理论、技能、题库合一”的编写模式，重点在以下几个方面进行了改进：

1. 新增紧缺职业工种——为满足社会需求，又开发了一批近几年比较紧缺的以及新增的职业工种教材，使本套教材覆盖的职业工种更加广泛。

2. 紧跟国家职业标准——按照最新颁布的《国家职业技能标准》（或《国家职业标准》）规定的工作内容和技能要求重新整合、补充和完善内容，涵盖职业标准中所要求的知识点和技能点。

3. 提炼重点知识技能——在内容的选择上，以“够用”为原则，提炼出应重点掌握的必需的专业知识和技能，删减了不必要的理论知识，使内容更加精炼。

4. 补充更新技术内容——紧密结合最新技术发展，删除了陈旧过时的内容，补充了新的技术内容。

5. 同步最新技术标准——对原教材中按旧的技术标准编写的内容进行更新，所有内容均与最新的技术标准同步。

6. 精选技能鉴定题库——按鉴定要求精选了职业技能鉴定试题，试题贴近教材、贴近国家试题库的考点，更具典型性、代表性、通用性和实用性。

7. 配备免费电子教案——为方便培训教学，我们为本套教材开发配备了配套的电子教案，免费赠送给选用本套教材的机构和教师。

8. 配备操作实景光盘——根据读者需要，部分教材配备了操作实景光盘。

一言概之，经过精心修订，第2版教材在保留了第1版教材精华的同时，内容更加精练、可靠、实用，针对性更强，更能满足社会需求和读者需要。全套教材既可作为各级职业技能鉴定培训机构、企业培训部门的考前培训教材，又可作为读者考前复习和自测使用的复习用书，也可供职业技能鉴定部门在鉴定命题时参考，还可作为职业技术院校、技工院校、各种短训班的专业课教材。

在本套教材的调研、策划、编写过程中，曾经得到许多企业、鉴定培训机构有关领导、专家的大力支持和帮助，在此表示衷心的感谢！

虽然我们已经尽了最大努力，但教材中仍难免存在不足之处，恳请专家和广大读者批评指正。

国家职业资格培训教材第2版编审委员会

第1版　序一

当前和今后一个时期，是我国全面建设小康社会、开创中国特色社会主义事业新局面的重要战略机遇期。建设小康社会需要科技创新，离不开技能人才。“全国人才工作会议”、“全国职教工作会议”都强调要把“提高技术工人素质、培养高技能人才”作为重要任务来抓。当今世界，谁掌握了先进的科学技术并拥有大量技术娴熟、手艺高超的技能人才，谁就能生产出高质量的产品，创出自己的名牌；谁就能在激烈的市场竞争中立于不败之地。我国有近一亿技术工人，他们是社会物质财富的直接创造者。技术工人的劳动，是科技成果转化为生产力的关键环节，是经济发展的重要基础。

科学技术是财富，操作技能也是财富，而且是重要的财富。中华全国总工会始终把提高劳动者素质作为一项重要任务，在职工中开展的“当好主力军，建功‘十一五’，和谐奔小康”竞赛中，全国各级工会特别是各级工会职工技协组织注重加强职工技能开发，实施群众性经济技术创新工程，坚持从行业和企业实际出发，广泛开展岗位练兵、技术比赛、技术革新、技术协作等活动，不断提高职工的技术技能和操作水平，涌现出一大批掌握高超技能的能工巧匠。他们以自己的勤劳和智慧，在推动企业技术进步，促进产品更新换代和升级中发挥了积极的作用。

欣闻机械工业出版社配合新的《国家职业标准》为技术工人编写了这套涵盖41个职业的172种“国家职业资格培训教材”。这套教材由全国各地技能培训和考评专家编写，具有权威性和代表性；将理论与技能有机结合，并紧紧围绕《国家职业标准》的知识点和技能鉴定点编写，实用性、针对性强，既有必备的理论和技能知识，又有考核鉴定的理论和技能题库及答案，编排科学，便于培训和检测。

这套教材的出版非常及时，为培养技能型人才做了一件大好事，我相信这套教材一定会为我们培养更多更好的高技能人才做出贡献！

李永安

（李永安　中国职工技术协会常务副会长）

第1版 序二

为贯彻“全国职业教育工作会议”和“全国再就业会议”精神，全面推进技能振兴计划和高技能人才培养工程，加快培养一大批高素质的技能型人才，我们精心策划了这套与劳动和社会保障部最新颁布的《国家职业标准》配套的《国家职业资格培训教材》。

进入21世纪，我国制造业在世界上所占的比重越来越大，随着我国逐渐成为“世界制造业中心”进程的加快，制造业的主力军——技能人才，尤其是高级技能人才的严重缺乏已成为制约我国制造业快速发展的瓶颈，高级蓝领出现断层的消息屡屡见诸报端。据统计，我国技术工人中高级以上技工只占3.5%，与发达国家40%的比例相去甚远。为此，国务院先后召开了“全国职业教育工作会议”和“全国再就业会议”，提出了“三年50万新技师的培养计划”，强调各地、各行业、各企业、各职业院校等要大力开展职业技术培训，以培训促就业，全面提高技术工人的素质。

技术工人密集的机械行业历来高度重视技术工人的职业技能培训工作，尤其是技术工人培训教材的基础建设工作，并在几十年的实践中积累了丰富的教材建设经验。作为机械行业的专业出版社，机械工业出版社在“七五”、“八五”、“九五”期间，先后组织编写出版了“机械工人技术理论培训教材”149种，“机械工人操作技能培训教材”85种，“机械工人职业技能培训教材”66种，“机械工业技师考评培训教材”22种，以及配套的习题集、试题库和各种辅导性教材约800种，基本满足了机械行业技术工人培训的需要。这些教材以其针对性、实用性强，覆盖面广，层次齐备，成龙配套等特点，受到全国各级培训、鉴定和考工部门和技术工人的欢迎。

2000年以来，我国相继颁布了《中华人民共和国职业分类大典》和新的《国家职业标准》，其中对我国职业技术工人的工种、等级、职业的活动范围、工作内容、技能要求和知识水平等根据实际需要进行了重新界定，将国家职业资格分为5个等级：初级（5级）、中级（4级）、高级（3级）、技师（2级）、高级技师（1级）。为与新的《国家职业标准》配套，更好地满足当前各级职业培训和技术工人考工取证的需要，我们精心策划编写了这套“国家职业资格培训教材”。

这套教材是依据劳动和社会保障部最新颁布的《国家职业标准》编写的，为满足各级培训考工部门和广大读者的需要，这次共编写了41个职业172种教材。在职业选择上，除机电行业通用职业外，还选择了建筑、汽车、家电等其他相近行业的热门职业。每个职业按《国家职业标准》规定的工作内容和技能要求编写初级、中级、高级、技师（含高级技师）四本教材，各等级合理衔接、步步提升，为高技能人才培养搭建了科学的阶梯型培训架构。为满足实际培训的需要，对多工种共同需求的基础知识我们还分别编写了《机械制图》、《机械基础》、《电工常识》、《电工基础》、《建筑装饰识图》等近20种公共基础教材。

在编写原则上，依据《国家职业标准》又不拘泥于《国家职业标准》是我们这套教材的创新。为满足沿海制造业发达地区对技能人才细分市场的需要，我们对模具、制冷、电梯等社会需求量大又已单独培训和考核的职业，从相应的职业标准中剥离出来单独编写了针对性较强的培训教材。

为满足培训、鉴定、考工和读者自学的需要，在编写时我们考虑了教材的配套性。教材的章首有培训要点、章末配复习思考题，书末有与之配套的试题库和答案，以及便于自检自测的理论和技能模拟试卷，同时还根据需求为20多种教材配制了VCD光盘。

为扩大教材的覆盖面和体现教材的权威性，我们组织了上海、江苏、广东、广西、北京、山东、吉林、河北、四川、内蒙古等地相关行业从事技能培训和考工的200多名专家、工程技术人员、教师、技师和高级技师参加编写。

这套教材在编写过程中力求突出“新”字，做到“知识新、工艺新、技术新、设备新、标准新”，增强实用性，重在教会读者掌握必需的专业知识和技能，是企业培训部门、各级职业技能鉴定培训机构、再就业和农民工培训机构的理想教材，也可作为技工学校、职业高中、各种短训班的专业课教材。

在这套教材的调研、策划、编写过程中，曾经得到广东省职业技能鉴定中心、上海市职业技能鉴定中心、江苏省机械工业联合会、中国第一汽车集团公司以及北京、上海、广东、广西、江苏、山东、河北、内蒙古等地许多企业和技工学校的有关领导、专家、工程技术人员、教师、技师和高级技师的大力支持和帮助，在此谨向为本套教材的策划、编写和出版付出艰辛劳动的全体人员表示衷心的感谢！

教材中难免存在不足之处，诚恳希望从事职业教育的专家和广大读者不吝赐教，提出批评指正。我们真诚希望与您携手，共同打造职业培训教材的精品。

国家职业资格培训教材编审委员会

前　言

《食品检验工（高级)》自2006年出版以来，先后印刷了7次，为培养高级技能人才发挥了重要作用，得到了全国各级技能培训和鉴定部门以及技术工人的认可与好评。

随着科学技术和社会的快速发展，近几年食品检验技术标准更新较快，对掌握食品检验技能的人才提出了更高的要求。另外，本书第1版内容中的部分技术标准和技术内容已经陈旧，亟待进行更新，并且在其使用过程中我们也发现了一些不足。因此，我们对本书第1版进行了修订，以使其更能满足读者的需求。

本书的修订以最新颁布的《国家职业标准　食品检验工》为依据，以满足岗位培训需要为宗旨，以实用、够用为原则，以技能为主线，在保持原有内容体系和结构的基础上，按照《国家职业标准　食品检验工》规定的工作内容和技能要求进行内容的调整、补充和完善，力求内容新颖、精练、实用。主要修订内容如下：

1. 对粮油及其制品中磷化物含量的测定，茶叶中茶多酚含量的测定，食品中钙、铁、锌、钠、钾、镁、铜、锰、铅、磷和丙酸钙含量的测定等技术标准进行了更新。

2. 对乳及乳制品中钙、铁、锌、钠、钾、镁、铜和锰含量的测定，饮料中锌、钾、钠、钙、镁、锡、铜含量的测定，肉、蛋及其制品中锌、钙、铜含量的测定等内容加以整合。

3. 删除了部分食品中铅、汞、砷和氰化物含量的测定等实用性不高和陈旧过时的技能训练内容。

江苏食品职业技术学院刘长春、谭佩毅负责本次修订工作的组织、部分内容的修订以及统稿工作，江苏食品职业技术学院王传荣、杨志红、颜延宁和周鑫鑫参加了部分内容的修订工作。江苏食品职业技术学院张安宁教授对修订稿进行了审阅，提出了许多宝贵意见，在此深表感谢。

由于编者水平有限，书中难免存在缺点和不足之处，恳请广大读者批评指正！

编　者

目　　录

第一章

食品检验基本知识

培训学习目标 掌握正确配制标准溶液及确定其准确浓度的方法，确定分析中产生误差的原因并消除误差，学会处理分析数据的方法，能够正确填写检验报告单；掌握原子吸收分光光度分析原理和原子吸收分光光度计的使用常识；掌握检验微生物的常用方法。

第一节 标准溶液

一、标准溶液的配制

1. 直接法

直接法是指将一定量的物质溶解后准确稀释至一定体积，根据物质的质量和溶液的体积直接计算出该标准溶液的准确浓度。

$$c = \frac{m \times 1000}{MV}$$

式中 c——标准溶液的浓度(mol/L)；

m——物质的质量(g)；

M——物质的摩尔质量(g/mol)；

V——标准溶液的体积(mL)。

采用直接法配制标准溶液时一定要使用基准物质。基准物质必须符合以下要求：

1）物质具有足够的纯度。一般要求纯度在99.9%（质量分数）以上，杂质的含量应小于分析所允许的误差。

2）物质的组成与化学式完全符合。例如，当含有结晶水时，其结晶水的量也必须与化学式相符。

3）性质稳定。在干燥过程中不分解，放置时不因风化而失去结晶水，称量中不吸收空气中的水分和二氧化碳，不被空气中的氧所氧化。

4）具有较大的摩尔质量。

基准物质不仅可以用于直接法配制标准溶液，而且可以用于未知溶液浓度的标定。

常用基准物质的干燥条件和应用见表1-1。

表1-1　常用基准物质的干燥条件和应用

基准物质		干燥条件	标定对象
名称	化学式		
无水碳酸钠	Na_2CO_3	180～200℃	酸
硼砂	$Na_2B_4O_7 \cdot 10H_2O$	放在装有NaCl和蔗糖饱和溶液的密封容器中	酸
草酸	$H_2C_2O_4 \cdot 2H_2O$	室温、空气干燥	碱或$KMnO_4$
邻苯二甲酸氢钾	$KHC_8H_4O_4$	100～120℃	碱
重铬酸钾	$K_2Cr_2O_7$	140～150℃	还原剂
溴酸钾	$KBrO_3$	130℃	还原剂
碘酸钾	KIO_3	130℃	还原剂
三氧化二砷	As_2O_3	室温、干燥器中保存	氧化剂
草酸钠	$Na_2C_2O_4$	130℃	氧化剂
碳酸钙	$CaCO_3$	110℃	EDTA
锌	Zn	室温、干燥器中保存	EDTA
氧化锌	ZnO	900～1000℃	EDTA
氯化钠	NaCl	500～600℃	$AgNO_3$
氯化钾	KCl	500～600℃	$AgNO_3$
硝酸银	$AgNO_3$	220～250℃	氧化物

2. 标定法（又称间接法）

凡不符合基准物质条件的试剂或不能用直接法配制的标准溶液，要用标定法配制。

标定法是将试剂先配成近似浓度的溶液，然后用基准物质或另一种已知准确浓度的标准溶液来测定它的准确浓度。这种确定试剂溶液准确浓度的操作过程称为标定。

（1）用基准物质标定　准确称取一定量的基准物质，溶解后用待标定的溶液进行滴定，然后根据基准物质的质量与消耗待标定溶液的体积，即可计算出待标定溶液的浓度。

$$c_{待} = \frac{\frac{a}{b} m_{基} \times 1000}{M_{基} V_{待}}$$

式中　$c_{待}$——待标定溶液的浓度(mol/L);

a——反应式中待标定溶液的计量系数;

b——反应式中基准物质的计量数;

$m_{基}$——基准物质的质量(g);

$M_{基}$——基准物质的摩尔质量(g/mol);

$V_{待}$——标定时消耗待标定溶液的体积(mL)。

（2）用标准溶液标定　用已知准确浓度的标准溶液与待标定溶液互相滴定，根据两种溶液所消耗的体积及标准溶液的浓度，可计算出待标定溶液的准确浓度。

$$c_{待} = \frac{\frac{a}{b} c_{标} V_{标}}{V_{待}}$$

式中　$c_{待}$——待标定溶液的浓度(mol/L);

a——反应式中待标定溶液的计量系数;

b——反应式中基准物质的计量数;

$V_{待}$——待标定溶液的体积(mL);

$c_{标}$——已知准确浓度的标准溶液的浓度(mol/L);

$V_{标}$——已知准确浓度的标准溶液的体积(mL)。

在分析中为了减少系统误差，进行标定时应注意：

1）选择基准物质时，一般要选用摩尔质量较大的基准物质。

2）标定时所用标准溶液的体积不能太小，以减少滴定误差。

3）尽量用基准物质标定，避免用另一种标准溶液标定，以减少存在误差的加和。

4）标定时的反应条件和测定样品时的条件力求保持一致。

5）进行多次平行标定，取算术平均值为测定结果。至少做三次平行标定，每次标定结果相对平均偏差不应超过0.2%。

二、标准溶液的保存

保存标准溶液时应注意下列事项：

1）标准溶液应密封保存，防止溶液蒸发。

2）见光易分解、易挥发的溶液应贮存于棕色磨口瓶中，如$KMnO_4$、$Na_2S_2O_3$、$AgNO_3$、I_2等标准溶液。

3）易吸收 CO_2 并能腐蚀玻璃的溶液（如 NaOH、KOH 和较浓的 EDTA 溶液）应贮存于耐腐蚀的玻璃瓶或聚乙烯瓶中。另外，在瓶口还应设有碱-石灰干燥管，以防倒出溶液时吸入 CO_2。

4）由于溶剂易蒸发而挂于瓶内壁上，在使用时应摇匀，使浓度均匀。

三、标准溶液的浓度

1. 物质的量浓度

物质的量浓度是指单位体积溶液所含溶质的物质的量，用 c 表示，单位为 mol/L。

$$c=\frac{n}{V}=\frac{m}{MV}$$

式中 c——溶液的物质的量浓度(mol/L)；
n——溶液中溶质的物质的量(mol)；
m——溶液中溶质的质量(g)；
M——溶液中溶质的摩尔质量(g/mol)；
V——溶液的体积(L)。

使用物质的量浓度时必须指明基本单元，且 c、n、M 的基本单元要一致。

2. 滴定度

滴定度是指每毫升标准溶液相当于待测组分的质量，用 T 表示，单位为 g/mL。

$$T=\frac{m}{V}$$

式中 T——标准溶液相当于待测组分的滴定度(g/mL)；
m——待测组分的质量(g)；
V——滴定时消耗标准溶液的体积(mL)。

在食品检验中，特别是对大批试样进行同一组分分析时，使用滴定度能迅速计算出分析结果。

3. 滴定度与物质的量浓度之间的换算

$$T_{A/B}=\frac{\frac{a}{b}c_B M_A}{1000}$$

式中 $T_{A/B}$——标准溶液 B 相当于待测组分 A 的滴定度(g/mL)；
c_B——标准溶液 B 的物质的量浓度(mol/L)；
M_A——待测组分 A 的摩尔质量(g/mol)；
a——反应式中待测组分 A 的计量数；
b——反应式中标准溶液 B 的计量数。

第二节　误差分析、数据处理及检验报告单的填写

一、误差的分类及产生原因

1. 系统误差

系统误差是指在一定试验条件下的数次测定中，由某种固定的原因或某些经常出现的因素所引起的误差。其特点是：在每次测定时均重复出现，其大小在同一试验中是恒定的，或在试验条件改变时，误差按照某一确定规律变化。因此，系统误差决定分析结果的准确度。系统误差按其来源分为以下几种：

（1）方法误差　因选用的分析方法本身不完善而引起的误差。这种误差与方法本身固有的特性有关，与分析人员的操作技术无关，如在滴定分析中，由滴定终点和化学计量点不吻合、反应不完全、有干扰及副反应等引起的误差；在称量分析中，由沉淀的溶解损失、共沉淀的发生、沉淀的称量方式选择不当等引起的误差。

（2）仪器误差　因使用的仪器本身精度不够而引起的误差，如1/10000天平有±0.0001g的误差，由砝码质量未经校正引起的误差；由滴定管读数与真实值不符合等引起的误差。

（3）试剂误差　因使用的试剂或蒸馏水不纯，含有某些微量杂质而引起的误差。

（4）操作误差　在正常操作的情况下，因个人掌握的操作规程与控制操作条件稍有出入而造成的误差，如滴定分析中，因对滴定终点颜色的判断存在偏差、读取滴定管刻度值偏高或偏低等而引起的误差。

2. 偶然误差

偶然误差是由测定过程中一些微小随机波动所造成的误差，如测定时环境温度、湿度和气压的变化，空气流动性、振动的发生、仪器性能的微小变化等带来的误差。这类误差的大小和符号都是不固定的，没有规律性，较难预测和控制。但是，在消除系统误差后，对同一试样在同一条件下进行多次重复测定，测定数据经数理统计处理可得如下规律：

1）大小相等的正负误差出现的概率相等。

2）小误差出现的概率大，大误差出现的概率小。

偶然误差的分布规律可用正态分布曲线表示，如图1-1所示。

根据偶然误差的分布规律，在消除系统误差的情况下，测定次数越多，其平均值就越接近真实值，从而使偶然误差尽可能减小。因此，在分析操作中，

采用算术平均值来表示分析结果是合理的。

3. 过失误差

过失误差是指由操作不正确引起的误差，如加错试剂、看错砝码、记错读数、溅出分析操作液等引起的误差。一般过失误差较大时，会出现个别离群的数据，在操作中若查明是由过失误差引起的，则应弃去此测定数据。分析人员只要加强工作责任心，严格遵守操作规程，做好原始记录，反复核对，就能避免这类误差的发生。

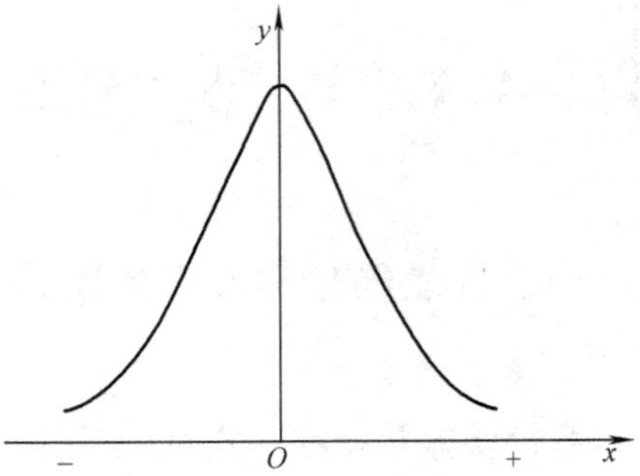

图1-1 误差的正态分布曲线

x—误差的大小 y—误差出现的概率

二、提高分析结果准确度的方法

1. 消除系统误差

（1）对照试验 常用对照试验有用标准样品对照和用标准方法对照两种。

1）用标准样品对照就是取标准样品按所用分析方法进行分析，将标准样品的测定值与标准值比较，若分析结果的相对误差符合公差范围，则说明此分析方法可靠，否则就存在系统误差。

标准样品一般是由国家有关部门组织有经验的单位，用可靠的分析方法对样品进行分析及对分析结果进行数据处理，得出的标准含量接近真实值的样品。

2）用标准方法对照。在同一条件下，用拟定方法和标准方法同时分析一种试样，若所得结果符合公差要求，则说明拟定的分析方法准确可靠。

标准方法一般出自国家标准(GB)、化学工业行业标准(HG)、轻工业行业标准(QB)、石油天然气行业标准(SY)、冶金工业行业标准(YB)等。

（2）空白试验 就是在没有待测组分的情况下，按照与试样分析完全相同的操作条件和步骤进行分析，所得结果为空白值。

空白试验可以用来消除因试剂、器皿、蒸馏水等带进杂质而造成的误差。在计算时，应从样品分析结果中扣除空白值。

（3）仪器校正 当对分析结果准确度要求较高时，应对测量仪器进行校正，并将校正值考虑到分析结果的计算中，或者在计算结果时直接采用校正值，如在化学分析中，对滴定管、移液管、容量瓶体积的校正，对分析天平砝码的校正等。一般情况下，最简单而有效的办法是在一系列操作过程中使用同一仪器，这样可以完全或部分抵消仪器误差。

（4）方法校正 有些方法误差可以用其他方法进行校正，如重量分析中未完全沉淀出来的待测组分可以用其他方法测出，将这个测出结果加入分析结果内，即可得到可靠的分析结果。

2. 减少偶然误差

增加平行测定次数，取多次测定值的平均值作为分析结果，可以减少甚至消除偶然误差。在食品检验中，一般试样的平行测定次数通常为2~4次。

3. 减少测量误差

各类分析方法所要求的准确度不完全相同，整个分析过程的误差要求应与分析方法的误差要求相一致。例如，重量分析和滴定分析允许的相对误差不超过0.1%。这两种分析方法的测量误差有称量误差和体积测量误差。

（1）称量误差　一般分析天平的绝对误差为±0.0001g，称取一份样品可能造成的最大误差是±0.0002g，根据误差要求称取样品的最低质量应该是0.0002g/0.1%＝0.2g。

（2）体积测量误差　一般常量滴定管的读数误差为±0.01mL，完成一次滴定可能造成的最大误差是±0.02mL，根据误差要求，用滴定管滴定时消耗滴定剂的最低用量应该是0.02mL/0.1%＝20mL，一般控制在20~40mL。

4. 选择合适的分析方法

不同分析方法的准确度和灵敏度是不相同的。例如，重量分析和滴定分析的灵敏度虽然不高，但是分析结果的相对误差只有千分之几，因此适于测定含量高的组分；仪器分析的灵敏度虽然较高，但是分析结果的相对误差可达百分之几，所以适于测定含量低的组分。

5. 做回收试验

在样品中加入已知量的标准物质，然后做对照试验，计算标准物质的回收率。根据回收率的高低来判断该方法的准确度和分析过程中是否存在系统误差。

回收率计算公式为

$$P = \frac{x_1 - x_0}{m} \times 100\%$$

式中　P——加入标准物质的回收率(%)；

m——加入标准物质的量；

x_1——加入标准物质的测定值；

x_0——样品的测定值。

三、分析数据的处理

1. 分析数据的判断

在分析工作中，分析人员需要进行多次重复的测定，然后求出平均值。但是多次重复测定的每个数据，并非都可以参加平均值的计算，而要根据实际情况加以判断。在找出并已消除系统误差的前提下，若所得数据差别不大，则都可以参加平均值计算；如果所得数据中出现显著差异，有些数据明显偏大或偏小，那么这些数据就值得怀疑。这些明显偏大或偏小的数值称为可疑值。对可疑值应做如下处理：

1）若在分析过程中已经知道某个数据是可疑的，则在计算时应将此数据立即舍去。

2）复查分析结果时，若已经找出可疑值的原因，则应将这个数据立即舍去。

3）即使找不出可疑值出现的原因，也不能随便将其保留或舍去，而应该根据数据统计原则来处理。

2. 可疑值的取舍

在一组平行测定值中，常会发现个别测定值与其他测定值相差很大。对于这种可疑值，在没有查明原因的情况下，不能随便将其舍去或保留，必须根据统计检验方法来决定其取舍。目前常用的统计检验方法有如下两种：

（1）Q 检验法　Q 检验法是将多次测定的数据按大小顺序排列为 x_1、x_2、…、x_n，设 x_1 或 x_n 为可疑值，根据统计量 Q 进行判断，确定可疑值的取舍。统计量 Q 为可疑值(x_1 或 x_n)与其相邻的测定值(x_2 或 x_{n-1})之差和最大测定值(x_n)与最小测定值(x_1)之差的比值，即

$$Q=\frac{x_2-x_1}{x_n-x_1} \quad 或 \quad Q=\frac{x_n-x_{n-1}}{x_n-x_1}$$

Q 值越大，说明可疑值离群越远。将 Q 值与表1-2中给出的 $Q_{0.90}$ 值比较，若 $Q \geqslant Q_{0.90}$，则应舍去可疑值，否则应予保留。

表1-2　不同测定次数的 Q 值（置信度90%）

测定次数	3	4	5	6	7	8	9	10
$Q_{0.90}$	0.94	0.76	0.64	0.56	0.51	0.47	0.44	0.41

（2）$4\bar{d}$ 法　$4\bar{d}$ 法是先求出除可疑值以外的数据的平均值 $\bar{x}$ 及平均偏差 $\bar{d}$，然后将可疑值与平均值之差的绝对值同 $4\bar{d}$ 比较，若其绝对值大于或等于 $4\bar{d}$，则应舍去可疑值，否则应予保留。

在以上两种方法中，Q 检验法符合数理统计原理，比较严谨、简便，置信度可达90%以上，适用于测定3～10次之间的数据处理。$4\bar{d}$ 法计算简单，不必查表，但数据统计处理不够严密，常用于处理一些要求不高的分析数据。

3. 分析结果的检验

在食品检验中，一般来说，待测样品的真实值是不知道的，分析结果的检验常用精密度表示，精密度越高，说明各测定值的重现性好。在消除了系统误

差的前提下，精密度也反映了测定结果的准确度。

（1）测定结果的精密度　多次测定结果的精密度可用标准偏差 s、平均值的标准偏差 $s_{\bar{x}}$、变异系数 CV 来表示。

$$s=\sqrt{\frac{\sum(x_i-\bar{x})^2}{n-1}}=\sqrt{\frac{\sum x_i^2-(\sum x_i)^2/n}{n-1}}$$

$$s_{\bar{x}}=\frac{s}{\sqrt{n}}$$

$$CV=\frac{s}{\bar{x}}\times 100\%$$

式中　$\bar{x}$——多次测定值的算术平均值，$\bar{x}=\frac{x_1+x_2+\cdots+x_n}{n}=\frac{\sum x_i}{n}$；

x_i——各次测定值，$i=1$，2，…，n；

n——测定次数；

s——标准偏差；

$s_{\bar{x}}$——平均值的标准偏差；

CV——变异系数。

（2）测定结果的置信区间　置信区间是指在一定置信度下，以测定结果平均直为中心，包括总体平均值在内的可靠性范围。在消除了系统误差的前提下，对于有限次数的测定，总体平均值的置信区间为

$$\mu=\bar{x}\pm t\times\frac{s}{\sqrt{n}}$$

式中　μ——总体平均值(相当于真实值)；

$\bar{x}$——已消除系统误差的有限次数测定值的算术平均值；

t——校正系数，其数值随置信度和测定次数而定，可从表1-3中查得；

s——标准偏差；

n——测定次数。

置信度是指以测定结果平均值为中心，包括总体平均值落在 $\mu\pm s/\sqrt{n}$ 区间的概率，或者说分析结果在某一范围内出现的概率。

（3）分析方法的检验　在分析工作中，常用 t 检验法来检验新设计分析方法的可靠性，以及测定过程中是否存在系统误差。方法是：用已知含量的标准试样进行分析测定，求出 n 次测定值的平均值和标准偏差，并按下式求出 $t_{计}$ 值，然后与表 1-3 中的 $t_{0.95}$ 相比较，如果 $t_{计}<t_{0.95}$，那么说明所拟分析方法准确可靠，不存在系统误差。

$$t_{计}=\frac{|\bar{x}-\mu|}{s}\times\sqrt{n}$$

式中 μ——总体平均值；

$\bar{x}$——各次测定值的算术平均值；

s——标准偏差；

n——测定次数。

表1-3 不同置信度和测定次数的 t 值

测定次数	t 值			
	90%	95%	99%	99.5%
3	2.92	4.30	9.92	14.98
4	2.35	3.18	5.84	7.45
5	2.13	2.78	4.60	5.60
6	2.01	2.57	4.03	4.77
7	1.94	2.45	3.71	4.32
8	1.90	2.36	3.50	4.03
9	1.86	2.31	3.35	3.83
10	1.83	2.26	3.25	3.69
11	1.81	2.23	3.17	3.58
12	1.72	2.09	2.84	3.15
∞	1.64	1.96	2.58	2.81

四、检验报告单的填写

1. 原始记录

原始记录是计算分析结果的依据，应该将其整洁地记录在原始记录本上，并妥善保管，以备查验。因此，应做到：

1）原始记录必须真实、齐全、清楚，记录方式应简单明了，可设计成一定的格式，内容包括样品来源、名称、编号、采样地点、样品处理方法、包装及保管状况、检验分析项目、采用的分析方法、检验日期、所用试剂的名称与浓度、称量记录、滴定记录、计算公式、计算结果等。原始记录表示例见表1-4。

2）原始记录本应统一编号、专用，应用钢笔或圆珠笔填写，不得任意涂改、撕页、散失，有效数字位数要按分析方法的规定填写。

3）修改错误数字时，不得涂改，而应在原数字上画一条横线表示消除，并由修改人签注。

4）确知在操作过程中存在错误的检验数据时，不论结果好坏，都必须将其舍去，并在备注栏注明原因。

5）原始记录应统一管理，归档保存，以备查验。

6）未经批准，不得随意向外提供原始记录。

表 1-4　原始记录表示例

项目：	编号：		
日期：　　年　　月　　日			
样品：	批号：		
方法：			
测定次数	1	2	3
样品质量/g			
滴定管终读数/mL			
滴定管初读数/mL			
消耗滴定剂的体积/mL			
滴定剂的浓度/（mol/L）			
计算公式			
被测组分的质量分数(%)			
平均值			

2. 检验报告

检验报告是分析工作的最后体现，是产品质量的凭证，也是产品是否合格的技术根据。因此，分析人员要实事求是报出结果，决不允许弄虚作假。检验报告的内容一般包括样品名称、送检单位、生产日期及批号、取样日期、检验日期、检验项目、检验结果、报告日期、检验员签字、主管负责人签字、检验单位盖章等。

填写检验报告单时应做到：

1）检验报告单应由考核合格的检验技术人员填报。进修及代培人员不得独自报出检验结果，必须有指导人员或室负责人的同意和签字，检验结果才能生效。

2）只有在检验结果经第二人复核无误后，才能填写检验报告单。检验报告单上应有检验人员和复核人员的签字及室负责人的签字。

3）检验报告单一式两份，其中一份留存备查。检验报告单在经签字和盖章后即可报出。如果遇到检验结果不合格或样品不符合要求等情况，那么检验报告单应交给技术人员审查签字后才能报出。

检验报告单可按规定格式设计，也可按产品特点单独设计。一般可设计成如下格式：

××××××（检验单位名称）

检验报告单

编号：

送检单位			样品名称		
生产单位			检验依据		
生产日期及批号		送检日期		检验日期	
检验项目					

检验结果：

结论：

技术负责人： 复核人： 检验人：

附注：(1) ××××××

(2) ××××××

年 月 日

第三节 原子吸收分光光度分析

原子吸收分光光度分析是基于光源辐射出待测元素的特征谱线，通过试样蒸气时被待测元素的基态原子所吸收，由特征谱线减弱的程度来测定待测元素含量的方法。

原子吸收分光光度分析是一种良好的定量分析方法，它具有以下优点：

(1) 灵敏度高 火焰原子化法的绝对检出限量可达 10^{-10}g，无火焰原子化法的绝对检出极限达到 10^{-14}g。原子吸收分光光度分析适宜于微量、痕量元素的测定。

(2) 准确度高 原子吸收分光光度分析的相对误差可控制在0.1%～0.5%，与滴定分析相近。

(3) 选择性较好 在大多数情况下，共存元素对原子吸收分光光度分析不产生干扰，一般不需要分离共存元素。即使有时某些共存元素会产生干扰，也可以通过加入掩蔽剂等手段加以消除。所以，可以无须分离共存元素而在同一溶液中直接测定多种元素。

（4）分析速度快　测定一种元素往往只要几分钟，如果使用自动化仪器，那么每小时可分析100多个样品。

（5）样品用量少　采用石墨炉原子化法，只需液体样品1～50μL，固体样品为0.1～10mg。

（6）应用范围广　在测定含量范围方面，原子吸收分光光度分析既能分析微量成分，又能测定基体组分的含量。在测定元素种类方面，原子吸收分光光度分析已能测定70余种元素，采用间接方法还可测定卤素、硫、氮等非金属元素。

原子吸收分光光度分析也有一些缺点，如测定成分复杂的样品时干扰比较严重，测定某些稀有金属（钍、锆、铌、钽、钨、铪等）时灵敏度较低，不能同时测定多种元素（分析不同元素时要使用对应的光源）。

一、基本原理

1. 基态原子的产生

待测元素在试样中通常以化合状态存在。在进行原子吸收分光光度分析时，首先要使待测元素从分子状态转化为基态原子，这个过程称为原子化。原子化的方法有很多，但都通过给试样提供能量而使待测元素转化为基态原子。目前，原子化的方法主要有火焰原子化和无火焰原子化。下面以火焰原子化为例说明基态原子的产生过程。

将金属盐MX的水溶液经过雾化形成微小的雾滴，喷入高温火焰中，雾滴中的金属盐MX分子将发生蒸发、解离、激发、电离、化合等一系列复杂的变化过程。

1）蒸发过程：金属盐MX水溶液的雾滴在火焰热能的作用下脱水、汽化，由湿气溶胶转化为气态分子。

2）解离过程：金属盐MX的气态分子在高温条件下吸收热能，发生分解而生成气态的基态原子。

3）激发过程：由于热能和碰撞的作用，使基态原子中的电子从低能级向高能级跃迁，形成激发态原子。

4）电离过程：基态原子中的电子在激发过程中，如果受到的激发能量过大，那么会使基态原子中的电子脱离原子核的束缚而离去，成为离子。电离程度主要取决于激发能量的大小和待测元素的电离能。在火焰原子化中，由于火焰温度一般不高于3000K，对绝大多数金属元素而言，电离现象极其微小，所以待测元素主要以基态原子的形式存在。

5）化合过程：火焰中存在的其他物质，在火焰的作用下还可能与基态原子发生化合反应，生成某些化合物。

在原子吸收分光光度分析中，应尽量使待测元素在原子化器中更多地生成基态原子，并尽可能使基态原子不被激发、电离、化合等。

2. 共振线

在正常情况下，原子处于稳定状态，能量最低，这种状态称为基态。基态原子在外界能量(如光能、热能、电能等)的作用下，最外层电子吸收一定的能量，会跃迁到较高的能级上去，此时原子处于激发态。由于原子的最外层电子可能跃迁到不同的能级，所以可能有不同的激发态。电子从基态跃迁到能级最低的激发态(称为第一激发态)时要吸收一定波长的谱线，这种谱线称为共振吸收线；电子再跃回基态时则发射出相同波长的谱线，这种谱线称为共振发射线。共振吸收线和共振发射线都简称为共振线。

各种元素的原子结构和核外电子排布不同。不同元素的原子从基态跃迁到第一激发态(或从第一激发态跃回基态)时，吸收(或发射)的能量不同。不同元素的共振线都不相同并各有其特征性，所以元素的共振线又称为元素的特征谱线。

由于从基态到第一激发态的跃迁是最容易发生的，因此对于大多数元素而言，共振线是元素所有谱线中最灵敏的谱线。

原子吸收分光光度分析就是根据待测元素的基态原子蒸气对光源辐射的共振线的吸收程度来进行定量分析的，因此共振线又称为分析线。

3. 定量分析公式

在原子化过程中，无论是采用火焰原子化，还是采用无火焰原子化，待测元素由分子解离成原子时，得到的不可能全部是基态原子，其中有一部分因从原子化器中吸收了较多的能量而变为激发态原子。在一定条件下，原子蒸气中激发态原子数与基态原子数之比服从玻耳兹曼分配定理，即

$$\frac{N_j}{N_0}=\frac{P_j}{P_0}\times e^{-\frac{E_j-E_0}{kT}}$$

式中 N_j——单位体积原子蒸气中激发态原子数；

N_0——单位体积原子蒸气中基态原子数；

P_j——激发态能级的统计权重，表示能级的简并度(相同能级的数目)；

P_0——基态能级的统计权重；

E_j——激发态原子的能量；

E_0——基态原子的能量；

k——玻耳兹曼常数；

T——热力学温度。

使光源辐射的共振线(强度为I_0)通过原子蒸气（见图1-2)，其中一部分光被待测元素的基态原子吸收，其吸收的强度遵循朗伯-比耳定律，即

$$A = KLN_0$$

式中 A——待测元素的基态原子对共振线的吸收程度(吸光度)；

K——吸光系数；

L——原子蒸气的宽度；

N_0——单位体积原子蒸气中待测元素的基态原子数。

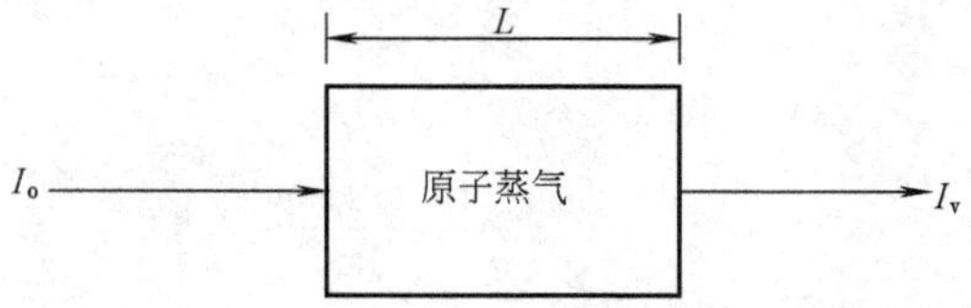

图1-2 原子吸收示意图

I_0—光源辐射的共振线强度 I_v—透过原子蒸气的共振线强度 L—原子蒸气的宽度

由玻耳兹曼分配定理可知，温度越高，N_j/N_0值越大；在同一温度，电子跃迁的能级越小，共振线的波长越长，N_j/N_0值也越大。常用的火焰温度一般低于3000K，大多数的共振线波长都小于600.0nm，所以大多数元素的N/N_0值都很小(小于1%)，也就是说火焰中的激发态原子数远少于基态原子数。因此可以用基态原子数(N_0)来代表吸收辐射的原子总数(N)。在一定的试验条件下，待测元素吸收辐射的原子总数(N)与其浓度(c)成正比，由于所用仪器一定，所以原子蒸气的宽度也就固定，因此有

$$A = k'c$$

式中 k'——比例常数，在一定试验条件下为常数。

上式就是原子吸收分光光度分析的定量公式。此式说明，在一定试验条件下，吸光度与待测元素的浓度成正比，可以通过测定吸光度来求出待测元素的含量。

二、原子吸收分光光度计

原子吸收分光光度计有单光束型和双光束型两种，一般由光源、原子化系统、分光系统和检测系统四个主要部分组成，如图1-3所示。

单光束型原子吸收分光光度计是最常用的原子吸收分光光度计，其结构如图1-3a所示。光源(空心阴极灯)由稳压电源供电，发射出的谱线经过火焰时，其中待测元素的共振线一部分被待测元素的基态原子吸收，透过的谱线经单色器分光后照射到检测器上，产生的电信号经放大后，就可以在读数装置上读出吸光度值。单光束型原子吸收分光光度计的结构简单，检测极限高，操作简便，价格较低，所以应用范围广泛。但是它不能消除光源波动所引起的

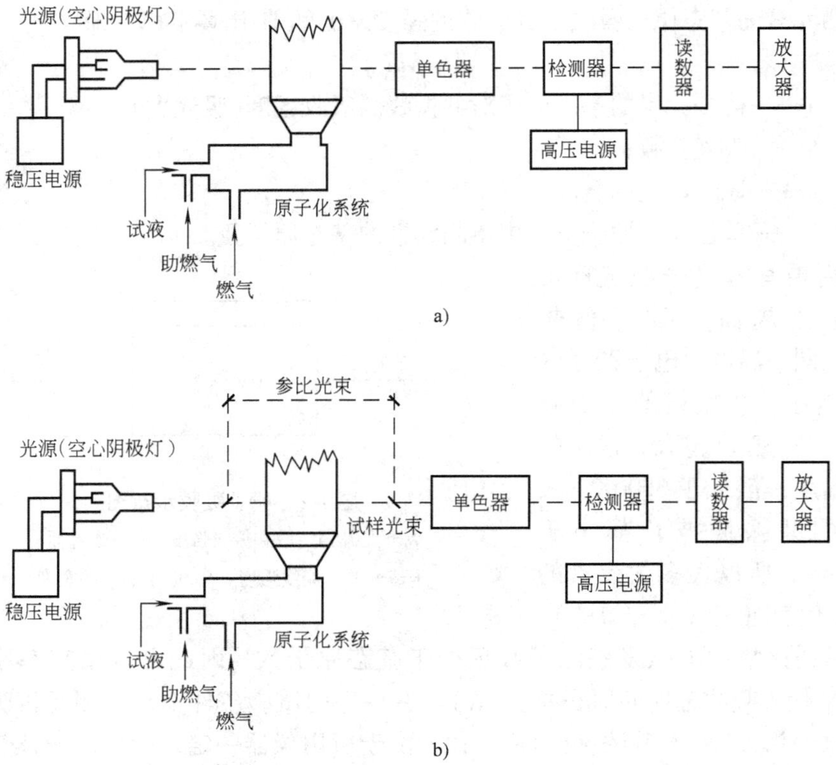

图 1-3 原子吸收分光光度计结构示意图

a）单光束型 b）双光束型

基线漂移。

近年来双光束型原子吸收分光光度计的应用日趋增多，它可以消除光源波动所引起的基线漂移的影响和火焰背景的干扰，其结构如图 1-3b 所示。双光束型原子吸收分光光度计采用旋转的扇形反射镜将光源发射出的光分为两束，一束光通过火焰，另一束光不通过火焰，作为参比来补偿光源波动的影响。两束光交替通过单色器，然后投射到检测器上。检测系统将得到的信号分离成参比信号和试样信号，并在读数装置上显示出两种信号的强度之比。因此，双光束型原子吸收分光光度计可以消除光源强度变化和检测器灵敏度变动的影响，从而在一定程度上可以改善信噪比，提高检测极限，有较高的准确度和精密度，但不能消除火焰不稳定以及噪声产生的影响，并且其结构复杂，价格昂贵。

1. 光源

光源的作用是辐射待测元素的共振线。为了获得较高的准确度和灵敏度，所使用的光源应满足以下要求：

1）能发射待测元素的共振线，且有足够的强度。

2）发射线的半宽度要比吸收线的半宽度窄得多，即能发射锐线光谱。

3）辐射光的强度要稳定且背景小。

空心阴极灯、无极放电灯和蒸气放电灯都可以用于原子吸收分光光度分析，其中空心阴极灯应用最为广泛。

空心阴极灯是一种气体放电管，由一个阳极和一个空心圆筒组成，用待测元素的金属作为阴极或衬在阴极材料上，将两个电极密封在充有一种低压惰性气体（氖、氩、氙或氦）并带有石英窗的玻璃管中，其结构如图1-4所示。

当正负极间施加适当的电压（一般为300～500V）时，电子就会从阴极表面流向阳极，开始辉光放电，与惰性气体原子发生碰撞并使之电离，产生电子和阳离子。惰性气体阳离子在外加电场的作用下猛烈轰击阴极表面，使阴极表面的金属原子溅射出来。溅射出来的待测元素的原子再与电子、惰性气体原子及离子发生碰撞而被激发，从而发射出阴极物质和惰性气体的光谱。

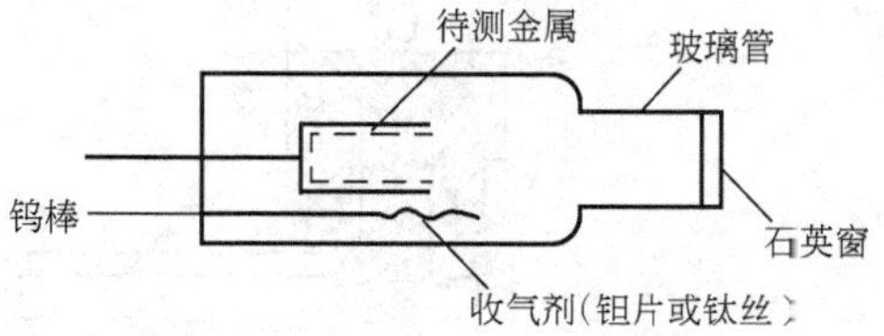

图1-4　空心阴极灯

可以用不同的金属元素作阴极材料，制成各相应待测元素的空心阴极灯，并以此金属元素来命名，表示它可以用作测定这种金属元素的光源。例如，铜空心阴极灯就是用铜作阴极材料制成的，能发射出铜元素的共振线，可以用作测定铜的光源。

空心阴极灯辐射的谱线强度与其工作电流有关。增大空心阴极灯的工作电流，可以增加辐射的谱线强度。但是，若工作电流过大，则会使谱线变宽，测定灵敏度降低，发生自蚀现象，谱线强度不稳定，空心阴极灯的使用寿命缩短。若工作电流过小，则又会使谱线强度减弱，稳定性和信噪比下降。因此，在分析工作中，应给空心阴极灯选择合适的工作电流。

空心阴极灯在使用前应预热一段时间，以使辐射的谱线强度达到稳定。预热时间的长短与空心阴极灯的类型以及元素的种类有关，一般为5～20min。

无极放电灯辐射的共振线强度比空心阴极灯大，谱线很窄，稳定性高。但无极放电灯仅限于测定蒸气压较高的元素，且价格较高，目前仅作为空心阴极灯的补充光源。

蒸气放电灯通常用作测定激发电位低、易蒸发元素（碱金属、汞、镉等）的光源。其结构简单，价格较低，能辐射较强的共振线，但谱线较宽，测定的灵敏度较低，目前很少使用。

2. 原子化系统

原子化系统的作用是将试样中的待测元素转变为基态原子蒸气。原子化的方法有火焰原子化和无火焰原子化两种。下面对这两种原子化装置作简要介绍。

（1）火焰原子化装置　火焰原子化装置有全消耗型和预混合型两种。全消耗型原子化器是将试样溶液直接喷入火焰；预混合型原子化器是先用雾化器将试样溶液雾化，在预混合室内除去较大的雾滴，与燃气混合均匀后再喷入火焰。预混合型原子化器一般由雾化器、预混合室和燃烧器三部分组成，如图1-5所示。

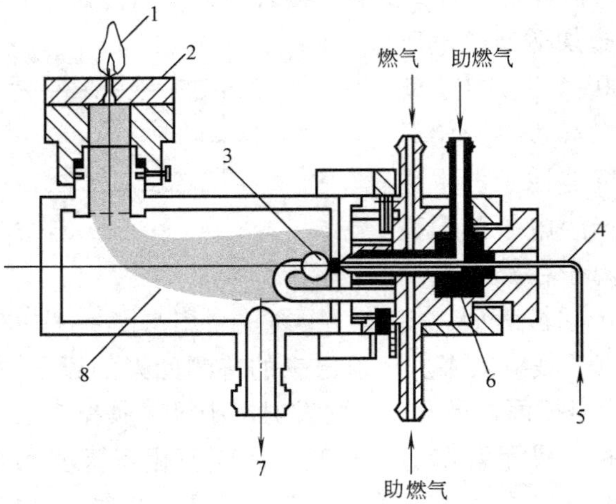

图1-5　预混合型火焰原子化器

1—火焰　2—喷灯头　3—撞击球　4—毛细管

5—试样溶液　6—雾化器　7—废液　8—预混合室

1）雾化器：雾化器的作用是将试样溶液雾化。其性能对测定的精密度和灵敏度有显著影响。因此要求其雾化效率高，喷雾稳定，雾滴细小均匀。同轴型雾化器是目前普遍采用的雾化器，雾化效率达10%以上，其结构如图1-6所示。

当助燃气高速通过毛细管外壁和喷嘴口构成的环形间隙时，会在此处形成负压区，从而将试样溶液沿毛细管吸入，并被高速气流分散成气溶胶。喷出的雾滴经节流管碰在撞击球上，进一步分散成细小的雾滴。

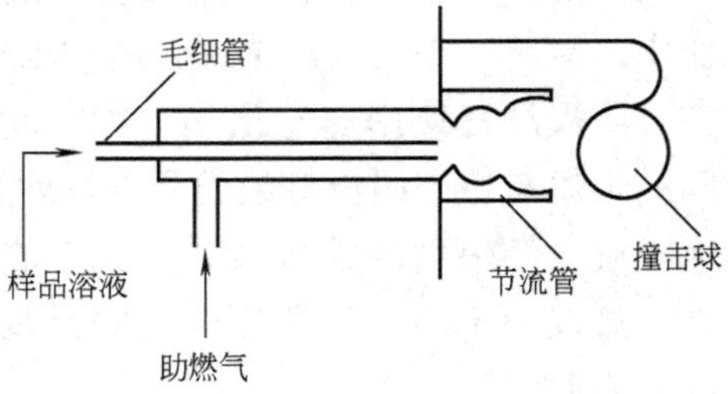

图1-6　雾化器

雾化器的雾化效率与助燃气的流速、溶液的物理性质（粘度、表面张力等）及雾化器的结构等有关。增加助燃气流速，可使雾滴变小，但气压过大时，反而使雾化率下降。

2）预混合室：预混合室的作用是使雾滴进一步细化，并使其与燃气混合均匀。对预混合室的要求是能使雾滴与燃气充分混合，记忆效应小，废液排出快。记忆效应是指在喷雾试样溶液变为喷雾蒸馏水时，仪器的读数返回零点的时间会使前测组分对后测组分的测定产生影响。记忆效应大，不仅影响分析速度，而且会给分析结果带来误差。

3）燃烧器：燃烧器的作用是利用火焰的热能将待测样品汽化并解离成基态原子。燃烧器有孔型和长缝型两种。为了提高测定的灵敏度，一般采用长缝型燃烧器。长缝型燃烧器有两种规格，一种是缝长10cm，缝宽0.5mm，适用于空气-乙炔火焰；另一种是缝长5cm，缝宽0.4mm，适用于氧化亚氮-乙炔火焰。此外还有三缝燃烧器，多用于空气-乙炔火焰。

4）火焰：火焰的作用是为待测样品原子化提供能源。待测样品在火焰温度的作用下，经历蒸发、干燥、熔化、解离、激发和化合等复杂过程。在此过程中应尽量避免产生激发态原子、离子和分子等不吸收辐射能的粒子。因此，火焰提供的温度只要能使待测元素解离成基态原子就可以了。一般易挥发或电离电位较低的元素（如碱金属、碱土金属、铅、镉、锌、锡等）应使用低温火焰；与氧易生成耐高温而难解离的元素（如铝、钒、钼、钛、钨等）应使用高温火焰。表1-5列出了几种常见火焰的温度。

表1-5　常见火焰的温度及燃烧速度

燃　气	助　燃　气	最高温度/℃
煤气	空气	1840
丙烷	空气	1925
氢气	空气	2050
乙炔	空气	2300
氢气	氧气	2700
乙炔	50%（体积分数）氧气＋50%（体积分数）氮气	2815
乙炔	氧气	3060
乙炔	氧化亚氮	2955

燃气和助燃气的种类与流量决定火焰的温度和氧化还原特性，还决定着火焰蒸发和分解不同化合物的能力，并影响测定的灵敏度、稳定性和干扰等。当助燃气流量大于化学计算量时形成的火焰称为贫燃性火焰，其温度较高，具有氧化性；当燃气流量大于化学计算量时形成的火焰称为富燃性火焰，其温度较

低，具有还原性，有助于分解熔点较高的氧化物。

使用火焰原子化方法时，对于不同的元素应选择不同的火焰。常用的火焰主要有空气-乙炔火焰、氧化亚氮-乙炔火焰、氧屏蔽空气-乙炔火焰三种。空气-乙炔火焰是用途最广的一种火焰，最高温度约2300℃，能用来测定35种以上的元素。在日常分析中较多采用燃助比为1∶4的化学计量火焰。这种火焰稳定、温度较高、背景小、噪声低，适于测定许多元素。氧化亚氮-乙炔火焰温度高达2955℃左右，具有强还原性，能使许多难解离元素(如铝、铍、硼、钛、钒、钨、铊、锆等)的氧化物原子化，可消除在空气-乙炔火焰或其他火焰中可能存在的某些化学干扰。但这种火焰容易发生爆炸，不能直接点燃和熄灭，在操作中应严格遵守操作规程。氧屏蔽空气-乙炔火焰是一种新型的高温火焰，通过氧气流将空气-乙炔火焰与大气隔开而形成火焰，具有较高的温度(大于2900K)和较强的还原性，可用于测定铝和其他一些易生成难解离氧化物的元素。

（2）无火焰原子化装置　无火焰原子化装置比火焰原子化装置的原子化效率高，灵敏度增加10～200倍，操作简便，重现性好，可以直接测定固体样品，近年来得到较多的应用。

无火焰原子化装置有多种，但目前应用最多的是高温石墨炉原子化器，如图1-7所示。样品溶液由石墨管上的中央小孔注入，通过电极给石墨管供电(10～15V,300～600A)，产生2000～3000℃的高温，使置于石墨管中的少量(5～100μL)样品溶液蒸发并原子化。为了防止样品和石墨管被氧化，需要向石墨管中不断通入惰性气体(氮气或氩气)。

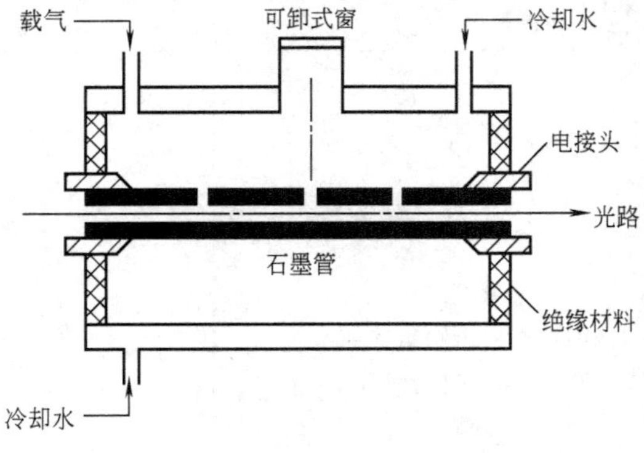

图1-7　高温石墨炉原子化器

高温石墨炉原子化器使样品原子化的程序一般包括干燥、灰化、原子化和高温除残四个步骤，如图1-8所示。

1）干燥：在溶剂的沸点温度下加热，使溶剂完全挥发除去。干燥1μL溶液大约需要1.5s。

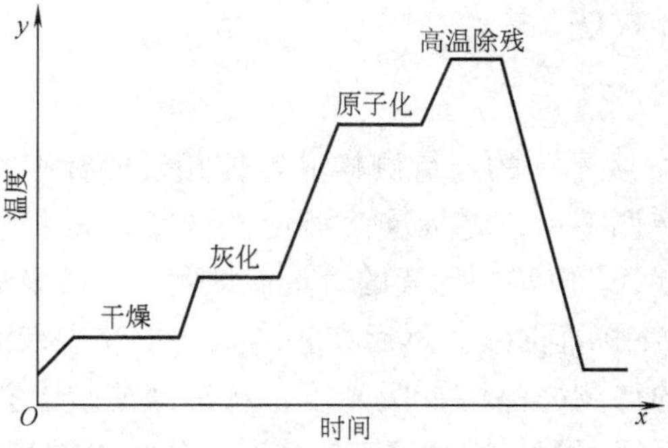

图 1-8 石墨炉升温程序示意图

2）灰化：使待测元素的盐类分解，并赶走阴离子，破坏有机物，除去易挥发的基体或其他干扰元素。灰化温度及时间决定于样品及元素的性质，但不能使待测元素挥发损失。通常灰化温度为100～1800℃，灰化时间为0.5～5min。

3）原子化：将以各种形式（盐类或氧化物）存在的待测元素挥发并解离成基态原子。一般原子化温度为1800～3000℃，时间为5～10s。

4）高温除残：除去石墨管中残留的样品，减少或消除记忆效应。

3. 分光系统

分光系统（单色器）的作用是将待测元素的共振线与邻近线分开。分光系统一般由色散元件（光栅）、反光镜、狭缝等组成。

在原子吸收分光光度分析中通常使用锐线光源。它的谱线比较简单，不要求很高的色散能力，但为了便于测定，要求有一定的出射光强度。因此，若光源强度一定，则需要选择适当色散率的光栅与狭缝宽度相配合，构成适于测定的光谱通带来满足上述要求。若狭缝宽度增大，则出射光强度会增加，但单色器的分辨率会降低，导致测得的吸光度偏低，使工作曲线弯曲。减小狭缝宽度可以改善分辨率，但会使出射光强度减弱，需要增强光源强度，从而使谱线变宽，噪声增大。因此应根据测定的需要来调节合适的狭缝宽度。

4. 检测系统

检测系统主要由检测器、放大器、对数转换器及显示装置组成。

检测器的作用是将单色器分出的光信号转换成电信号。通常使用的是光电倍增管。在使用时，注意不要用强光照射，尽可能不使用较高的增益，避免引起光电倍增管“疲劳”而导致其失效，以保持光电倍增管的良好工作特性。

放大器的作用是将光电倍增管输出的电信号放大后，经对数转换器将测定值由仪表显示出来。现代原子吸收分光光度计中已采用自动调零、自动校准、积分读数、曲线校直等装置，并应用计算机来处理数据，绘制并校准工作曲线，直读分析结果。

三、定量分析方法

1. 标准曲线法

先配制一系列浓度不同的与待测样品基体相近的标准溶液，在选定的试验条件下，用空白溶液调零后，将标准溶液由低浓度到高浓度依次喷入火焰，分别测定它们的吸光度 A。以待测元素的含量或浓度 c 为横坐标，以测得的吸光度 A 为纵坐标，绘制 A-c 标准曲线。然后在相同条件下喷入待测样品溶液，测定其吸光度。根据测得的待测样品溶液吸光度，从标准曲线上查出待测样品溶液中待测元素的浓度，再根据配制样品溶液的情况，计算出样品中待测元素的含量。

标准曲线法仅适用于组成简单或无共存元素干扰的样品。用此方法分析同类大批量样品十分简单、快速，但基体对测量结果影响较大。为了保证测定的准确度，使用标准曲线法时应注意以下几点：

1）配制的标准溶液浓度应在吸光度与浓度呈线性关系的范围内。

2）标准溶液的基体组成应尽可能与待测样品溶液一致，以减小基体影响。

3）在整个分析过程中，操作条件应保持不变。

4）每次测定都要重新绘制标准曲线。

2. 标准加入法

标准加入法适用于基体组成未知或基体复杂的样品，可消除因标准溶液与待测样品溶液之间的差异而产生的基体干扰。标准加入法有计算法和作图法两种方法。

（1）计算法　取两份体积相同的样品溶液（浓度为 c_x，体积为 V_x），分别置于两个容量瓶（容积均为 V）中，在其中一个容量瓶中加入一定量的标准溶液（浓度为 c_s，体积为 V_s），然后将两份溶液均稀释到刻度，摇匀。在相同条件下分别测定它们的吸光度，测得未加标准溶液的样品溶液的吸光度为 A_x，加入标准溶液的样品溶液的吸光度为 A，则有

$$A_x = \frac{kc_x V_x}{V}$$

$$A = \frac{k(c_x V_x + c_s V_s)}{V}$$

由上两式得

$$c_x = \frac{A_x V_s c_s}{(A - A_x) V_x}$$

（2）作图法　取若干份体积相同的样品溶液（浓度为 c_x，体积为 V_x），分别置于等容积的容量瓶中，从第二份开始分别按比例加入不同量的标准溶液（浓度为 c_s，体积分别为 V_s、$2V_s$、$3V_s$、$4V_s$……），然后均稀释到刻度，摇匀（设稀释后溶

液中待测元素的浓度分别为 c'_x、c'_x+c_0、c'_x+2c_0、c'_x+3c_0、c'_x+4c_0……）。在相同条件下分别测得它们的吸光度为 A_x、A_1、A_2、A_3、A_4……以测得的吸光度（A_1、A_2、A_3、A_4……）和稀释后溶液中待测元素浓度的增加量（c_0、$2c_0$、$3c_0$、$4c_0$……）作图，得到如图 1-9 所示的直线。将所得直线外延，使其与横坐标相交，相应于交点与原点的距离就是稀释后溶液中待测元素的浓度 c'_x，进而可计算出样品溶液中待测元素的浓度 c_x。

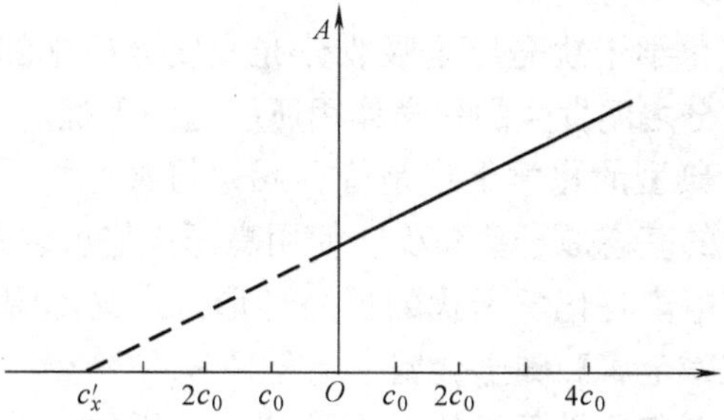

图 1-9 作图法

使用标准加入法时，应注意以下几点：

1）待测元素的浓度应与对应的吸光度呈线性关系。

2）加入的第一份标准溶液的浓度应与样品溶液的浓度相近，这可通过试喷样品溶液和标准溶液，比较两者的吸光度来判断。至少应采用四个点来做外推直线，以获得较为准确的外推结果。

3）标准加入法可以消除基体干扰，但不能消除背景吸收的影响和其他干扰。

四、干扰因素与抑制方法

1. 光谱干扰

光谱干扰是指非原子性吸收对待测元素产生的干扰，主要来自光源和原子化器。

背景吸收是由气态分子对光的吸收以及高浓度盐的固体颗粒对光的散射引起的，是光谱干扰的主要因素。消除背景吸收的最简单方法是配制一个组成与样品溶液完全相同，只是不含待测元素的空白溶液来调零。近年来许多仪器都带有氘灯自动扣除背景的校正装置，能自动扣除背景吸收。

发射光谱干扰是由在测定波长附近有单色器不能分离的待测元素的邻近线，或空心阴极灯中有单色器不能分离的非待测元素发射，或有连续背景发射等所引起的。消除这种干扰的方法是减小狭缝宽度，或改用阴极材料纯度高的单元素灯，或用待测元素的其他谱线作为分析线。

2. 物理干扰

物理干扰（基体干扰）是指样品在转移、蒸发过程中因发生物理变化（如表面张力、溶液的粘度、溶剂的蒸气压、雾化气体的压力等）而引起的干扰。它主要影响样品溶液喷入火焰的速度、雾化效率、雾滴的大小及分布、溶剂与固体微粒的蒸发等。

配制与待测样品具有相同组成的标准溶液是消除基体干扰的常用方法，但最有效的方法是标准加入法。

3. 化学干扰

化学干扰是原子吸收分光光度分析中的主要干扰因素，是由待测元素与其他组分之间发生的化学作用所引起的干扰。

典型的化学干扰是待测元素与共存物质作用生成难挥发的化合物，使参与吸收的基态原子数减少。使用高温火焰可以减弱这种干扰。

电离是化学干扰的另一种形式。火焰温度越高，这种干扰越严重。这种干扰在碱金属和碱土金属中十分显著。

引起化学干扰的因素是各种各样的，采用什么方法消除化学干扰，要根据具体情况来决定。常用的方法有以下几种：

1）加入释放剂：加入一种过量的元素，与干扰元素形成更稳定或更难挥发的化合物，使待测元素释放出来。

2）加入保护剂：加入一种有机配位剂，与待测元素生成稳定的配位化合物，从而使待测元素不与干扰元素生成难挥发化合物。

3）加入消电离剂：加入较大量的易电离元素（如钾、钠、铷、铯等），来抑制或减少待测元素基态原子的电离。

4）加入缓冲剂：在样品和标准溶液中均加入超过缓冲量（干扰不再变化的最低限量）的干扰元素，使干扰趋于稳定。

五、测量条件的选择

1. 分析线的选择

为了提高测定低含量组分时的灵敏度，通常选用待测元素的共振线作为分析线。当待测元素的共振线受到其他谱线干扰时，应选用其他无干扰的较灵敏谱线作为分析线。在分析工作中，选择分析线时也要考虑待测元素的含量。当待测元素的含量较高时，为了使标准曲线呈线性关系，应选择次灵敏线作为分析线。当待测元素的含量较低时，应尽可能选择共振线作为分析线，以提高测定的灵敏度。

2. 空心阴极灯电流

采用较小的空心阴极灯电流，会使发射的谱线宽度较窄，测定的灵敏度高。若空心阴极灯电流过小，则会使放电不稳定，谱线稳定性差，谱线强度下降。采用较大的空心阴极灯电流，会使发射的谱线强度会增加，也会使信噪比增大。若空心阴极灯电流过大，则会导致测定的灵敏度降低，使空心阴极灯的使用寿命缩短。对于大多数元素来说，日常分析中可选用大小为空心阴极灯额定电流

40%～60%的电流。最佳工作电流应通过试验来确定，方法是以不同的空心阴极灯电流测定一种待测元素含量合适溶液的吸光度，然后以吸光度对空心阴极灯电流作图，查出吸光度最大时的最小空心阴极灯电流，以该电流作为空心阴极灯工作电流。

3. 狭缝宽度

确定狭缝宽度时，既要考虑到能将共振线与邻近谱线分开，又要考虑到能使单色器有一定的集光本领。若待测元素共振线没有邻近线，则狭缝宽度可以大些；若待测元素有复杂的光谱或连续背景，则狭缝宽度应窄些。最佳狭缝宽度可以通过试验来确定，方法是以不同的狭缝宽度测定样品溶液的吸光度，选择不引起吸光度减小的最大狭缝宽度为最佳狭缝宽度。

4. 燃烧器高度

选择燃烧器高度就是确定光源发出的谱线通过火焰的部位。在火焰的不同部位，待测元素基态原子的密度不同，测定的灵敏度也不同。为了提高测定的灵敏度，应使光源发出的谱线通过火焰中待测元素基态原子密度最大的区域，因为这样火焰稳定，干扰也少。通常在燃烧器缝口上方6～12mm的火焰区域内基态原子的密度最大，因此应使光源发出的谱线通过此区域。在分析工作中，应通过试验选择最佳的燃烧器高度，方法是用某一浓度的样品溶液喷雾，慢慢改变燃烧器高度，吸光度最大时的高度即为最佳的燃烧器高度。

5. 火焰的种类与性质

选择合适的火焰，可以减少干扰因素，提高测定的灵敏度和稳定性。对于不同性质的待测元素，应选择不同类型的火焰。在火焰中易生成难解离化合物的元素或生成耐热氧化物的元素（如铝、钒、钨、钛、铍、硼、硅、钪、镧系元素等）应选用高温火焰（如氧化亚氮-乙炔火焰）；易挥发、易电离的元素（如银、铜、镉、锌、碱金属等）应选用低温火焰（如空气-煤气火焰）。在分析工作中，除了选择火焰的种类外，还要选择合适的燃助比。一般通过试验来选择最佳燃助比，方法是在固定燃气流量的情况下，改变助燃气的流量，测定某一浓度样品溶液的吸光度，吸光度最大时对应的燃助比即为最佳。

此外，在配制固体样品的溶液时，应尽量用酸溶解样品，尽可能不用碱溶解样品。含有悬浮物的液体样品应在过滤或澄清后再用。

六、灵敏度与检出极限

1. 灵敏度

灵敏度是指在给定的试验条件下，能得到1%的吸收（吸光度为0.0044）时所需要某元素的质量或其水溶液的含量，以S表示，单位为g/1%或μg/（mL·1%）。

$$S=\frac{\rho \times 0.0044}{A}$$

式中 A——待测元素或其水溶液的吸光度；

ρ——待测元素的质量(g)或其水溶液的质量浓度(μg/mL)。

影响灵敏度的因素主要有仪器的性能和操作条件。在操作条件和待测元素都一定的情况下，灵敏度只与仪器的性能有关。同一元素在不同性能的仪器上测定的灵敏度不同，因此灵敏度是仪器的性能指标之一。

2. 检出极限

检出极限是指能产生两倍标准偏差的读数时所需要待测元素的质量或其水溶液的含量，用 DL 表示，单位为 g 或 μg/mL。

$$DL=\frac{\rho \times 2\sigma}{A}$$

式中 A——待测元素或其水溶液的吸光度；

ρ——待测元素的质量(g)或其水溶液的质量浓度(μg/mL)；

σ——噪声的标准偏差，是由对空白溶液或接近空白的标准溶液连续测定10次所得的吸光度求得的。

检出极限不仅与灵敏度有关，而且与仪器的稳定性有关。所以，在一定条件下，检出极限更能反映仪器性能的好坏。在原子吸收分光光度分析中，重要的是保证检出极限要低。降低噪声，提高测定的精度，是改善检出极限的有效途径。对于一定的仪器，选择合适的分析条件，可以减低噪声，提高测定的灵敏度，从而才有好的检出极限。

七、原子荧光分光光度法简介

原子荧光分光光度法是通过测量待测元素的基态原子蒸气在辐射能的激发下所产生的荧光强度，来测定待测元素含量的一种方法。

不同元素的原子所发射的荧光波长各不相同。根据这一特征，可以进行原子荧光定性分析。由于待测元素的原子所发射的荧光强度和单位体积的原子化器中该元素的基态原子数目成正比，所以可以通过原子荧光定量分析（即通过测定荧光强度）求得待测元素的含量。

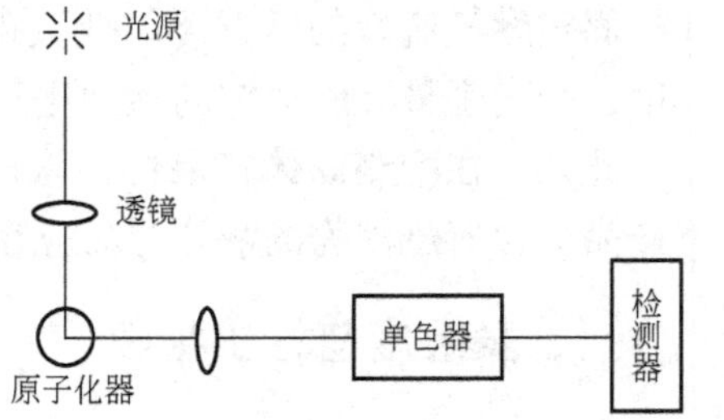

图1-10 原子荧光分光光度计示意图

原子荧光分光光度法所使用的仪器与原子吸收分光光度计基本相同，但光源、原子化器和分光系统不是排在一条直线上，而是排成直角形，如图1-10所示。

为了提高测定的灵敏度，通常采用能发射高强度谱线的光源，如高强度空心阴极灯或无极放电灯等。

原子荧光分光光度分析光谱简单、干扰少、检出极限低、灵敏度高，但光散射干扰严重，在测定锌、钙、镁、镉等元素时有很高的灵敏度。

第四节　微生物检验知识

一、微生物学检验的内容和要求

1. 微生物学检验的范围

（1）生产环境的检验　生产环境的微生物学检验主要包括对空气、墙壁、地面及生产用水的检验。

（2）原辅料的检验　原辅料的微生物学检验包括对主料、辅料、添加剂等一切原辅料的检验。

（3）食品加工、储藏、销售环节的检验　包括对生产人员的卫生状况、食品加工工具、运输工具、包装材料等的微生物学检验。

（4）食品的检验　食品微生物检验的重点是对出口食品、可疑食品及食物中毒食品的检验。

2. 微生物学检验的指标

（1）细菌菌落总数　细菌菌落总数是反映食品的新鲜度、被细菌污染的程度及在加工过程中细菌繁殖动态的一项指标，是判断食品卫生质量的重要依据。

（2）大肠菌群数　大肠菌群是肠道中普遍存在而且数量最多的一群细菌，常作为人畜粪便污染的指标，也是评价食品卫生质量的重要依据。

（3）致病菌　致病菌的种类繁多，特性各异，一般根据不同食品或不同场合选择某一种或几种致病菌进行检验。蛋及蛋制品一般选择检验沙门氏菌和葡萄球菌等。当某种病流行时，则有必要选择检验引起该病的病原菌。

另外，有些霉菌也会产生毒素，引起疾病，因此也要根据具体情况对霉菌进行检验。

肝炎病毒、口蹄疫病毒等与人类健康有直接关系的病毒，在一定场合下也是食品微生物检验的指标。

3. 微生物学检验的要求

（1）微生物检验室的基本要求　微生物检验室在选址时，要求周围环境条件良好，尽量避开容易污染以及嘈杂的环境。显微镜和检验操作光线要充足，因此检验室的窗户应尽量朝南，室内的照明灯要有足够的照明亮度。

微生物检验室应保持整洁，工作台和地面要便于清洁。为了防止蚊蝇等，检验室最好配备纱窗。

检验室的设备和辅助用具要根据工作顺序、清洁与污染的情况进行安排，否则会引起交叉污染。食品微生物检验室要与准备室分开，两室的地面材料和墙面材料应便于冲洗，桌面最好铺有胶皮垫或其他防振易清洗的材料，实验室内要安装空调设备。检验操作必须在无菌室内的超净工作台上进行。所有的培养物、被污染的玻璃器皿及阳性的检验标本，都必须用消毒水浸泡过夜或煮沸甚至采用高压蒸气灭菌等方法处理，然后再清洗玻璃器皿。

（2）微生物学检验人员的要求　微生物学检验工作对保证食品质量、预测和控制疾病流行及临床诊断治疗都有重要作用。因此，检验人员必须有高度事业心和强烈责任感。微生物检验工作非常繁琐，但工作量再大，也不能敷衍了事，如检验沙门氏菌不能不做增菌培养，分离用的培养基要保证每份样品都做一块平板。如果不按检验方法操作或违反检验程序，就会影响检验的结果。

微生物学检验工作技术性很强，检验人员必须具有扎实的基础理论知识和专业知识以及熟练的检验技术，要善于在实践中发现问题，解决问题，不断提高自己的技术水平。作为一名好的检验人员，要及时了解和掌握新的技术和方法，应用先进的技术来提高检验工作效率。

（3）微生物检验程序的基本要求　微生物学检验人员必须按照检验方法所规定的检验程序进行操作，这是微生物学检验人员应遵循的基本原则，也是检验结果准确与否的基本保证。只有遵守检验程序，检验结果才能准确可靠，符合国家标准，否则检验结果无效。

（4）培养基与试剂的基本要求

1）培养基的种类。培养基是由适合微生物和其他细胞生长需要的各种营养成分经人工配制而成的营养体系，可供微生物在其中生长繁殖。培养基本身必须无菌。食品微生物检验常用的培养基有以下四大类：

① 基本培养基：常用的有牛肉浸液、牛肉消化汤、普通营养琼脂、蛋白胨水等。

② 选择性培养基：如培养肠道致病菌的SS培养基，含有胆酸盐，能抑制革兰氏阳性菌，还含有柠檬酸钠和煌绿，能抑制大肠杆菌，这样就使致病菌沙门氏菌和志贺氏菌容易生长。培养基中加入某些抗生素，也可起到选择性作用。

③ 鉴定培养基：在无糖的基础培养基（蛋白胨水）中加入乳糖和指示剂，接种后培养，若微生物能发酵乳糖产酸，则指示剂变色；若不发酵乳糖，则颜色不变。常用的糖发酵管、硫化氢培养基等都是鉴定培养基。半固体培养基也是鉴定培养基，因为它可以用来做穿刺试验，从而鉴别微生物是否运动，以确定其是否有鞭毛。

④ 特殊培养基：许多微生物在一般培养基上不能生长或生长不良，往往是由于它们的营养要求特殊。如果在基础培养基中加入其他的营养物质，如血液、血清、酵母浸膏、生长因子等，那么可供营养要求较高或有特殊营养要求的微生物在其中生长。例如溶血性链球菌，在含有血液的培养基中，才能生长良好。

培养基的质量是微生物检验工作成败的重要因素，因此选择培养基时一定要慎重。

2）培养基原料的质量控制：培养基原料的质量控制主要是琼脂、蛋白胨、胆盐、牛肉膏及酵母浸膏等的质量控制。

① 琼脂质量的控制：琼脂分为琼脂粉和琼脂条，要求其溶于水后，pH 值约为 7，透明无沉淀，用量不宜过多，一般为 1.5% ~2.0%（质量分数）。

② 蛋白胨的质量控制：蛋白胨应为干燥的白色或微黄色的细粉末，pH 值约为 7 而偏酸性，能溶于水。不同的微生物可利用不同的蛋白胨，在配制培养基时，应根据微生物的要求进行选择。

③ 胆盐的质量控制：胆盐应为浅黄色粉末，种类很多，可来自猪、牛、羊、兔等。不同的胆盐有不同的抑菌作用，因此应根据培养基的要求进行选择，不能互相代替。

④ 牛肉膏及酵母浸膏的质量控制：牛肉膏及酵母浸膏应为棕褐色半固体，溶于水后应透明无沉淀。在培养基中加入牛肉膏及酵母浸膏后，应观察培养细菌的生长情况，以对其效果进行检测。

3）培养基性能的控制

① 物理性状：培养基的物理性状主要是透明度、pH 值、硬度等。培养基应有较好的透明度，若有浑浊、沉淀现象，则会直接影响对细菌生长情况的观察。培养基的 pH 值应严格按照要求进行校正，对于一些生化反应培养基，pH 值的正误直接影响细菌的反应结果和对其进行判断。固体培养基的硬度要适中，过硬不利于细菌的生长，过软又不利于划线分离。保存菌株和观察其运动性的半固体培养基的硬度也很重要，一般要根据琼脂的质量适当考虑。

② 生物学要求：微生物只有在适宜的培养基上，才能表现出应有的生物学特性，而不同的微生物有不同的培养要求。一些常用的选择性培养基，除了对非目的菌有抑制作用外，对目的菌或多或少也有一定影响，因此就必须了解目的菌对该种培养基的敏感程度和适应性。细菌在不同的培养基上，其菌落的大小、形态特征及颜色的表现是不同的，要检测培养基的性能如何，应选择有代表性的典型菌进行分离培养，观察其菌落的生长情况是否典型。

4）染色液的质量控制：在将染色液配制好后，应选用标准菌株做阳性和阴性对照试验，从而鉴定其染色的性能。

5）各种诊断血清的质量控制：许多致病菌都要进行血清学诊断。在诊断时应注意血清的有效期，切勿使用超过有效期的血清，以免出现假阳性或假阴性，同时必须经常用标准菌株测定血清凝集效价。

二、微生物检验样品的采集和处理

1. 样品采集的目的和要求

（1）样品采集的目的　样品的采集简称采样。采样是从生产和经营的一大批食品中，按照有关规定采集小部分检验样品的过程。通过对检样的微生物学检验，可以准确评价食品的卫生状况，并为保证食品质量、改进管理提供依据。

（2）样品采集的要求　在食品检验中，所采集的样品必须有代表性。食品的加工批号、原料情况（来源、种类、地区、季节等）、加工方法、运输过程、保藏条件、销售中的各个环节（例如有无防蝇、防污染、防蟑螂及防鼠等设备）及销售人员的责任心和卫生认识水平等无不影响着食品卫生质量，因此必须考虑周密。在采样前，应事先准备好经过灭菌的容器和采样工具，在无菌条件下，按国家有关样品采集标准均匀而准确地取样，使所采样品具有正确性和代表性。

同时样品要妥善存放，严防污染或再污染。存放样品时，应用灭菌后的纸袋或玻璃器皿为好，不宜直接使用塑料袋存放。采集后的样品，必须及时封口，做好记录，贴上标签，每件样品必须标记清楚（如样品名称、采样地点、来源、数量、储藏情况、采样人及采样时间、温度、湿度、卫生状况等）。

此外，食品微生物学检验还必须具有及时性。采集后的样品应尽快送到食品卫生微生物检验室，间隔时间一般不超过3h。如果路途遥远，那么对不需冷冻的样品，可将其保存在1~5℃的环境中（如冰壶）；对需保持冷冻状态的样品，则需保存在泡沫塑料隔热箱内（箱内有干冰，可维持在0℃以下）。送检时，必须认真填写申请单，以供检验人员参考。

食品卫生微生物检验室接到送检申请单后应立即登记，填写实验序号，并按检验要求，立即将样品放在冰箱或冰盒中，积极准备条件进行检验，以便及时报告检验结果，供有关部门在分析和处理情况时参考。

2. 采样方法

（1）采样的设备和材料　宜选用耐消毒灭菌的材料。采样的设备和材料有探子、铲子、匙、采样器、试管、广口瓶、剪刀、开罐器等。

（2）样品种类　样品种类可分为大样、中样和小样三种。大样也称为原始样品，指从一大批食品中采取的能代表该批食品的一整批样品，一般每件为2kg；中样也称为平均样品，指从大样中经过混合平均地分出一部分供检验全部有关项目的样品，一般不少于全部检验项目的四倍；小样又称检样，指从中样中分出的直接用于检验的样品。检样一般以25g为准，中样以200g为准，具体数量取决于检验方法。

（3）采样方法　采样必须在无菌条件下进行。探子、铲子、匙、采样器、试管、广口瓶、剪刀、开罐器等所有与样品接触的采样工具在使用之前应认真进行清洁、干燥和相应的灭菌处理。121℃湿热灭菌至少20min，170℃干热灭菌至少1h。注意不能用消毒剂消毒，样品中也不能加入防腐剂，以免影响检验结果的准确性。

对于袋、瓶和罐装的样品，应取完整的未开封的包装。如果样品很大，那么需用无菌采样器取样；如果样品是固体粉末，那么应边取边混合；如果样品是液体的，那么应振摇混匀后取样；如果检样是冷冻食品，那么应保持在冷冻状态（可放在冰内、冰箱的冰盒内或低温冰箱内保存），非冷冻食品需在0～5℃环境中保存。

（4）采样数量　不同的食品，采样方法和数量有所不同。各种样品采样方法和数量见表1-6。

表1-6　各种样品采样方法和数量

检样种类	采样数量	备注
进口粮油	粮：按三层五点采样方法进行（表、中、下三层） 油：重点采取表层及底层油	每增加10000t，增加一个混样
肉及肉制品	生肉：取屠宰后两腿内侧肌或背最长肌，100g/只 脏器：根据检验目的而定 家禽：家禽用灭菌棉擦拭后，取样$50cm^2$ 熟肉：酱卤制品、肴肉及灌肠的取样应不少于200g，烧烤制品应取样$50cm^2$ 熟禽：每份样品1只 肉松：每份样品200g 香肚：每份样品1只	要在容器的不同部位采样
糕点、果脯、糖果等	糕点、果脯等，取样200g 糖果：100g	
调味品	酱油、酱类、醋类：原装1瓶，散装500mL 味精：100g/1袋 袋装调味料：1袋	
乳及乳制品	生乳：1瓶 奶酪：1个 消毒乳：1瓶 奶粉：1袋或1瓶，大包装200g 奶油：1包，大包装200g 酸奶：1瓶或1罐 炼乳：1瓶或1听 淡炼乳：1罐	每批样品按1/1000采样，不足千件者抽1件

（续）

检样种类	采样数量	备注
水产品	鱼：1条 虾：200g 蟹：2只 贝壳类：按检验目的而定 鱼松：1袋	不足200g者加量
软饮料	碳酸饮料及果汁饮料：原装2瓶为1件，散装500mL 散装饮料：500mL为1件 固体饮料：原装1袋	每批3件，每件2瓶
冷冻饮品	冰棍、雪糕：每批不得少于3件，每件不得少于3支 冰淇淋：原装4杯为1件，散装200g 食用冰块：500g为1件	班产量20万支以下者，一班为一批；班产量20万支以上者，一工作台为一批
冷食菜、豆制品	取样200g	—
罐头	（1）按生产班次取样，取样数为1/6000，尾数超过2000罐者增取1罐，但每班(批)每个品种取样基数不得少于3罐 （2）某些产品班产量较大，则以30000罐为基数，其取样数为1/6000，超过30000罐时，其取样数可为1/20000，尾数超过4000罐者增取1罐 （3）个别产品生产量过少，同品种、同规格者可合并班次取样，但并班总罐数不应超过5000罐，每生产班次取样数不少于1罐，并班后取样数不少于3罐	—
罐头	（4）按杀菌锅取样，每锅取1罐，但每批每个品种不得少于3罐，违反操作规程或卫生制度生产的罐头，应适当增加抽样数量 （5）在仓库或商店贮存的成批罐头中有变形、膨胀、凹陷、壁裂缝、生锈或破损等可疑情况的，应根据情况决定抽样数	
酒类	取2瓶为1件，散装500mL	—
蛋品	全蛋粉：每件200g 巴氏消毒全蛋粉：每件200g 蛋黄粉：每件200g 蛋白片：每件200g	一日或一班生产为一批，检验沙门氏菌按5%抽样，但每批不少于3个检样 测定菌落总数和大肠菌群：每批按装听过程中前、中、后流动取样3次，每次取样50g，每批合为一个样品

（续）

检样种类	采样数量	备　注
蛋品	冰全蛋：每件200g 冰蛋黄：每件200g 冰蛋白：每件200g	在装听时流动采样，检验沙门氏菌，每250kg取样1件
	巴氏消毒冰全蛋：每件200g	检验沙门氏菌，每500kg取样1件 测定菌落总数和大肠菌群：每批按装听过程前、中、后取样3次，每次50g

3. 样品的处理

食品卫生微生物检验室必须备有专用冰箱用于存放样品。一般阳性样品，发出报告后3天(特殊情况可适当延长)才能处理；进口食品的阳性样品，需保存6个月才能处理。阴性样品可及时处理。

三、微生物检验方法

1. 显微镜检验技术

本书主要介绍普通光学显微镜的微生物镜检技术。普通光学显微镜的结构如图1-11所示。

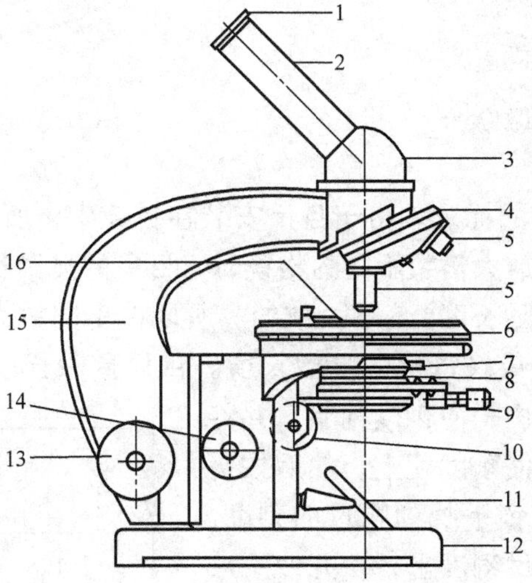

图1-11　普通光学显微镜的结构

1—接目镜　2—镜筒　3—棱镜套　4—转换器　5—接物镜　6—载物台　7—聚光器　8—虹彩光圈　9—光圈固定器　10—聚光器升降螺旋　11—反光镜　12—镜座　13—粗调节器　14—细调节器　15—镜臂　16—标本夹

（1）测微与计数

1）测微：测微是指用测微尺来测量微生物的大小。测量微生物个体大小是微生物分类鉴定中一项重要的工作。测微尺包括两种：接目测微尺和接物测微尺，如图1-12、图1-13所示。

① 测微尺的构造：接目测微尺简称目尺，是一圆形玻片，玻片中央有一刻度尺，即将5mm的长度等分成50个小格，每小格等于0.1mm即100μm，使用时装入目镜的光栅处。

接物测微尺简称物尺，是放在载物台上的一块玻片。在它的中央有一条长1mm，被分成100个小格的等分线，每小格长0.01mm即10μm。

② 测微尺的使用

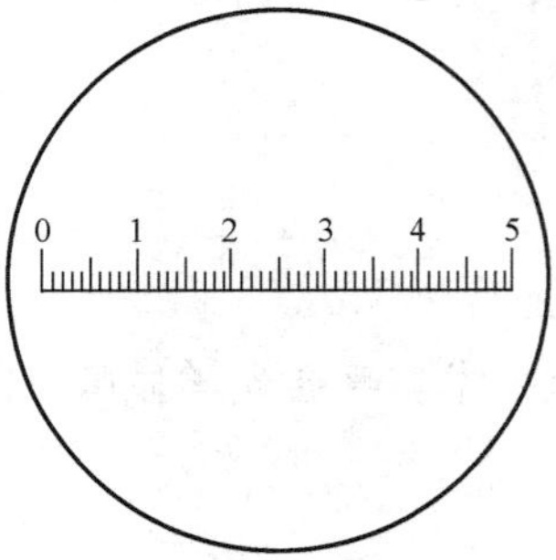

图1-12 接目测微尺

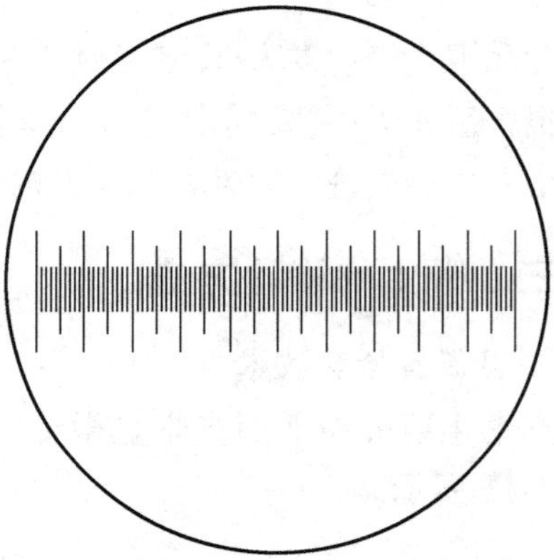

图1-13 接物测微尺

a. 目尺显微长度的标定。由于目尺安装在目镜中，所测得的物像均已被物镜放大，因此在使用放大倍数不同的物镜时，目尺的显微长度（即目尺每小格代表经过显微放大的实际长度）是不一致的。所以在不同放大倍数的镜头系统下，必须分别用物尺标定目尺每格的显微长度。目尺显微长度标定的具体方法为：先将目尺装入接目镜内，使刻度向下，并将物尺放在载物台上，使刻度朝上，然后按镜检的方法和步骤，在镜下找到物尺的刻度，再转动接目镜，使两尺刻度平行，并使两尺的第一条刻度线重合，向右寻找另外相重合的刻度线（见图1-14），记录两个重叠刻度间目尺和物尺的格数，根据下列公式计算目尺的显微长度。

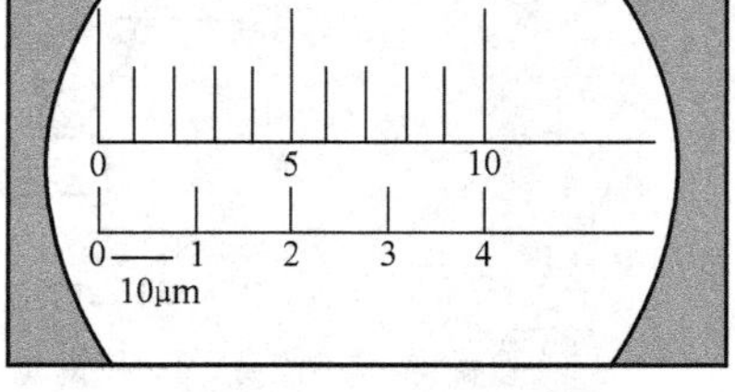

图1-14 目尺显微长度的标定

$$h=\frac{m\times 10}{N}$$

式中 h——目尺的显微长度(μm)；

m——代表两个重合线间物尺的格数；

N——代表两个重合线间目尺的格数。

b. 微生物菌体大小的测量。在目尺的显微长度确定以后，便可取下物尺，放置欲测定其大小的微生物玻片标本，进行测微。首先，在视野中选取一个单独的菌体，以横和纵的方向来测量，视其相当于目尺刻度多少格，再乘以显微长度，即可算出菌体的大小。若是球菌，则只测量其直径；若是杆菌，则要测量出菌体的长和宽。例如某一杆菌，测量出长为2小格，宽为0.5小格，显微长度为2.0μm，则该杆菌的大小为4.0μm(2×2.0μm)~1.0μm(0.5×2.0μm)。

常用镜头的显微长度应事先测知，以便应用时直接测量。

2）微生物的显微计数：显微计数是在显微镜下直接计算菌液中微生物数量的方法。显微计数法有三种，即计数器测定法、视野计数法和目镜计数网测定法。

① 计数器测定法：计数器测定法是测定单位体积(或质量)内微生物数量的一种方法，适用于细菌、真菌孢子、酵母菌细胞及病原菌的直接显微计数。它所用的仪器为血球(细菌)计数器。

a. 血球(细菌)计数器的构造。血球(细菌)计数器的构造是一块载玻片，中央两边各有计数网格，在网格中央1mm² 的面积上，刻有400个大小相等的小方格，每一小方格的边长为0.05mm，深度为0.1mm，其体积为0.1mm×0.05mm×0.05mm = 0.00025mm³ = 1/4000mm³ = 1/4000000cm³，也就是1/4000000mL。所以4000000即成为细菌计数器计算每毫升菌液中微生物的常数，如图1-15所示。

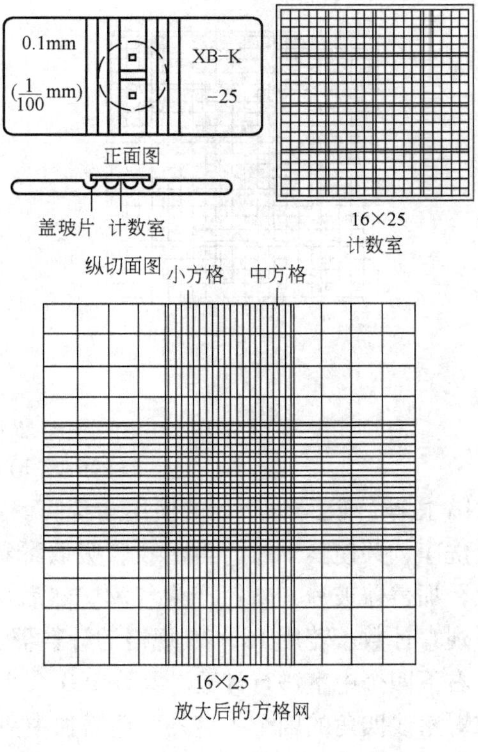

图1-15 血球(细菌)计数器

常用的血球计数器，其计数室的规格有两种，一种是先将计数室(大方格)

分为16个中格（中室），每个中格又分为25个小格（小室），总共16×25=400小格；另一种是将计数室先分为25个中格，每个中格再分16个小格，共计也是25×16=400小格。前者称为16×25型，后者称为25×16型，如图1-16所示。

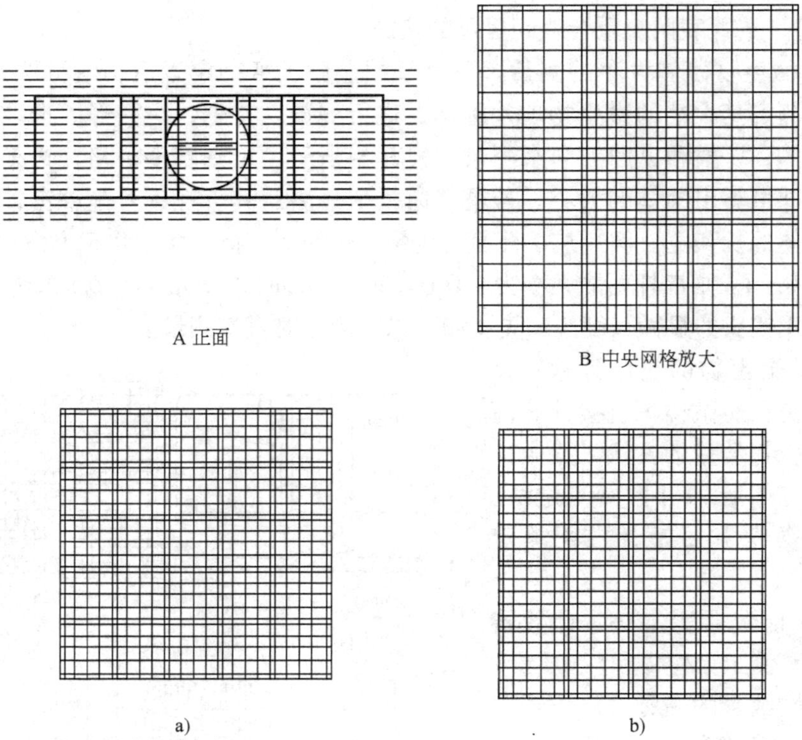

图1-16 16×25型和25×16型血球计数器

a）25×16型 b）16×25型

b. 血球（细菌）计数器的使用与计算。操作时，先将计数器、吸管、盖玻片充分洗净，并使其干燥，再用吸管吸取稀释菌悬液滴并将其加在计数器的计数室上，加盖盖玻片，勿使产生气泡，然后用吸水纸吸去多余菌液，最后在高倍镜下观察计数。若用16×25规格的计数器，则按对角线方位取左上、右上、左下、右下四个中室进行计数，共计100个小室；若用25×16规格的计数器，则除取对角线四角的四个中室外，还需加中央一个中室，共计80个小室。每个样品重复计数三次，取其平均值。从上述数据计算出平均每小室的菌数（m），由此可推出菌量计算公式。

液体样品的菌量NL（个/mL）计算公式为

$$NL = m \times 4000000 \times d$$

式中 d——液体样品的稀释倍数。

固体样品表面带菌的菌量 NS（个/g）计算公式为

$$NS = m \times 4000000 \times \frac{V}{W}$$

式中　V——固体试样表面洗涤液体的体积（mL）；

W——固体试样质量（g）。

② 视野计数法：视野计数法就是载片镜检计数法，适用于真菌孢子（如酵母菌细胞）的计数，在粮食病原菌的洗涤检验中也常应用。其方法是：先将吸管、载玻片、盖玻片等彻底消毒，用吸管准确地测定每一毫升菌悬液的滴数，并滴一滴于载玻片上，盖上盖玻片，不要使菌悬液外溢或发生气泡，然后在显微镜下依照图 1-17 所示顺序检视 10 个视野。

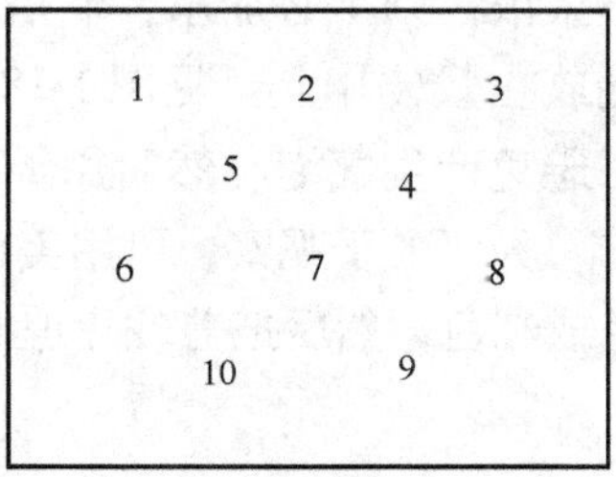

图 1-17　视野计数法

记录菌数，求出每个视野的平均菌数，再用测微尺测定视野直径，求出其面积，同时计算出盖玻片的面积，由此可算出盖玻片面积是视野面积的多少倍，然后按下列公式计算

$$每克食品带菌量 = \frac{\frac{C}{R}mdV}{W}$$

式中　m——每个视野中的平均菌数；

C——盖玻片面积；

R——视野面积；

d——每毫升菌悬液的滴数；

V——用于镜检的菌悬液总量的体积（mL）；

W——试样的质量（g）。

如果用于镜检的是稀释后的菌悬液，那么其计算公式则为

$$每克食品带菌量 = \frac{\frac{C}{R}mdV}{N}$$

式中　N——用于镜检的稀释菌悬液的稀释度（10^{-x}）。

若用同样的滴管和盖片制片，则在同架显微镜的同一放大倍率的镜头系统下进行镜检计数时，每毫升菌悬液的滴数、盖玻片面积和视野面积都是不变数值，因此 $(C/R)d$ 就构成一个常数 K，其计算公式可简化为

$$每克食品带菌量 = \frac{mKV}{W}\left(或\frac{mKV}{N}\right)$$

③ 目镜测微网计数法：目镜测微网计数法是用目镜测微网测染色涂片上菌数的方法，可用于测定粮食、食品、霉菌孢子的带菌量。

（2）细菌的镜检　细菌镜检的项目有细菌的形态、大小、革兰氏染色反应，有无芽孢、荚膜、鞭毛以及细胞运动情况等。

① 细菌的制片方法：在镜检之前只有将被检物制成玻片标本，才能观察，用于制作标本的玻片应非常干净。

根据被检物所要检查的项目和供检材料的不同，其制片方法有以下三种：

a. 普通法(压片法)：用普通法制作活细菌标本，不但便于观察细菌的运动，而且还能研究细菌的形状、大小和芽孢。其方法是：在干净的载玻片上滴一滴蒸馏水，用接种环挑取一环供检材料放入水中并混匀，若供检材料为液体并且不太浓，则不必加水，然后加放盖玻片。在加放盖玻片时，应先把盖玻片的一端放在载玻片上（见图1-18），再慢慢往下压盖，勿使水从盖玻片边缘溢出，同时避免产生气泡，然后用干净的玻璃棒或镊子等使盖玻片紧贴在载玻片上。

为了便于观察，可用美蓝（亚甲蓝）或复红等染色液代替水，将细菌染成蓝色或红色，然后把盖玻片盖上，再进行镜检，这样看得较为清晰。

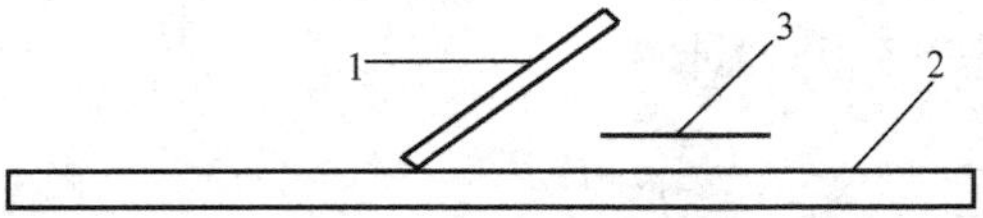

图1-18　压片法

1—盖玻片　2—载玻片　3—水

b. 悬滴法：悬滴法用于观察生活状态的细菌，如细菌的运动、繁殖方式、孢子萌发等。其方法是：取一滴蒸馏水或培养液放于干净的盖玻片中央，再取一环培养好的菌体，接种于盖玻片的液滴中，然后将盖玻片翻转过来，盖于凹玻片的凹窝中，使菌液正好倒垂在载玻片的凹窝中央，不要使水滴碰到凹窝的壁和底，如图1-19所示。为防止干燥，在盖玻片边沿上涂上凡士林，使菌液紧紧处在密闭的小室中，即可镜检。因为没有染色的活细菌是透明的，不易看到，所以必须降低聚光器或缩小光圈，以减少照明强度，认真观察，才能得到良好效果。若观察其繁殖或孢子萌发时需将带有悬滴的玻片放在底部铺有湿纸或湿棉的培养皿中，以便保湿，则应先盖好皿盖进行定温培养，然后再进行镜检。

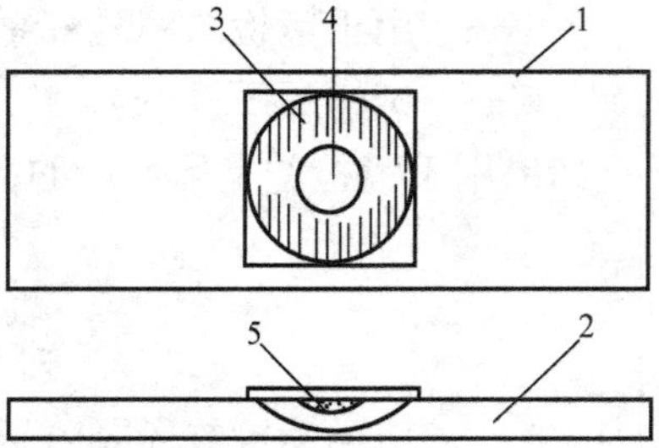

图1-19　悬滴法

1—盖玻片　2—凹玻片　3—蒸馏水或培养液

4—菌体　5—悬垂在盖玻片下的菌液

c. 涂片法：涂片法适用于细菌结构的观察。其方法是：首先在干净的载玻片中央加一滴蒸馏水，用灭菌后的接种环取少许菌体，放于载玻片上，与水混合涂成直径约1cm的均匀薄片，即成涂片。用这种涂片法制的标本在显微镜下一般不直接看，经染色后才能看得清晰。

② 细菌的染色方法：由于细菌个体透明，在光学显微镜下不易观察到其形态，所以必须借助于染色的方法使菌体着色，增加与背景的明暗对比，才能在光学显微镜下较为清楚地观察其个体形态和部分结构。

按照所用染料种类的不同，可将染色法分为两大类：一类是单染色法，一类是复染色法。

单染色法又称普通染色法，只用一种染料染色，适用于菌体一般形态的观察。操作过程为：将按涂片法制成的涂片进行固定，固定方法有自然干燥或加温干燥，通常采用加温干燥，可在酒精灯火焰上快速来回烘烤涂片背面，以手摸载片发烫时为宜。在固定好的玻片上加染色液1~2滴（吕氏美蓝或碱性复红液），使其盖满玻片，然后静止1~2min，用细小水流慢慢冲去染料，再用吸水纸吸去玻片上的水分，待晾干后即可镜检。

复染色法又称鉴别染色法，用两种或多种染料进行染色，有助于鉴别细菌。其中最常用的为革兰氏染色法，染色结果：菌体呈紫色的为革兰氏阳性菌（G^+），呈红色的为革兰氏阴性菌（G^-）。

革兰氏染色的操作步骤如下：

a. 涂片固定：取培养24~48h的细菌，按单染色法涂片固定。

b. 初染：滴加结晶紫液，使其全部覆盖于涂片上，染色1min后，用细水流冲洗，然后用吸水纸轻轻吸干。

c. 媒染：加路氏碘液，1min后水洗，同样用吸水纸吸干。路氏碘液是一种媒染剂，具有助染作用。

d. 脱色：加95%（体积分数）酒精经10~30s后，水洗，同样用吸水纸吸干。

e. 复染：加苯酚复红液染0.5min后，水洗，吸干，即可在油镜下镜检。

在革兰氏染色过程中，以涂片和脱色这两步最为关键。涂片切不可过于浓厚，要求薄而均匀。过于密集的细菌涂片常常影响脱色结果，而呈现假阳性反应。95%（体积分数）酒精的脱色能力很强，所以要求脱色时应恰当掌握脱色程度。若脱色过轻，则阴性菌脱不掉紫色，会造成假阳性；若脱色过重，则阳性菌的紫色也会被脱掉而造成假阴性。

此外，革兰氏染色的结果还与菌龄有关。一般幼龄菌的革兰氏染色反应比较正常，老龄菌的革兰氏染色常有变化，特别是革兰氏阳性菌，在老龄时常是阴性反应。因此，革兰氏染色所用的菌种一般是24~48h的培养物。

③ 细菌芽孢、荚膜、鞭毛的染色方法。

细菌芽孢染色法：利用细菌和菌体对染料的亲和力不同的原理，用不同染料进行着色，使芽孢和菌体呈不同的颜色而便于区别。芽孢壁厚、透性低，着色、脱色均较困难。因此，当先用弱碱性染料（如孔雀绿或碱性品红），在加热条件下进行染色时，此染料不仅可以进入菌体，而且也可以进入芽孢。进入菌体的染料可经水洗脱色，而进入芽孢的染料则难以透出。若再用复染液(如番红液)或衬托液(如黑色素)处理，则菌体和芽孢就易于区分了。其操作过程如下：

a. 将培养24h左右的芽孢杆菌做涂片、干燥、固定。

b. 滴加3~5滴孔雀绿染色液于已固定的涂片上。

c. 用木夹夹住载玻片在火焰上加热，使染液冒蒸汽，但勿沸腾，切忌使染液蒸干，必要时可添加少许染液。加热时间为从染液冒蒸汽开始4~5min。

d. 倾去染液，待玻片冷却后水洗至孔雀绿不再褪色为止。

e. 用番红液复染1min，水洗。

f. 待干燥后，置油镜下观察，芽孢呈绿色，菌呈红色。

细菌荚膜染色法：将产荚膜的细菌用适宜的培养基培养24~48h，然后进行染色。具体操作步骤为：涂片，风干后滴加1%(质量分数)结晶紫染液于涂片上，保持1~2min，水洗后再用20%(质量分数)硫酸铜溶液慢慢冲去染液，不用水洗，自然风干。用油镜观察，菌体呈紫红色，荚膜呈淡紫色或淡红色。

荚膜一般不用热固定，因为热固定后荚膜会被破坏。

用简单染色也可以看到荚膜，此时菌体着色，荚膜为浅色或无色。

鞭毛染色法：细菌鞭毛极为纤细，直径为0.02~0.03μm，因此在普通光学显微镜下不能看见，只有用特殊的染色方法才能把鞭毛显示出来。给鞭毛染色的方法很多，但主要的步骤都是采用不稳定的胶体溶液作媒染剂，使其在鞭毛上生成沉淀，然后再进行染色，因染料堆积在媒染剂上而使鞭毛变得可以看见。

鞭毛染色的用新培养的菌种为宜。一般新制备的斜面，接种后培养16~24h。若所用菌种长期未移种，则最好用新制备的斜面连续移种2~3次后再使用。

用于鞭毛染色的玻片必须十分清洁。

染色步骤与结果观察：

a. 制片：在长好的菌种斜面管内沿管壁加少量无菌水，放于37℃恒温箱活化30min后取出即成菌悬液，用滴管取几滴菌悬液置于载玻片上，将载玻片倾斜使菌悬液流成一片(切勿涂布菌悬液,以免将鞭毛涂掉)，然后平放风干。

b. 染色：用甲染液染3~5min，用蒸馏水轻轻冲洗，然后将残水沥干或用乙液冲去残水后加乙染液染30~60s，并在酒精灯上稍加热，使其冒蒸汽而染液不干，最后用蒸馏水冲洗。

镜检时应多找几个视野，有时只在部分涂片上染出鞭毛。

染色结果，菌体为深褐色，鞭毛为褐色。

注意事项：

a. 染液最好当天配制，当日使用，若次日再使用，则会影响镜检效果。

b. 一定要充分洗净甲染液后再加乙染液，否则背景很脏。

④ 放线菌的镜检：放线菌的镜检项目有孢子丝的形状和着生方式以及孢子的特征，通常采用印片法和插片法。

a. 印片法：用解剖刀或接种铲从培养放线菌的培养基平面上，切取一小块带有一薄层培养基的菌种，置于清洁的载玻片上，在其上小心地加盖表面涂有一层加拿大树胶的盖玻片，并轻压盖玻片，使孢子丝等黏附在胶面上，切勿移位，然后取下翻转带胶的印片，即可放在显微镜下镜检。

b. 插片法：插片法是一种较为理想的制片方法，具体操作是：在无菌的培养皿中倒一层很厚的琼脂培养基，然后将几块灭过菌的盖玻片斜插在培养基中，使盖玻片与平板成45°角，将放线菌种接种在培养基与盖玻片交接处，这样就有一部分放线菌生长在盖玻片上，取出盖玻片直接在显微镜下观察。

液体培养的放线菌，其镜检方法与细菌单染色法相同，经过干燥固定，用去酚复红液染色，便可镜检。

2. 培养检验

食品微生物分析的基本方法是培养检验，又分为种植培养分析法和稀释培养分析法两种。

分析方法必须根据分析目的和食品的特点来确定。在食品的微生物分析中，如测定活菌量，即可选用稀释培养法，以求得食品的带菌量。若对固形食品进行菌相分析，则可采用种植培养法，以求得各种食品微生物的检出率，从而查出菌相，找出优势菌。应该注意的是，在分析过程中，只有严格进行无菌操作，才能保证分析结果的准确性。

（1）种植培养分析法　种植培养分析法简称种植培养或点植法，是将食品等点植于平板培养基上进行菌相培养的方法，适用于粒状或块状试样的全菌和内部菌分析。在分析前，要选用适宜的培养基，并将其溶化倒碟，制成平板，然后分别进行食品的全菌和内部菌分离。因而依据检品目的的不同，种植培养分析法又分为直接种植（全菌）和表面消毒种植（内部菌）两种培养方法。如果分析霉菌，那么溶化后的培养基温度降至45℃后，应加入链霉素4000IU/100mL，用来抑制细菌生长。

种植培养程序如图1-20所示。

1）直接种植培养：此法适用于粒状或块状食品的全菌分析，如水果类、糕点类、蛋类、香肠、咸肉等食品。目的在于使固形食品上的全部微生物在适宜的条件下生长，因而食品、粮食或其他离体组织，都不做任何处理，直接将粮粒等种植于平板培养基上进行培养。具体操作方法是：以无菌操作为要求，用

热溶培养基→倾注(倒碟)→冷凝→
（每皿 ϕ9～ϕ11cm 平皿倾注培养基 10～15mL）

降温→ 加入细菌抑制剂（如做霉菌分析时加入孟加拉红 70mg/100mL 或链霉素 4000IU/100mL 等细菌抑制剂）
（冷却至 45～50℃）

→种植(点植) [表面消毒种植培养(内部菌)；直接种植培养(全菌)] →

适温培养→纯培养→菌种鉴定
↓（移植、分离）
检出率

图 1-20 种植培养程序

镊子镊取样品均匀地种植在培养皿上，并且微压，使其紧附培养基。其种植粒数或点数，视培养皿的大小和粒状的大小确定，直径为 9～11cm 的培养皿可种植 5 粒(点)或 10 粒(点)，如图 1-21 所示。

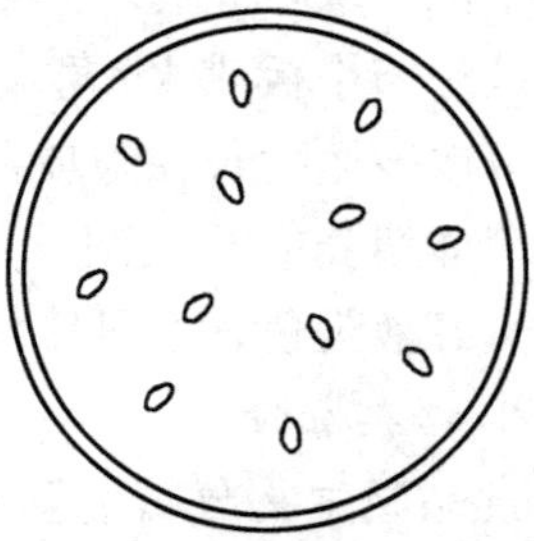

培养皿正面粮粒在培养基上的排列

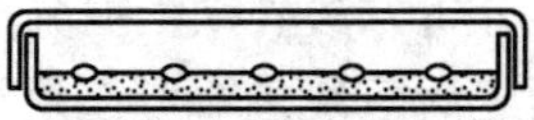

培养皿侧面粮粒种植在固体培养基上的情形

图 1-21 种植分析培养法

对于块状的食品、粮食的全菌分离，可切取表皮组织或薯肉组织，每块面积 $1cm^2$，厚度为 0.1～0.5cm,每皿可种植 3～5 块，接种时要防止杂菌污染。

接种完毕后，贴上标签，注明分析方法、日期，然后放入 28℃ 恒温箱培养 1～2 天后检查细菌，培养 5～7 天后检查霉菌。检查时，计算菌的检出率，并且记录，随时进行菌种鉴定，查明菌相。霉菌或细菌检出率分析记录见表 1-7。

$$某种菌的检出率=\frac{检出某菌的粒(点)数}{种植培养的总粒(点)数}\times 100\%$$

表 1-7 霉菌(或细菌)检出率分析记录

试样		种植粒(点)数	总菌落数	总检出率(%)	菌类及其检出率					
编号	名称									
					菌落数	检出率(%)	菌落数	检出率(%)	菌落数	检出率(%)

2）表面消毒种植培养：此法适用于食品和粮食等样品的内部菌分析。要分析试样的内部微生物，必须将食品和粮食表面附存的菌全部杀死或除去，这称

为表面消毒或表面除菌。消除菌的方法一般有药剂消毒和无菌水冲洗。基本要求是既要杀死和除尽食品或粮粒的外部菌，又要确保其内部菌能够存活。

经过表面消毒的样品，再按照直接种植分析培养和检查，然后进行菌种鉴定和检出率计算，均应做好记录。

常用的表面消毒和除菌方法有以下几种：

① 0.1%（质量分数）升汞（$HgCl_2$）溶液消毒法：配制升汞溶液时，先将 1g 升汞溶于 2.5mL 浓盐酸中，或以 5g 食盐与升汞共溶于水中，然后再用水稀释至 1000mL。盐酸的作用是增加升汞的溶解度和防止沉淀，还可以增强杀菌作用。升汞对人的毒性很强，并且它的水溶液是无色的。为了便于辨别，避免发生意外，可加一滴红色染料。粮粒消毒时，用纱布将试样包好或将试样放在小三角瓶中，先用 70%～75%（体积分数）的酒精预浸 10～30s，换用升汞溶液浸泡消毒 1～3min，再以 95%（体积分数）酒精冲洗一次，最后用无菌水冲洗 5～10 次即可。带壳的原粮消毒时间需要 3min，而无壳的粮粒消毒时间可为 1～2min。

② 1%（质量分数）次氯酸钠（NaClO）溶液消毒法：将粮粒放入此溶液中，处理 1～2min，然后在灭菌的生理盐水中洗涤 3 次，再用无菌水冲洗。也可以直接用无菌水冲洗 5～10 次。若样品为加工粮粒，则次氯酸钠的质量分数可降为 0.1%～0.5%，而处理时间为 1min。

③ 无菌水洗涤法：加工粮食如大米、小米、玉米、高粱等表面消毒时，可不用药剂，先用自来水冲洗，洗净后，再用无菌水反复冲洗，直到最后洗涤水经过培养无菌生出为准。

（2）稀释培养分析法　稀释培养分析法又称稀释培养，即先将试样用无菌水洗涤，或混合，或捣碎，制成定量稀释的菌悬液，再用无菌水逐级稀释，然后定量进行平板培养，可以获得单独生长的菌落，便于菌量计数和菌种鉴定。

稀释培养适用于菌量分析，并且对粮油食品外部、内部和全菌相分析均可应用，其分析程序如图 1-22 所示。

1）洗涤稀释分析：此法适用于粒状或块状粮油食品表面附存的外部菌分析，其操作方法如下：

① 制取菌悬液：称取试样 25g，放入盛有 225（或 180）mL 无菌水的三角瓶中，以振荡皿或手摇 15min，把试样表面的微生物充分洗涤下来，即制成稀释度为 10^{-1} 的菌悬液。1mL 此液内含菌量就是含菌量为 1g 的试样表面带菌量的 1/10。

② 稀释菌悬液：取五支经过灭菌并装有 18mL 无菌水的试管，依次编号，用已灭菌的吸管，吸取 10^{-1} 菌悬液 2mL，移入另一支试管中，制成稀释度为 10^{-2} 稀释菌悬液。依次稀释，制成稀释度为 10^{-3}、10^{-4}、10^{-5} 的稀释菌悬液。

③ 菌悬液的培养：首先根据样品情况选取三个连续的稀释度，用灭菌的吸

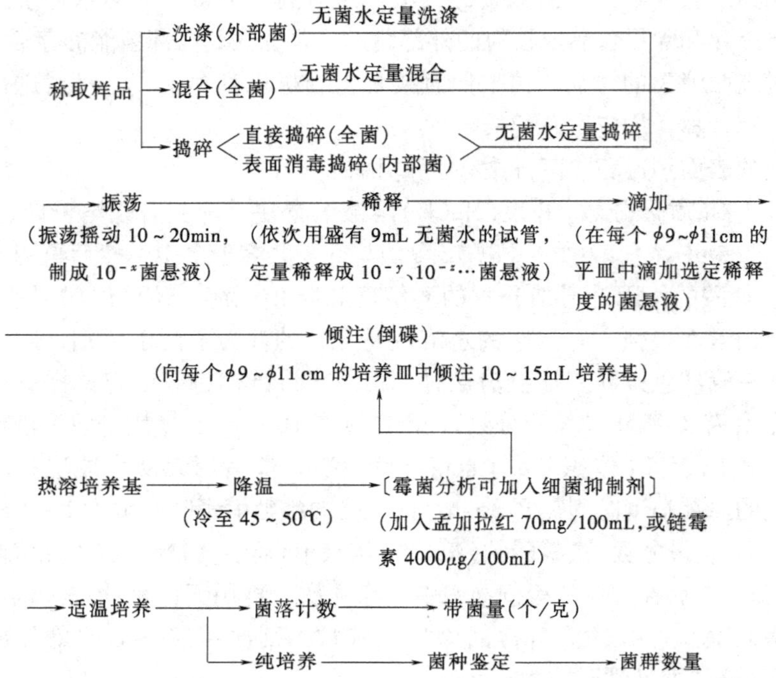

图 1-22 稀释培养程序

管吸取 1mL 选定稀释浓度的菌悬液，注入经干热灭菌的 $\phi9\sim\phi10$cm 培养皿中，待培养基温度降至 45~50℃时，进行倒碟，使之与菌悬液充分混合，制成平板，每个稀释度应作 2~4 皿重复培养，然后做好记录，贴上标签，进行适温培养，最后定期检查，计算菌量，鉴定菌种。

2）混合稀释分析：此法适用于粉状或流体状试样的全菌分析，其操作方法如下：

① 制取菌悬液：称取粉状或液体试样 25(或 20)g(或 mL)，倒入盛有 225(或 180)mL 无菌水(或灭菌生理盐水)的三角瓶中。为了混合均匀，灭菌前，可在三角瓶中加入适量的玻璃珠，进行充分振荡，即制成稀释度为 10^{-1}的菌悬液。

② 菌悬液的稀释和培养与洗涤稀释分析法相同。

3）捣碎稀释分析：该法是用组织捣碎器或研钵将固形试样加定量无菌水，进行匀质，再逐级稀释，然后进行培养。这种方法不仅适用于对试样的全菌分析，而且适用于试样经过表面消毒后的内部菌分析。其操作方法为：称取试样 25(或 20)g，放入经灭菌的组织捣碎器的玻缸中，加入无菌水或无菌悬浮液[含有 0.1%~0.2%(质量分数)琼脂的生理盐水]225(或 180)mL，以 8000r/min 的转速捣碎 1min。

若做试样内部菌的分析，则需预先将试样进行表面消毒(表面消毒种植分析所用的消毒剂在此同样适用)，再进行捣碎。

组织捣碎液制成后，按前述方法，进行菌悬液的稀释和培养，并进行菌落计数和菌种鉴定。

4）稀释培养分析法的菌落计数规则

① 微生物的菌落计数方法：菌落计数是食品菌量分析的主要方法之一。在稀释培养中，平板上生成的菌落数即代表试样的带菌数。因此，用每皿倾注1mL 菌悬液所生成的菌落数(C)除以该稀释菌悬液的稀释度(D)，即可求得每克(或每毫升)试样的带菌量(总菌数 T)，即 $T=C/D$(个/g 或个/mL)

② 菌落的计数时限：细菌应在定温培养 1~2 天内计数；真菌应在定温培养 5~7 天内计数。

③ 菌落计数的数量标准：每个稀释度应有 2~4 皿的重复培养，计数时应选用同一稀释度各皿的平均菌落数。按照经验值确定用于计数的稀释度，其平皿的平均菌落数，细菌应在 30~300 之间，真菌应在 10~100 之间。

④ 稀释培养的稀释度范围：稀释培养应至少试用三个连续的稀释度，其稀释度范围，一般试样的真菌可用 10^{-1}、10^{-2}、10^{-3}……细菌可用 10^{-2}、10^{-3}、10^{-4}……根据试样情况，其范围可酌情扩大或变更。

⑤ 计数稀释度的选定原则

a. 选用一个平均菌落数在数量标准之内的稀释度(如例次 1)。

b. 两个平均菌落数在数量标准之内的稀释度，若两者的比例小于 2，则取其平均数；若两者的比例大于 2，则用值小者(如例次 2 和 3)。

c. 三个平均菌落数在数量标准之内的稀释度，应选用两个低数值的平均数(如例次 4)。

d. 试用稀释度的平均菌落均小于或大于数量标准时，应重新试用更低或更高的稀释度，进行菌落计数，或采用均小于数量标准的最小值或采用均大于数量标准的最大值(如例次 5 和 6)。

菌落计数的数据处理：通常采用两位有效数字报告菌落计数，后续数字均可四舍五入。

菌落计数的菌量报告见表 1-8 和表 1-9。

3. 生化试验

微生物生化反应是指用化学反应来测定微生物的代谢产物。生化反应常用来鉴别一些在形态和其他方面不易区别的微生物，因此微生物生化反应是微生物分类鉴定中的重要依据之一。生化试验的项目很多，应根据检验目的的需要适当选择。现将食品卫生微生物检验中常用的一些生化反应介绍如下：

(1) 糖类代谢试验　糖类代谢试验主要用来观察微生物对某些糖类的分解

能力以及分解产物，从而进行微生物学鉴定。

表1-8 霉菌菌量报告

试样例次		稀释度			选定计数稀释度	菌量/(个/g或个/mL)
		10^{-1}	10^{-2}	10^{-3}		
1	平均菌落数	158	76	5	10^{-2}	7.6×10^{3}(7600)
2		208	68	12	10^{-2}、10^{-3}	9.4×10^{3}(9400)
3		265	82	50	10^{-2}	8.2×10^{3}(8200)
4		98	50	15	10^{-1}、10^{-2}	3.0×10^{3}(3000)
5		8	5	1	10^{-1}	8.0×10(80)
6		295	174	106	10^{-3}	1.1×10^{5}(110000)

表1-9 细菌菌量报告

试样例次		稀释度			选定计数稀释度	菌量/(个/g或个/mL)
		10^{-2}	10^{-3}	10^{-4}		
1	平均菌落数	380	52	18	10^{-3}	5.2×10^{4}(52000)
2		526	205	32	10^{-3}、10^{-4}	2.6×10^{5}(260000)
3		435	210	48	10^{-3}	2.1×10^{5}(210000)
4		284	152	37	10^{-2}、10^{-3}	9.0×10^{4}(90000)
5		26	12	5	10^{-2}	2.6×10^{3}(2600)
6		无法计数	568	312	10^{-4}	3.1×10^{6}(3100000)

1）糖酵解试验。不同微生物分解时利用糖类的能力有很大差异，有的能利用，有的则不能利用。能利用者，有的能产气，有的则不产气。如大肠杆菌能分解乳糖和葡萄糖，而沙门氏菌只能分解葡萄糖，不能分解乳糖；大肠杆菌有甲酸脱氢酶，能将糖分解所产生的甲酸进一步分解生成二氧化碳和氢气，故产酸又产气，而沙门氏菌无甲酸脱氢酶，分解葡萄糖时只产酸不产气。当大肠菌群分解乳糖产酸时，可使培养基中的溴甲酚紫指示剂由蓝紫色变成黄色，产生的气体可在倒置的小管内观察到，因此可用指示剂及发酵管检验。

试验方法：以无菌操作，用接种针(或接种环)移取纯培养物少许，接种于发酵液体培养基管中；若为固体培养基，则用接种针做穿刺接种，接种后，置于(36±1)℃环境中培养，每天观察结果，检视培养基颜色有无改变(产酸)，小导管中有无气泡，有微小气泡时为产气阳性，此时应检视沿穿刺线和管壁及管底有无微小气泡，有时还可看出接种菌有无动力，有动力时，培养物可呈弥散生长。本试验主要是检查细菌对各种糖、醇和糖苷等的发酵能力，从而进行各种细菌的鉴别。因而每次试验，常需同时接种多管。一般常用的指示剂为酚红、溴甲酚紫、溴百里蓝和An-drade指示剂。

2）甲基红（M·R）试验。甲基红试验是用来检测细菌利用葡萄糖产生有机酸的能力，如产生甲酸、乙酸、乳酸等。当细菌代谢糖产生酸时，培养基就会变为酸性，使加入培养基的甲基红指示剂由橘黄色（pH = 6.3）变为红色（pH = 4.2），即甲基红反应。尽管所有的肠道微生物都能发酵葡萄糖产生有机酸，但是这个试验在区分大肠杆菌和产气杆菌上仍然有价值。这两种细菌在培养的早期均产生有机酸，但大肠杆菌在培养后期仍能维持酸性（pH = 4.0），而产气杆菌转化成的有机酸为非酸性末端产物，如乙醇、丙酮酸等，使pH值升至6左右。因此大肠杆菌为阳性反应，产气杆菌为阴性反应。

试验方法：将大肠杆菌、产气杆菌两菌种分别接种于2支葡萄糖蛋白胨水培养基中，置37℃环境中培养2天，然后向2支葡萄糖蛋白胨水培养基内分别加入甲基红试剂2滴，培养基变红色者为阳性反应，变黄色者为阴性反应。注意，甲基红试剂不要加得太多，以免出现假阳性反应。

3）乙酰甲基甲醇（V·P）试验。V·P试验是检测细菌能否分解葡萄糖产生乙酰甲基甲醇的生化试验。某些细菌具有利用葡萄糖产生非酸性或中性末端产物的能力，如丙酮酸。丙酮酸进行缩合、脱羧生成乙酰甲基甲醇。此化合物在碱性条件下能被空气中的氧气氧化成二乙酰。二乙酰与培养基内的蛋白胨中精氨酸的胍基作用，生成红色化合物，即V·P反应阳性；不产生红色化合物者为阴性。有时为了使反应更为明显，可加入少量含胍基的化合物，如肌酸等。产气杆菌为阳性反应，大肠杆菌为阴性反应。

试验方法：将大肠杆菌、产气杆菌两菌种分别接种于2支葡萄糖蛋白胨水培养基中，置37℃环境中培养2天，然后向2支葡萄糖蛋白胨水培养基内分别加入5～10滴40%（质量分数）KOH（或NaOH）溶液，再加入等量的5%（质量分数）α-萘酚溶液，充分振摇试管，最后放入37℃恒温箱中保温15～30min，以加快反应速度。若培养物呈红色，则为V·P反应阳性。为使反应更快，结果更明显，可与KOH同时加入少量肌酸或肌酸酐等含胍基的化合物。

4）β-半乳糖苷酶（ONPG）试验。β-半乳糖苷酶是一种诱导酶，可以催化它的“天然”底物乳糖及另外的β-半乳糖苷化合物的水解。当某些细菌生长在含有乳糖的培养基中时，能够产生β-半乳糖苷酶。

试验方法：β-半乳糖苷酶试验用三糖铁琼脂（TSI）斜面培养试验菌，在37℃环境中培养18h，挑取菌苔于生理盐水试管中制备成菌悬液，每管加一滴甲苯摇匀（有助于酶的释放），再在37℃环境中放置5min，然后在菌悬液中加入O-硝基苯酚-β-半乳糖苷，以此判断该种细菌是否产生β-半乳糖苷酶。

ONPG是一种无色化合物，在β-半乳糖苷酶的作用下，被水解产生深黄色的O-硝基苯酚。如果试验菌产生β-半乳糖苷酶，那么其菌悬液最终会从无色转变成深黄色，为ONPG阳性；反之，则为阴性。

5）淀粉水解试验。某些细菌可以产生分解淀粉的酶，把淀粉水解为麦芽糖或葡萄糖。淀粉水解后，遇碘不再变蓝色。试验方法：将培养了18～24h的纯培养物，涂布接种于淀粉琼脂斜面或平板(一个平板可分区接种，以试验数种培养物)上或直接移种于淀粉肉汤中，于(36±1)℃环境中培养24～48h，或于20℃环境中，培养5天，然后将碘试剂直接滴浸于培养物表面，若为液体培养物，则加数滴碘试剂于试管中，立即检视结果，阳性反应(淀粉被分解)为琼脂培养基呈深蓝色，菌落或培养物周围出现无色透明环，或肉汤颜色无变化，阴性反应则无透明环或肉汤呈深蓝色。

淀粉水解是逐步进行的过程，因而试验结果与菌种产生淀粉酶的能力、培养时间，培养基含有淀粉量和pH值等均有一定关系。培养基必须呈中性或微酸性，以pH=7.2为最合适。淀粉琼脂平板不宜保存于冰箱中，因而以临用时制备为妥。

（2）蛋白质及氨基酸代谢试验

1）靛基质试验(吲哚试验)。吲哚试验是用来检测吲哚是否产生的。有些细菌能产生色氨酸酶，分解蛋白胨中的色氨酸会产生吲哚(靛基质)和丙酮酸。吲哚本身没有颜色，不能被直接看到，但吲哚与对二甲基氨基苯甲醛结合，会形成红色的玫瑰吲哚。并非所有的微生物都具有分解色氨酸产生吲哚的能力，因此吲哚试验可以作为生物化学检测的方法。大肠杆菌吲哚反应为阳性，产气肠杆菌吲哚反应阴性。

试验方法：将大肠杆菌、产气杆菌两菌种分别接种于2支蛋白胨水培养基中，于(36±1)℃环境中培养2天，然后向蛋白胨水培养基内加3～4滴乙醚，摇动数次，静置1～3min，待乙醚上升后，沿试管壁徐徐加入2滴吲哚试剂，若在乙醚和培养物之间产生红色环状物，则为阳性反应；若仍为黄色，则为阴性反应。

2）硫化氢试验。硫化氢试验用于检测硫化氢的产生，也是肠道细菌检查的常用生化试验。有些细菌(如副伤寒沙门氏菌)能分解培养基中含硫氨基酸（如胱氨酸、半胱氨酸、甲硫氨酸等），产生硫化氢，硫化氢遇到培养基中的铅盐或铁盐等就会形成黑色的硫化铅或硫化铁沉淀物。产气肠杆菌为阳性，大肠杆菌为阴性。

试验方法：硫化氢试验可用穿刺接种法，即用接种针将大肠杆菌、产气杆菌分别穿刺接入2支乙酸铅培养基中，置37℃环境中培养48h，然后观察黑色硫化铅的产生。若穿刺线上或试管底部变黑，则为阳性反应。为了能保持还原环境，使硫化氢不被氧化，培养基中应加入硫代硫酸钠作为还原剂。当所供应的氧足以满足细胞代谢时，试验菌不会产生 H_2S，因此不能使用通气过多的培养方式(如斜面培养)。

3）尿素酶试验。有些细菌含有尿素酶，能分解培养基中较多量的尿素，产生大量的胺，使培养基的pH值升高，并使指示剂(酚红)由黄色变为粉红色。将待测菌株接入加有2%(质量分数)尿素和酚红的葡萄糖蛋白胨斜面培养基中，适温培养1~4天，培养基变红色者为阳性反应。

应注意：配制该培养基时，调节pH值很重要，若pH值高于7.0，则培养基中加入尿素时就变为红色，不宜使用。

4）氨基酸脱羧酶试验。有些细菌含有氨基酸脱羧酶，使羧基脱出，生成胺类和二氧化碳。此反应在偏酸性条件下进行。肠道杆菌和假单胞菌的鉴定常采用该试验。

试验方法：用幼龄培养液作为菌种，直针穿刺接种，接种后封油；对照管与测定管同时接种并封油。将肠杆菌科的细菌在37℃下培养，逐日观察，共观察4天；将其他非临床来源的细菌在30℃下培养，连续观察一周。若指示剂呈紫色或带红色色调的紫色，则为阳性反应；若呈黄色，则为阴性反应。对照管应呈黄色。

5）苯丙氨酸脱氨酶试验。某些细菌(如变形杆菌)具有苯丙氨酸脱氨酶，能使苯丙氨酸氧化脱氨，形成苯丙酮酸，苯丙酮酸遇到三氯化铁呈蓝绿色。该试验用于肠杆菌科和某些芽孢杆菌种的鉴定。

试验方法：将试验菌株接种于加有苯丙氨酸的斜面培养基上，适温培养3~7天(某些芽孢杆菌要培养21天)后，取10%(质量分数)的 $FeCl_3$ 溶液4~5滴，滴加到生长菌苔的斜面上，斜面和试剂界面处呈蓝绿色者为阳性反应，表示能使苯丙氨酸形成苯丙酮酸。

6）明胶液化试验。有些细菌具有明胶酶(又称类蛋白水解酶)，能将明胶先水解为多肽，再进一步水解为氨基酸，使其失去凝胶性质而液化。

试验方法：挑取培养了18~24h的待试菌培养物，以较大量穿刺接种于明胶高层约2/3深度或点种于平板培养基中，于20~22℃环境中培养7~14天，明胶高层也可培养于(36±1)℃环境中，每天观察结果。若因培养温度高而使明胶本身液化，则应不加摇动，静置于冰箱中待其凝固后，再观察其是否被细菌液化，如确被液化，即为阳性反应。平板试验结果为：在培养基平板点种的菌落上滴加试剂，若为阳性，则10~20min后，菌落周围应出现清晰带环；否则为阴性。

（3）呼吸酶类试验

1）硝酸盐还原试验。某些细菌能把培养基中的硝酸盐还原为亚硝酸盐、氨和氮等。若培养基中的硝酸盐被还原成亚硝酸盐，则当培养液中加入格里斯氏(Griess)试剂时，亚硝酸盐会使试剂中的对氨基苯磺酸发生重氮化反应，生成对重氮苯磺酸，使培养液呈粉红色、玫瑰红色、橙色或棕色等。亚硝酸盐的形成可能是最终产物，也可能是中间产物，测定时应注意该变化过程。

试验方法：将试验菌接种于硝酸盐液体培养基中(不接种的为对照管)，适温培养1天、3天、5天。取两支干净的试管(或在白色瓷盘小孔)，向其中倒入少许培养液，然后在其中分别各滴1滴试剂A液(磺胺酸冰乙酸溶液)和B液(α-萘胺乙醇溶液)，在对照管中同样加试剂。当培养液变为粉红色、玫瑰红色、橙色或棕色等时，表示有亚硝酸盐存在，为硝酸盐还原阳性。若无红色出现，则可加1~2滴二苯胺试剂。此时，若培养液呈蓝色，则表示培养基中仍有硝酸盐；若培养液不呈蓝色，则表示硝酸盐和新形成的亚硝酸盐都已还原成其他物质，故仍应按硝酸盐还原阳性处理。

α-萘胺可致癌，使用时应多加注意。

2）氧化酶试验。氧化酶即细胞色素氧化酶，为细胞色素呼吸酶系统的终末呼吸酶。氧化酶先使细胞色素C氧化，然后此氧化型细胞色素C再使对苯二胺氧化，产生颜色反应。

试验方法：在琼脂斜面培养物上或血琼脂平板菌落上滴加试剂1~2滴，呈阳性者Kovacs氏试剂显粉红色至深紫色，Ewing氏改进试剂呈蓝色；呈阴性者无颜色改变。注意，应在数分钟内判定试验结果。

3）过氧化氢酶试验。过氧化氢酶又称接触酶，在许多细菌中均存在，能催化过氧化氢生成水和氧。梭状芽孢杆菌和大多数乳酸细菌不产生这种酶。

试验方法：将测试菌接种于适合该菌生长的培养基斜面上，适温培养18~24h，然后挑取一环菌苔，在3%~5%(体积分数)的过氧化氢液滴中涂抹，若有气泡(氧气)出现，则为过氧化氢酶阳性反应；若无气泡出现，则为过氧化氢酶阴性反应。也可将过氧化氢直接加到菌种斜面上，观察气泡的产生。

测试菌所生长的培养基不可含有血红素或红血球，因过氧化氢酶是以正铁血红素为辅基的酶，在这种培养基上生长的菌易产生假阳性。

4）好氧性试验。在鉴定细菌时，常以它们的好氧性为指标。若在培养基中加入还原剂（如巯基乙酸钠和甲醛次硫酸钠等），则可除去培养基中的氧气或氧化型物质，使厌氧菌能在有氧情况下生长。

试验方法：将试验菌穿刺接种到加有还原剂的培养基中(必须穿刺到管底)，于30℃的环境中培养，在3~7天后观察结果。在琼脂柱表面生长者为好氧菌，沿穿刺线生长者为厌氧菌或兼性厌氧菌。

（4）有机酸盐试验

1）柠檬酸盐或丙酸盐利用试验。某些细菌能利用柠檬酸盐或丙酸盐作为唯一碳源，并利用磷酸铵作为氮源，将柠檬酸分解为二氧化碳，则培养基中由于有游离钠离子存在而呈碱性，使加有酸碱指示剂（如质量分数为1%的溴百里酚蓝）的培养基由绿色变蓝色。该试验为肠杆菌科各属的一项重要鉴别特征。

试验方法：取幼龄菌种，接种于加有柠檬酸钠（或丙酸钠）和酸碱指示剂的斜面培养基上，适温培养2～7天，培养基呈碱性（蓝色）者为阳性反应，不变色者为阴性反应。

2）丙二酸盐试验。琥珀酸脱氢是三羧酸循环的一个环节。在丙二酸浓度较高的情况下，琥珀酸脱氢酶不能释放出来，也就不能催化琥珀酸脱氢反应，故抑制了三羧酸循环。所以能否利用丙二酸盐也是细菌鉴定中的一个鉴别特征。

试验方法：用幼龄菌种接种于加丙二酸钠的测定培养基和空白对照培养基中，于适温下培养1～2天，观察培养基变色情况。若测定培养基有细菌生长并变蓝色，则表示该菌可利用丙二酸盐，为阳性反应；若测定培养基没有变色，空白对照培养基也不生长，则表示该培养基成分不适于测定菌生长，应另选择合适的培养基进行测定；若测定培养基没有变色，而空白对照培养基上能生长，则为阴性结果，表示细菌不利用丙二酸盐。

（5）毒性酶类试验

1）卵磷脂酶试验。某些细菌产生卵磷脂酶，能将卵磷脂分解生成脂肪和水溶性的磷酸胆碱。检测细菌是否产生卵磷脂酶的试验方法有以下两种：

① 将试验的菌种接种于加有卵黄的试管胰胨培养液中，同时接种不加卵黄的对照管，适温培养1天、3天或5天后观察结果。与对照管相比较，在卵黄胰胨培养液中或表面形成白色沉淀，则为阳性反应，表示卵磷脂已被分解，生成脂肪和水溶性的磷酸胆碱，从而说明有卵磷脂酶存在。

② 将试验菌种点接在加有卵黄的肉汤蛋白胨平板上，每皿可分散点接4～5株菌（以不影响观察为宜）。若待测的菌种为厌氧菌，则需要在接种线上面加盖无菌玻片，每株菌至少需重复接两皿，然后适温培养1～2天，在菌落周围和下面若有不透明的区域出现，则表示卵磷脂被分解，生成脂肪，并说明该菌株有卵磷脂酶存在。

2）血浆凝固酶试验。致病性葡萄球菌能产生血浆凝固酶，它们可直接作用于血浆中的纤维蛋白，也可作用于血浆凝固酶原，使之成为血浆凝固酶，从而使抗凝的血浆发生凝固。在检验葡萄球菌时，常以它们能否凝固抗凝的人血浆或兔血浆来判定其是否为致病性。

3）链激酶试验。A型溶血性链球菌能产生链激酶（即溶纤维蛋白酶）。该酶能激活人体血液中的血浆蛋白酶原，使之成为血浆蛋白酶，然后溶解纤维蛋白。在检验溶血性链球菌时，常以它们能否溶化凝固血浆来判定其是否为A型溶血性链球菌。溶化时间越短，表示该菌产生的链激酶越多。

（6）氰化钾（KCN）生化试验　氰化钾是呼吸链末端抑制剂。能否在含有氰化钾的培养基中生长，是鉴别肠杆菌科各属常用的特征之一。氰化钾抗性试验方法：将幼龄菌种接种于加氰化钾的测定培养基和未加氰化钾的空白培养基中，适温培养1~2天，观察生长情况。若测定菌能在测定培养基上生长，则表示氰化钾对测定菌无毒害作用，为阳性；若测定菌在测定培养基和空白培养基上均不生长，则表示空白培养基的营养成分不适合测定菌的生长，必须选用其他适合的培养基；若测定菌能在空白培养基上生长，在含有氰化钾的测定培养基上不生长，则为阴性。

氰化钾是剧毒药品，操作时应十分小心。培养基用毕后，每管加几粒硫酸亚铁和0.5mL 20%（质量分数）的KOH溶液去毒，然后才可清洗。

4. 血清学检验

血清学反应是指相应的抗原与抗体在体外一定条件下作用，出现肉眼可见的沉淀、凝集现象。在食品微生物检验中，常用血清学反应来鉴定分离到的细菌，以最终确认检测结果。血清学反应的一般特点：

① 抗原与抗体的结合具有特异性，当有共同抗原体存在时，会出现交叉反应。

② 抗原与抗体的结合是分子表面的结合，这种结合相当稳定，但却是可逆的。

③ 抗原与抗体的结合是按一定比例进行的，只有比例适当时，才能出现可见反应。

④ 血清学反应大体分为两个阶段进行，但其间无严格界限：第一阶段为抗原与抗体特异性结合阶段，反应速度很快，只需几秒至几分钟即可完成，但不出现肉眼可见的现象；第二阶段为抗原与抗体反应的可见阶段，表现为凝集、沉淀、补体结合反应等，反应速度慢，一般需几分钟、几十分钟以至更长时间，而且在第二阶段反应中，电解质、pH值、温度等环境因素的变化，都直接影响血清学反应的结果。

习惯上将经典的血清学反应分为三种：凝集反应、沉淀反应和补体结合反应。

（1）凝集反应　颗粒性抗原（细菌、红细胞等）与相应抗体结合，在适量电解质参与下形成肉眼可见的凝集现象，称为凝集反应。其中的抗原称为凝集原，抗体称为凝集素。在该反应中，因为单位体积抗体量大，所以做定量试验时，应稀释抗体。该类反应分为直接凝集反应和间接凝集反应。

1）直接凝集反应：颗粒性抗原与相应抗体直接结合所出现的反应，称为直接凝集反应。

① 玻片凝集法：这是一种常规的定性试验方法，原理是用已知抗体来检测未知抗原。它常被用于鉴定菌种、血型。例如，将一滴含有痢疾杆菌抗体的血清与一滴待检菌液在玻片上混匀，数分钟后，若出现肉眼可见的凝集块，则为阳性反应，证明该菌是痢疾杆菌。此法快速、简便，但不能进行定量测定。

② 试管凝集法：这是一种定量试验方法，多用已知抗原来检测血清中有无相应抗体及其含量。它常被用于协助诊断某些传染病及进行流行病学调查，如肥达氏反应就是诊断伤寒、副伤寒的试管凝集试验。因为要测定抗体的含量，所以将待检查的血清用等渗盐水倍比稀释成不同浓度，然后加入等量抗原，温度保持在37℃或56℃，观察2～4h，血清最高稀释度仍有明显凝集现象的，为该抗血清的凝集效价。

2）间接凝集反应：将可溶性抗原(抗体)先吸附在一种与免疫无关的颗粒状微球表面，然后与相应抗体(抗原)作用，在有电解质存在的条件下，即可发生凝集，称为间接凝集反应。由于载体增大了可溶性抗原的反应面积，所以当载体上有少量抗原与抗体结合时，就会出现肉眼可见的反应。

（2）沉淀反应　可溶性抗原与相应抗体结合，在有适量电解质存在的条件下，经过一定时间，形成肉眼可见的沉淀物，称为沉淀反应。反应中的抗原称为沉淀原，抗体称为沉淀素。由于在单位体积内抗原量大，为了不使抗原过剩，故应稀释抗原，并以抗原的稀释度作为沉淀反应的效价。

1）环状沉淀反应：它是一种定性试验方法，可用已知抗体检测未知抗原。将已知抗体注入特制小试管中，然后沿管壁徐徐加入等量抗原，若抗原与抗体对应，则在两液界面出现白色的沉淀圆环。

2）絮状沉淀反应：将已知抗原与抗体在试管(如凹玻片)内混匀，若抗原与抗体对应，并且二者比例适当，则会出现肉眼可见的絮状沉淀，此为阳性反应。

3）琼脂扩散试验：使可溶性抗原和抗体在半固体琼脂内扩散，若抗原与抗体对应，且二者比例合适，则在其扩散的某一部分就会出现白色的沉淀线。每对抗原和抗体可形成一条沉淀线。有几对抗原和抗体，就可分别形成几条沉淀线。琼脂扩散可分为单向扩散和双向扩散两种类型。单向扩散是一种定量试验，可用于免疫蛋白含量的测定；双向扩散多用于定性试验，由于其方法简便易行，常用于测定分析和鉴定复杂的抗原成分。

（3）补体结合反应　补体结合反应是在补体参与下，以绵羊红细胞和溶血素作为指示系统的抗原抗体反应。补体无特异性，能与任何一组抗原抗体复合物结合而引起反应。如果补体与绵羊红细胞、溶血素的复合物结合，就会出现溶血现象；如果补体与细菌及相应抗体复合物结合，就会出现溶菌现象。因此，整个试验需要有补体、待检系统(已知抗体或抗原、未知抗原或抗体)及指示系统(绵羊细胞和溶血素)五种成分参加。其试验原理是补体不单独和抗原或抗体结合。如果出现溶菌，那么是补体与待检系统结合的结果，说明抗原与抗体是相对应的；如果出现溶血，那么说明抗原与抗体不相对应。此反应操作复杂、敏感性高、特异性强，能测出少量抗原和抗体，所以应用范围较广。

血清学技术广泛应用于革兰氏阴性细菌的检测，如大肠杆菌和沙门氏菌。在革兰氏阳性细菌中，血清学技术对李斯特氏菌属极为重要。

5. 动物试验

动物试验经常用于病原微生物的分离与鉴定、病原微生物的致病性测定、微生物毒素的毒力测定以及免疫血清的制备等。

某些病原微生物或它们的代谢产物接种于易感动物后，可在短时间内使易感动物发病甚至死亡。例如：一些沙门氏菌能产生强烈的肠毒素和内毒素，将它们的培养液进行家兔的静脉注射，可使家兔在36h内死亡。再如：将经煮沸的葡萄球菌滤液进行幼猫静脉注射时，15～30min即可使幼猫出现呕吐、下泻等症状。当食品检样中检出可疑的致病性微生物或毒素时，为了进一步确证，可按不同的试验要求，用培养的活菌液或它们的代谢产物接种试验动物。试验动物必须健康无病、年龄适宜、敏感程度合适，常用的有小白鼠、大白鼠、家禽等。接种方法有灌服、皮肤划痕、皮内注射、皮下注射、肌肉注射、静脉注射、腹腔注射、脑内注射、结扎肠段注射以及滴眼等。接种后的动物应隔离饲养，并观察其食欲、精神、状态、皮毛、运动情况、体温、呼吸、心跳、脉搏、体重、排泄物以及死亡等的变化。在试验动物发病或死亡后，应及时进行解剖检验，观察病变，并分离病原。

复习思考题

1. 标准溶液的配制方法有哪些？各有什么条件要求？
2. 什么是基准物质？作为基准物质的试剂又应具备什么条件？
3. 下列物质中哪些可用直接法配制标准溶液？哪些只能用间接法配制？为什么？

$NaOH$、H_2SO_4、HCl、$KMnO_4$、$K_2Cr_2O_7$、$AgNO_3$、$NaCl$、$Na_2S_2O_3$

4. 标定碱溶液时，邻苯二甲酸氢钾（$KHC_8H_4O_4$，$M=204.23g/mol$）和二水合草酸（$H_2C_2O_4 \cdot 2H_2O$，$M=126.07g/mol$）都可以作为基准物质，选择哪一种更好？为什么？
5. 计算浓度为0.01015mol/L的HCl标准溶液的滴定度以及该标准溶液对NH_3的滴定度？
6. 误差有哪些类型？如何判断误差所属的类型？如何消除各种误差？
7. 指出下列各种误差是系统误差还是偶然误差？如果是系统误差，那么请区别方法误差、仪器和试剂误差或操作误差，并给出它们的消除办法。

（1）砝码受腐蚀。

（2）天平的两臂不等长。

（3）容量瓶与移液管不配套。

（4）在重量分析中被测组分沉淀不完全。

（5）试剂含被测组分。

（6）以含量为99%（质量分数）的草酸钠作基准物标定溶液的浓度。

（7）化学计量点不在指示剂的变色范围内。

（8）读取滴定管读数时，小数点后第二位数字估计不准。

8. 说明误差与偏差，准确度与精密度的区别。

9. 下列数据中各包含几位有效数字：

（1）0.0376　（2）1.2076　（3）0.2180　（4）1.8×10^{-6}　（5）pH = 2.10

10. 按有效数字运算规则，计算下列各式：

（1）$2.187\times0.854+9.6\times10^{-5}-0.0326\times0.00814$　（2）$\dfrac{2.52\times4.10\times15.14}{6.16\times10^{4}}$

11. 测定某样品的含氮量，六次平行测定的结果是20.48%、20.55%、20.58%、20 60%、20.53%、20.50%。

（1）计算这组数据的平均值、平均偏差、标准偏差和变动系数。

（2）若此样品是标准样品，含氮量为20.45%，计算以上结果的绝对误差和相对误差。

12. 某试验人员测定某溶液的浓度（mol/L），4次分析结果为0.1044，0.1042，0.1049和0.1046，请确定能否将0.1049弃去？

13. 简述原子吸收分光光度分析的基本原理。

14. 原子吸收分光光度分析中有哪些干扰因素？应如何消除？

15. 原子吸收分光光度分析有哪几种常用的定量方法？各适用于什么样品的分析？

16. 在50mL容量瓶中分别加入Cu^{2+} 0.05mg、0.10mg、0.15mg、0.20mg，加水稀释至刻度，用原子吸收分光光度计测得它们的吸光度依次为0.21、0.43、0.62、0.85。称取0.5110g试样，溶解后移入50mL容量瓶中，加水稀释至刻度。在同样条件下测得其吸光度为0.41。求试样中Cu的含量。

17. 称取含Cd试样2.5115g，经处理溶解后，移入50mL容量瓶中，加水稀释至刻度。分别吸取此样品溶液10mL置于4只50mL容量瓶中，依次加入0.5μg/mL的Cd标准溶液0.0mL、5.0mL、10.0mL、15.0mL，并稀释至刻度。测得它们的吸光度依次为0.06、0.18、0.30、0.41。求试样中Cd的含量。

18. 标定$KMnO_4$标准溶液的浓度时，精密称取0.3562g基准草酸钠，溶解并稀释至250mL容量瓶中，精密量取10.00mL，用该标准溶液滴定至终点，消耗48.36mL。计算$KMnO_4$标准溶液的浓度。

19. 微生物学检验有哪些基本要求？

20. 微生物学检验样品采集应遵循什么原则？采样应如何进行？

21. 食品微生物学检验有哪些方法？

22. 食品微生物学检验中常用的生化试验有哪些？

23. 常用于进行动物试验的有哪些动物？对其有何要求？

24. 革兰氏染色原理是什么？简述其操作过程及注意事项。

25. 进行血清学检验的目的是什么？其有哪几种类别？

第二章

粮油及其制品检验

培训学习目标 掌握测定粮油及其制品中磷化物、氰化物和过氧化苯甲酰含量的原理和操作方法；掌握用比色法和原子吸收分光光度法测定粮油及其制品中磷、镍、铅、汞、砷等含量的原理、操作方法；掌握仪器的使用方法以及测量条件的选择方法。

第一节 粮油及其制品中磷化物含量的测定

测定粮油及其制品中磷化物的含量时常用分光光度法。

1. 原理

磷化物遇水、酸放出磷化氢；用酸性高锰酸钾溶液将放出的磷化氢吸收，并将其氧化成磷酸，磷酸与钼酸铵作用生成磷钼酸铵；用氯化亚锡将磷钼酸铵还原成蓝色化合物钼蓝，然后与标准系列比较定量。

2. 仪器与试剂

（1）仪器

1）分光光度计：配 3 cm 比色皿，可调节波长为 710nm。

2）电子天平：分度值为 0. 01g 和分度值为 0. 0001g 各一台。

3）磷化氢蒸馏吸收装置(见图 2-1)。

4）比色管：50mL。

5）刻度移液管：1mL、5mL 各数支。

6）量筒：10mL、100mL。

（2）试剂

1）0. 1mol/L 高锰酸钾溶液：称取 16. 5g 高锰酸钾，加水溶解后，稀释至

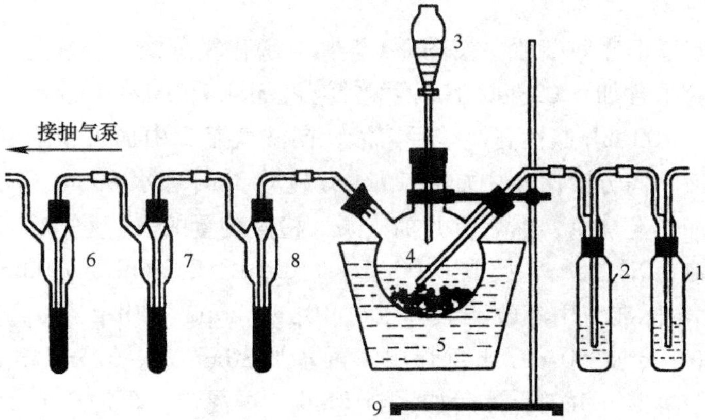

图 2-1　磷化氢蒸馏吸收装置

1、2—洗气瓶　3—分液漏斗　4—反应瓶　5—水浴　6、7、8—气体吸收管　9—铁架台

1000mL，加热煮沸 3min，冷却，放置过夜，用玻璃棉或石棉过滤后备用。

2）0.02mol/L 高锰酸钾溶液：将 0.1mol/L 高锰酸钾溶液稀释 5 倍。

3）1mol/L 硫酸溶液：量取 28mL 浓硫酸，缓缓加到 400mL 水中，冷却后稀释至 500mL。

4）3mol/L 硫酸溶液：量取 83.3mL 浓硫酸，缓缓加到 400mL 水中，冷却后稀释至 500mL。

5）饱和亚硫酸钠溶液：称取 28.5g 无水亚硫酸钠，加入 70mL 水，微热溶解，冷却后稀释至 100mL。

6）氯化亚锡盐酸溶液：称取 0.1g 氯化亚锡，溶解于 5mL 盐酸中，应在临用时现配。

7）50mg/mL 钼酸铵溶液。

8）磷化物标准溶液：准确称取 0.0400g 于 105℃干燥过的无水磷酸二氢钾，加水溶解后，移入 100mL 容量瓶中，加 1 滴三氯甲烷（增加保存时间），加水稀释至刻度，摇匀。此溶液 1mL 相当于 100μg 磷化氢。

9）磷化物标准使用液：吸取 10.0mL 磷化物标准溶液，置于 100mL 容量瓶中，加水稀释至刻度，摇匀。此溶液 1mL 相当于 10μg 磷化氢。

10）碱性焦性没食子酸溶液：准确称取 5g 焦性没食子酸溶于 15mL 水中，准确称取 48g 氢氧化钾溶于 32 mL 水中，冷却后小心将两溶液混合，用时现配。

11）饱和硝酸汞溶液。

12）饱和硫酸肼溶液。

13）酸性高锰酸钾溶液：0.1mol/L 高锰酸钾溶液和 1mol/L 硫酸溶液等量混合。

3. 操作步骤

（1）准备蒸馏吸收装置　按图2-1连接好磷化氢蒸馏吸收装置。向三个串联的气体吸收管中各加0.02mol/L高锰酸钾溶液5mL和1mol/L硫酸1mL，向洗气瓶1中加入约100 mL酸性高锰酸钾溶液，向洗气瓶2中加入新配制的碱性焦性没食子酸溶液，向分液漏斗中加入1mol/L硫酸5mL和水80mL，向水浴锅中加入适量水并加热至沸腾，然后打开抽气泵，检查装置的气密性。

（2）绘制标准曲线　吸取0.00mL、1.00mL、2.00mL、3.00mL、4.00mL、5.00mL磷化氢标准使用液（相当于0μg、10μg、20μg、30μg、40μg、50μg磷化氢），分别加于6支50 mL比色管中，再各加30mL水，5.5mL 3 mol/L硫酸，2.5mL钼酸铵溶液，混匀，然后加水至50mL，再混匀，再加0.1mL氯化亚锡溶液，混匀，15 min后，用3cm比色皿，以零管调节零点，于波长710 nm处测定吸光度，绘制磷化氢含量与吸光度关系的标准曲线。

（3）测定　称取50g（精确至0.1g）样品。预先给磷化氢蒸馏吸收装置抽气5min，然后取下分液漏斗，迅速将样品加入反应瓶中，立即装上分液漏斗，塞紧瓶塞，加大抽气速度，将分液漏斗中的溶液加至反应瓶中，减慢抽气速度（以能分辨气泡为宜），抽气30min，并保持水浴沸腾。

反应完毕后，先除去气体吸收管进气一端的连接，再除去抽气管一端的连接，关闭抽气泵，取下三个气体吸收管，合并吸收管中的溶液于50mL比色管中，气体吸收管用少量水洗涤，将洗液并入比色管中，滴加饱和亚硫酸钠溶液使高锰酸钾溶液退色，加3mol/L硫酸4.5mL，钼酸铵溶液2.5mL，混匀，再加水至50mL，混匀。

在比色管中加入0.1mL氯化亚锡溶液，混匀。15min后，用3cm比色皿，以零管调节零点，于波长710nm处测定吸光度，在标准曲线上求出相应的磷化氢含量。

除不加样品外，按上述测定步骤加入适量的各种试剂做空白试验。每个样品平行测定2次，两次测定结果的差值不应超过平均值的10%。

4. 结果计算

样品中磷化物含量（以PH_3计）的计算公式为

$$X=\frac{(m_1-m_0)\times 1000}{m\times 1000}$$

式中　X——样品中磷化物（以PH_3计）的含量（mg/kg）；

m_1——测定用样品中磷化物的质量（μg）；

m_0——试剂空白中磷化物的质量（μg）；

m——样品质量（g）。

两次测定结果的算术平均值即为最终测定结果，保留两位有效数字。

第二节 粮油及其制品中氰化物含量的测定

测定粮油及其制品中氰化物含量的方法为异烟酸-吡唑啉酮比色法，是国家标准中规定使用的方法。

1. 原理

氰化物在酸性溶液中被蒸出后，被碱性溶液吸收。在 pH = 7.0 的溶液中，用氯胺 T 将氰化物转化为氯化氰，再与异烟酸-吡唑啉酮作用，生成蓝色染料，与标准系列比较定量。

2. 仪器与试剂

（1）仪器 水蒸气蒸馏装置、可见分光光度计。

（2）试剂

1）酒石酸。

2）0.5g/L 甲基橙指示液。

3）10g/L 酚酞-乙醇指示液。

4）10g/L 氢氧化钠溶液。

5）1g/L 氢氧化钠溶液。

6）15g/L 乙酸溶液。

7）100g/L 乙酸锌溶液。

8）磷酸盐缓冲溶液（pH = 7.0）：称取 34g 无水磷酸二氢钾和 35.5g 无水磷酸氢二钠，溶于水中并稀释至 1000mL。

9）试银灵（对二甲氨基亚苄基罗丹宁）溶液：称取 0.02g 试银灵，溶于 100mL 丙酮中。

10）异烟酸-吡唑啉酮溶液：称取 1.5g 异烟酸，溶于 24mL 20g/L 氢氧化钠溶液中，加水至 100mL；称取 0.25g 吡唑啉酮，溶于 20mL N，N-二甲基甲酰胺中，合并上述两种溶液，混匀。

11）氯胺 T 溶液：称取 1g 氯胺 T［有效含量在 11%（质量分数）以上］，溶于 100mL 水中，应在临用时现配。

12）氰化物标准溶液：称取 0.25g 氰化钾，溶于水中并稀释至 1000mL，此溶液每毫升约相当于 0.1mg 氢氰酸。其准确浓度的标定方法为：吸取上述溶液 10.0mL，置于锥形瓶中，加 1mL 20g/L 氢氧化钠溶液，调节 pH > 11，加 0.1mL 试银灵溶液，用 0.02mol/L 硝酸银标准溶液（1mL 相当于 1.08mg 氢氰酸）滴定至橙红色。

13）氰化物标准使用液：根据氰化物标准溶液的浓度，吸取适量的氰化物标准溶液，用1g/L氢氧化钠溶液稀释成每毫升相当于1μg氢氰酸。

3. 操作步骤

迅速称取10.00g样品，置于250mL蒸馏瓶中，加适量水使样品全部浸没。加入20mL 100g/L乙酸锌溶液和1～2g酒石酸，迅速连接好所有蒸馏装置，将冷凝管的下端插入盛有5mL 10g/L氢氧化钠溶液的100mL容量瓶的液面下，缓缓加热，通水蒸气进行蒸馏，收集馏出液近100mL，取下容量瓶，加水至刻度，摇匀。

吸取0.0mL、0.3mL、0.6mL、0.9mL、1.2mL、1.5mL氰化物标准使用液（相当于含0.0μg、0.3μg、0.6μg、0.9μg、1.2μg、1.5μg氢氰酸），分别置于25mL比色管中，各加水至10mL。另吸取10mL样品溶液置于25mL比色管中。

在样品溶液和标准溶液中各加1.0mL 10g/L氢氧化钠溶液和1滴酚酞指示液，用15g/L乙酸溶液调至红色刚好消失，加入5mL磷酸盐缓冲溶液，加热升温至37℃左右，再加入0.25mL氯胺T溶液，加塞混合，放置5min后，加入5mL异烟酸-吡唑啉酮溶液，加水至25mL，混匀，于25～40℃放置40min后，用2cm比色皿，以零管调节零点，于波长638nm处测定吸光度，绘制标准曲线，进行比较定量。

4. 结果计算

样品中氰化物含量（以氢氰酸计）的计算公式为

$$X=\frac{m_1\times 1000}{m\dfrac{V_2}{V_1}\times 1000}$$

式中 X——样品中氰化物的含量（以氢氰酸计）（mg/kg）；

m_1——测定用样品溶液中氢氰酸的质量（μg）；

V_1——样品溶液的总体积（mL）；

V_2——测定用样品溶液的体积（mL）；

m——样品质量（g）。

5. 注意事项

1）氰化物主要指氰酸盐和氢氰酸。氰酸盐在高温高湿条件下或与酸作用时，分解并放出氢氰酸。氢氰酸蒸气和氰酸盐皆属作用强烈的有毒物质，对人有毒性，氢氰酸蒸气主要通过呼吸道进入人体，人严重中毒时呼吸急剧减慢、气喘、脉搏减慢、瞳孔放大、痉挛和失去知觉。本方法检出极限为0.15μg，最低检出含量为0.015mg/kg。

2）氰化物遇酸产生氢氰酸。氢氰酸与苦味酸作用，生成红色异氰紫酸钠。

第三节　粮油及其制品中过氧化苯甲酰含量的测定

面粉增白剂中过氧化苯甲酰的检测方法比较简单，属于常规检验，一般面粉厂的化验室和懂得基本分析操作的化验员都能检测。现将其测定方法作一介绍。

1. 方法原理

在丙酮溶液中，过氧化苯甲酰与碘化钾反应生成游离碘，以硫代硫酸钠标准溶液滴定。

2. 仪器与试剂

（1）仪器

1）分度值为 0.0001g 的分析天平。

2）250mL 碘量瓶。

3）50mL 酸式滴定管。

（2）试剂

1）丙酮。

2）500g/L 碘化钾溶液。

3）0.1mol/L 硫代硫酸钠标准滴定溶液。

3. 操作步骤

称取样品 1g（精确至 0.0002g），置于 250mL 碘量瓶中，加丙酮 30mL 使之溶解，加碘化钾溶液 2mL，立即盖上塞子，摇匀后放在暗处静置 15min，然后用硫代硫酸钠标准滴定溶液滴定（不加淀粉指示液），棕色消失时为滴定终点，同时进行空白试验。

4. 结果计算

样品中过氧化苯甲酰质量分数的计算公式为

$$X = \frac{(V_1 - V_0)\ c \times 0.1211}{m} \times 100\%$$

式中　X——样品中过氧化苯甲酰的质量分数；

V_1——试样消耗硫代硫酸钠标准滴定溶液的体积（mL）；

V_0——空白消耗硫代硫酸钠标准滴定溶液的体积（mL）；

c——硫代硫酸钠标准滴定溶液的实际浓度（mol/L）；

m——样品的质量（g）。

与 1.00mL 浓度为 1mol/L 的硫代硫酸钠标准滴定溶液相当的过氧化苯甲酰的质量为 0.1211g。

两次平行测定结果之差值不应大于0.2%，取其算术平均值为测定结果。

第四节 粮油及其制品中微量元素含量的测定

一、磷含量的测定

1. 原理

用硫酸-硝酸消化破坏有机物，并将磷酸盐转化为正磷酸盐，经还原后生成钼蓝，用原子吸收分光光度法测定其在825nm波长的吸光度，用标准曲线法定量。

2. 试剂

1）硫酸-硝酸混合液：硫酸（$w=96\%$，$\rho=1.84$g/mL）和硝酸（$w=65\%$，$\rho=1.38$g/mL）等体积混合。

2）50g/L抗坏血酸溶液：保存于冰箱中，时间最多不超过48h。

3）钼酸铵溶液：将10.6g钼酸铵四水合物［$(NH_4)_6Mo_7O_{24}\cdot 4H_2O$］溶于500mL水中，移入1000mL烧瓶中，加入500mL的10mol/L硫酸溶液，混合并冷却至室温。

4）10mol/L氢氧化钠溶液。

5）磷标准储备液：称取0.4393g（精确至0.5mg）无水磷酸二氢钾（使用前在105℃±2℃的温度下干燥1 h，然后置于干燥器中冷却至室温）溶于水中，然后定量移入1000mL容量瓶中，加水定容至刻度，摇匀。1 mL此溶液含有100 μg的磷。

6）磷标准使用液：吸取10 mL磷标准储备液置于250 mL容量瓶中，加水定容至刻度，摇匀。1 mL此溶液含有4 μg的磷。

3. 仪器

确保清洗玻璃器皿的清洁剂不含磷。

1）容量瓶：50mL、250mL、1000mL。

2）锥形瓶：50mL。

3）移液管：1mL、2mL、5mL、10mL、15mL、25mL。

4）消化瓶：100mL。

5）电热恒温干燥箱。

6）干燥器。

7）分析天平：分度值为0.0001g。

8）可见分光光度计：波长可调至825nm，配有1cm比色皿。

4. 操作步骤

（1）标准曲线的绘制　吸取 0.0mL、1.0mL、2.0mL、3.0mL、4.0mL、5.0mL、10.0mL 的磷标准使用液，分别置于 7 个 50mL 锥形瓶中，则各锥形瓶中分别含有 0 μg、4 μg、8 μg、12 μg、16 μg、20 μg、40 μg 磷。分别向 7 个锥形瓶中加水至 30mL，混匀，用移液管依次加入 4 mL 钼酸铵溶液、2 mL 抗坏血酸溶液，加完后立即混匀。将 7 个锥形瓶置于沸水浴中 10min，立刻转至冷水浴中冷却至室温。定量地将锥形瓶内的溶液转入 50mL 容量瓶中，加水至刻度，摇匀。以未加磷标准使用液的溶液为空白，用分光光度计在 825 nm 波长下测定吸光度，以磷的微克数对吸光度绘制标准曲线。

（2）样品溶液的制备　根据样品中磷含量估计值按表 2-1 准确称取一定量的样品（精确至 0.0002 g），使样品所测得的吸光度在 0.1 ~0.7。

表 2-1　样品量、稀释体积和测定体积的选择

磷含量估计值（质量分数，%）	样品量/g	稀释体积/mL	测定体积/mL
<0.05	0.500	100	25
0.05 ~0.10	0.500	100	10
0.10 ~0.25	0.500	100	2
0.25 ~0.50	0.500	200	2
0.50 ~1.00	0.250	250	2
1.00 ~2.00	0.125	250	2
2.00 ~5.00	0.125	500	2

将样品倒入消化瓶中，加入 15mL 硫酸-硝酸混合溶液和适量的玻璃珠（以防暴沸），混合均匀，缓慢加热至液体微沸，继续煮沸至棕色气体变为白色，液体变为透明为止。若溶液出现深暗色且不褪去，则在继续蒸煮的同时，逐滴加入硝酸使之消失，待冷却后，加入 10mL 水并加热至瓶内再次出现白色气体为止，以除去过量的硝酸。将溶液冷却，加入 45mL 水，用氢氧化钠溶液调节溶液 pH =7。将溶液定量地转入容积适当的容量瓶（根据样品量按表 2-1 选择的稀释体积）内，加水至刻度，充分摇匀。

（3）样品的测定　根据样品量按表 2-1 选择的测定体积吸取样品溶液置于 50mL 锥形瓶中，以后按标准曲线的绘制步骤中操作。从标准曲线上读取相应磷的微克数。

用水代替样品进行空白测定，样品平行测定两次。

5. 结果计算

样品中磷含量的计算公式为

$$X=\frac{(m_1-m_2)\ V_0}{m_0V_1\times10^6}\times100\%$$

式中 X——样品中磷的质量分数；

m_1——从标准曲线上确定的样品液中磷的质量（μg）；

m_2——空白溶液中磷的质量（μg）；

V_0——样品液的稀释体积（mL）；

m_0——样品的质量（g）；

V_1——用于测定的样品液体积（mL）。

取平行测定的算术平均值作为测定结果。当磷的质量分数大于0.2%时，平行测定结果的绝对差值不应超过算术平均值的2%；当磷的质量分数小于0.2%时，绝对差值不能超过0.004%。

二、镍含量的测定

测定粮油及其制品中镍含量的方法有丁二肟比色法和原子吸收分光光度法。

1. 丁二肟比色法

（1）原理 在碱性介质中，在氧化剂存在的情况下，镍与丁二肟生成酒红色配位化合物，其颜色的深浅与溶液中镍的含量成正比。

（2）仪器与试剂

1）仪器：可见分光光度计。

2）试剂

① 500g/L酒石酸钠溶液。

② 100g/L氢氧化钠溶液。

③ 50g/L过硫酸铵溶液。

④ 10g/L丁二肟乙醇溶液。

⑤ 盐酸溶液（1+1）。

⑥ 镍标准储备液：准确称取金属镍1.0000g，溶于硝酸溶液（1+3）中，冷却后加水稀释至1000mL。此溶液每毫升相当于1.0mg镍。

⑦ 镍标准使用液：临用时，将镍标准储备液用水逐次稀释［其中加2mL盐酸溶液（1+1）］，配制成每毫升相当于10μg镍的标准溶液。

（3）操作步骤

1）样品处理：准确称取均匀样品10.0g置于瓷坩埚中，用小火炭化后移入550℃高温炉中炭化成白色灰烬，冷却，加入5mL盐酸溶液（1+1）溶解残渣，用水转移至50mL容量瓶中，加水稀释至刻度，摇匀。同时做一空白试验。

2）标准曲线的绘制：准确吸取镍标准使用液0.0mL、0.5mL、1.0mL、1.5mL、2.0mL、2.5mL，分别移入25mL比色管中，用100g/L氢氧化钠溶液调节至中性后，加入 5mL 500g/L 酒石酸钠溶液、2mL 100g/L 氢氧化钠溶液（这时溶液的 pH 值为 13 左右）、5mL 50g/L 过硫酸铵溶液，摇匀，加入 3mL 10g/L 丁二肟乙醇溶液，振摇后加水至刻度，摇匀，置于 37℃ 恒温保持 30min，取出（若有氢氧化钠沉淀，则可离心后比色），于 530nm 处分别测定其吸光度，绘制标准曲线。

3）样品的测定：根据样品溶液中镍的含量，准确吸取 5 ~ 10mL 样品溶液于 25mL 比色管中，按绘制标准曲线中的方法进行操作，根据测得的吸光度从标准曲线中查出镍的含量。

（4）结果计算　样品中镍含量的计算公式为

$$X = \frac{(m_1 - m_0) \times 1000}{m \times \frac{V_2}{V_1} \times 1000}$$

式中　X——样品中镍的含量（mg/kg）；

m_1——测定用样品消化液中镍的质量（μg）；

m_0——试剂空白液中镍的质量（μg）；

m——样品质量（g）；

V_1——样品消化液的总体积（mL）；

V_2——测定用样品消化液的体积（mL）。

2. 原子吸收分光光度法

（1）原理　样品经消化处理后，导入原子吸收分光光度计的石墨炉中，经电热原子化后，吸收 232.0nm 共振线，其吸光度与镍含量成正比，与标准系列比较定量。

（2）仪器与试剂

1）仪器

① 原子吸收分光光度计（附石墨炉及镍空心阴极灯）。

② 压力消化罐（100mL 容量）。

③ 实验室常用设备。

2）试剂

① 硝酸（优级纯）。

② 硝酸溶液（1 + 1）：量取 50mL 硝酸，加水稀释至 100mL。

③ 0.5mol/L 硝酸溶液。

④ 过氧化氢。

⑤ 镍标准储备液：准确称取 1.0000g 镍粉（质量分数不低于 99.99%），溶于 30mL 硝酸溶液（1 + 1）中，加热溶解，冷却后移入 1000mL 容量瓶中，加水稀释至刻度。此溶液每毫升相当于1.0mg 镍。

⑥ 镍标准使用液：临用时，将镍标准储备液用0.5mol/L硝酸溶液逐次稀释，配制成每毫升相当于20ng镍的标准溶液。

（3）操作步骤

1）样品处理：粮食和豆类去杂物、尘土等，碾碎，过30目筛（筛孔直径为0.6mm），储于聚乙烯瓶中，保存备用。

① 湿法消化：称取干样0.3～0.5g（精确至0.001g），置于150mL锥形瓶中，加15mL硝酸，瓶口加一小漏斗，放置过夜。次日，置于铺有沙子的电热板上加热，待剧烈反应后，取下稍冷，缓缓加入2mL过氧化氢，继续加热消化。反复补加过氧化氢或适量硝酸，直至不再产生棕色气体，再加25mL去离子水，煮沸除去多余的硝酸。重复处理两次，待溶液接近1～2mL时取下冷却。将消化液移入10mL容量瓶中，用水分次洗涤烧瓶，定容至刻度，摇匀。同时做试剂空白试验。

② 高压消化：称取干样0.2～1.0g（精确至0.001g），置于聚四氟乙烯塑料罐内，加5mL硝酸，放置过夜。次日，加7mL过氧化氢，盖上内盖，放入不锈钢外套内，将不锈钢外盖和外套旋紧密封，放入恒温箱，在120℃保温2～3h，至消化完全后，自然冷却至室温。将消化液移入25mL容量瓶中，用少量水多次洗涤消化罐，将洗液并入容量瓶中，定容至刻度，摇匀。同时做试剂空白试验。

2）测定

① 标准系列的制备：分别吸取镍标准使用液0.00mL、0.50mL、1.00mL、2.00mL、3.00mL、4.00mL置于10mL容量瓶中，用0.5mol/L硝酸溶液稀释至刻度，摇匀。

② 仪器条件：将原子吸收分光光度计调试至测镍最佳状态。

参考条件：波长232.0nm；狭缝0.15nm；灯电流4mA；干燥150℃，20s；灰化1050℃，20s；原子化2650℃，4s；进行氘灯或塞曼背景校正；进样量20μL。

③ 样品测定：将镍标准系列溶液按次序分别注入石墨炉中进行测定，得到吸光度，绘制标准曲线。

将试剂空白溶液、样品溶液分别注入石墨炉中，测得其吸光度，从标准曲线上查出试剂空白溶液和样品溶液中镍的含量。

（4）结果计算　样品中镍含量的计算公式为

$$X=\frac{(c-c_0)V\times 1000}{m\times 1000}$$

式中　X——样品中镍的含量（μg/kg）；

c——测定用样品溶液中镍的含量（ng/mL）；

c_0——试剂空白液中镍的含量（ng/mL）；

m——样品质量(g)；

V——样品定容体积(mL)。

三、汞含量的测定

测定粮油及其制品中汞含量的方法有双硫腙比色法和原子吸收分光光度法。

1. 双硫腙比色法

(1) 原理　样品经消化后，汞离子在**酸性溶液**中可与双硫腙生成橙色配位化合物，溶于三氯甲烷，与标准系列比较定量。

(2) 仪器与试剂

1) 仪器：消化装置、可见分光光度计。

2) 试剂

① 硫酸。

② 1mol/L 硫酸：量取 5mL 硫酸，缓缓倒入 150mL 水中，冷却后加水至 180mL。

③ 硫酸溶液(1+19)：量取 5mL 硫酸，缓缓倒入 90mL 水中，冷后加水至 100mL。

④ 200g/L 盐酸羟胺溶液。

⑤ 50g/L 高锰酸钾溶液。

⑥ 氨水。

⑦ 溴麝香草酚蓝指示液(质量分数为 0.1% 的乙醇溶液)。

⑧ 200g/L 盐酸羟胺溶液(吹清洁空气，可使含有的微量汞挥发而将其除去)。

⑨ 三氯甲烷(不应含有氧化物)。

⑩ 双硫腙溶液：质量分数为 0.05% 的三氯甲烷溶液，保存于冰箱中，必要时进行纯化，方法为：称取 0.5g 研细的双硫腙，溶于 50mL 三氯甲烷中，若不全溶，则可用滤纸过滤于 250mL 分液漏斗中，用氨水(1+99)提取三次，每次 100mL，将提取液用棉花过滤至 500mL 分液漏斗中，用 6mol/L 盐酸将溶液调至酸性，将沉淀出的双硫腙用三氯甲烷提取 2～3 次，每次 20mL，合并三氯甲烷层，用等量水洗涤两次，弃去洗涤液，在 50℃ 水浴上蒸去三氯甲烷。将精制的双硫腙置于硫酸干燥器中，干燥备用，或将沉淀出的双硫腙用 200mL、200mL、100mL 三氯甲烷提取三次，合并三氯甲烷层为双硫腙溶液。

⑪ 双硫腙使用液：吸取 1.0mL 双硫腙溶液，加三氯甲烷至 10mL，混匀。用 1cm 比色皿，以三氯甲烷调节零点，于 510nm 处测吸光度(A)，用下式计算出配制 100mL 双硫腙使用液(70% 透光率)所需双硫腙溶液的毫升数(V)。

$$V=\frac{10\times(2-\lg 70)}{A}=\frac{1.55}{A}$$

⑫ 汞标准溶液：准确称取0.1354g经干燥器干燥过的氯化汞，加1mol/L硫酸使其溶解后，移入100mL容量瓶中，并稀释至刻度。此溶液每毫升相当于1mg汞。

⑬ 汞标准使用液：吸取1.0mL汞标准溶液，置于100mL容量瓶中，加1mol/L硫酸稀释至刻度。此溶液每毫升相当于10μg汞。再吸取此液5.0mL于50mL容量瓶中，加1mol/L硫酸稀释至刻度，此溶液每毫升相当于1μg汞。

（3）操作步骤

1）样品的处理

① 粮食：称取20g样品，置于消化装置锥形瓶中，加玻璃珠数粒及80mL硝酸、15mL硫酸，转动锥形瓶，防止局部炭化。装上冷凝管后，用小火加热，待液体开始发泡时即停止加热，发泡停止后加热回流2h。若在加热过程中溶液变棕色，则再加5mL硝酸，继续回流2h，放冷，用适量水洗涤冷凝管，将洗液并入消化液中，取下锥形瓶，加水至总体积为150mL。

② 植物油及动物油脂：称取10g样品，置于消化装置锥形瓶中，加玻璃珠数粒及15mL硫酸，小心混匀至溶液变棕色，然后加入45mL硝酸。装上冷凝管后，用小火加热，后面步骤同粮食处理。

③ 薯类、豆制品：称取50g捣碎、混匀的样品，置于消化装置锥形瓶中，加玻璃珠数粒及45mL硝酸、15mL硫酸，转动锥形瓶，防止局部炭化。装上冷凝管后，用小火加热，后面步骤同粮食处理。

取与消化样品相同量的硝酸、硫酸按同一方法做试剂空白试验。

2）测定：取上述样品消化液（全量），加20mL水，在电炉上煮沸10min，除去二氧化氮等气体，放冷。

在样品消化液及试剂空白液中各加50g/L高锰酸钾溶液至溶液呈紫色，然后再加200g/L盐酸羟胺溶液使紫色褪去，加2滴溴麝香草酚蓝指示液，用氨水调节pH值，使橙红色变为橙黄色（$pH=1\sim2$），定量转移至125mL分液漏斗中。

吸取0.0mL、0.5mL、1.0mL、2.0mL、3.0mL、4.0mL、5.0mL、6.0mL汞标准使用液（相当于0.0μg、0.5μg、1.0μg、2.0μg、3.0μg、4.0μg、5.0μg、6.0μg汞），分别置于125mL分液漏斗中，加10mL硫酸溶液（1+19），再加水至40mL，混匀，然后各加1mL 200g/L盐酸羟胺溶液，放置20min，并时时振摇。

于样品消化液、试剂空白液及标准液振摇放冷后的分液漏斗中加5.0mL双硫腙使用液，剧烈振摇2min，静置待分层后，经脱脂棉将三氯甲烷层滤入1cm比色皿中，以三氯甲烷调节零点，在波长490nm处测吸光度，用标准管吸光度减去零管吸光度，绘制成标准曲线。

（4）结果计算　样品中汞含量的计算公式为

$$X=\frac{(m_1-m_0)\times 1000}{m\times 1000}$$

式中　X——样品中汞的含量(mg/kg)；

m_1——样品消化液中汞的质量(μg)；

m_0——试剂空白液中汞的质量(μg)；

m——样品质量(g)。

2. 原子吸收分光光度法

(1) 原理　汞原子蒸气对波长为253.7nm的共振线具有强烈的吸收作用。样品经硝酸-硫酸或硝酸-硫酸-五氧化二钒消化，使汞转为离子状态，再在强酸性条件下用氯化亚锡将其还原成元素汞，然后以氮气或干燥清洁空气作为载气，将汞蒸气吹出，进行原子吸收分光光度测定，与标准系列比较定量。

(2) 仪器与试剂

1) 仪器：消化装置、测汞仪、汞蒸气发生器、抽气装置。

2) 试剂

① 硝酸。

② 硫酸。

③ 300g/L氯化亚锡溶液：称取30g氯化亚锡($SnCl_2$)，加少量水，再加2mL硫酸使其溶解，加水稀释至100mL，放置在冰箱中保存。

④ 无水氯化钙(干燥用)。

⑤ 5mol/L混合酸溶液：量取10mL硫酸，再加入10mL硝酸，缓慢倒入50mL水中，待冷却后加水稀释至100mL。

⑥ 五氧化二钒。

⑦ 50g/L高锰酸钾溶液：配好后煮沸10min，静置过夜，过滤后储存于棕色瓶中。

⑧ 200g/L盐酸羟胺溶液。

⑨ 汞标准溶液：准确称取0.1354g在干燥器中干燥过的氯化汞，加5mol/L混合酸溶解后，移入100mL容量瓶中，并稀释至刻度，混匀。此溶液每毫升相当于1mg汞。

⑩ 汞标准使用液：吸取1.0mL汞标准溶液，置于100mL容量瓶中，加5mol/L混合酸稀释至刻度。此溶液每毫升相当于10μg汞。再吸取此液1.0mL，置于100mL容量瓶中，加5mol/L混合酸稀释至刻度。此溶液每毫升相当于0.1μg汞，临用时现配。

(3)操作步骤

1) 样品的处理

① 粮食：称取10g样品，置于消化装置锥形瓶中，加玻璃珠数粒，加45mL

硝酸、10mL硫酸，转动锥形瓶防止局部炭化。装上冷凝管后，用小火加热，待液体开始发泡时即停止加热，发泡停止后加热回流2h。若在加热过程中溶液变棕色，则再加5mL硝酸，继续回流2h，放冷后从冷凝管上端小心加20mL水，继续加热回流10min，放冷。用适量水冲洗冷凝管，将洗液并入消化液中，再将消化液经玻璃棉过滤于100mL容量瓶内，用少量水洗锥形瓶、滤器，将洗液并入容量瓶内，加水至刻度，混匀。

② 植物油及动物油脂：称取5.0g样品，置于消化装置锥形瓶中，加玻璃珠数粒和7mL硫酸，小心混匀至溶液颜色变为棕色，再加入40mL硝酸。装上冷凝管，用小火加热，后面步骤同粮食处理。

③ 薯类、豆制品：称取20g捣碎混匀的样品(薯类必须预先洗净晾干)，置于消化装置锥形瓶中，加玻璃珠数粒，再加入30mL硝酸和5mL硫酸，转动锥形瓶防止局部炭化。装上冷凝管，小火加热，后面步骤同粮食处理。

取与消化样品用量相同的硝酸、硫酸，按同一方法做试剂空白试验。

2）测定：吸取10.0mL样品消化液，置于汞蒸气发生器内，连接抽气装置，沿壁迅速加入2mL 300g/L氯化亚锡溶液，立即通入流速为1.5L/min的氮气或经活性炭处理的空气，使汞蒸气通过氯化钙干燥管进入测汞仪中，读取测汞仪上最大读数，同时做试剂空白试验。

吸取0.00mL、0.10mL、0.20mL、0.30mL、0.40mL、0.50mL汞标准使用液(相当于0.00μg、0.01μg、0.02μg、0.03μg、0.04μg、0.05μg汞)置于试管中，各加10mL 5mol/L混合酸，置于汞蒸气发生器内，连接抽气装置，然后沿壁迅速加入2mL 300g/L氯化亚锡溶液，立即通入流速为1.5L/min的氮气或经活性炭处理的空气，使汞蒸气通过氯化钙干燥管进入测汞仪中，读取测汞仪上最大读数，绘制标准曲线。

(4) 结果计算　样品中汞含量的计算公式为

$$X=\frac{(m_1-m_0)\times 1000}{m\times\frac{V_2}{V_1}\times 1000}$$

式中　X——样品中汞的含量(mg/kg)；

m_1——测定用样品消化液中汞的质量(μg)；

m_0——试剂空白液中汞的质量(μg)；

m——样品质量(g)；

V_1——样品消化液的总体积(mL)；

V_2——测定用样品消化液的体积(mL)。

(5) 注意事项

1）测定痕量汞时，要注意试剂(尤其盐酸)、滤纸、橡胶管上都可能含有少量汞，玻璃仪器在中性溶液中也很容易吸附汞，这些都会使测定结果不准确。因此，所用的玻璃仪器必须用硝酸溶液(1+5)浸泡过夜，再用水反复冲洗，最后用去离子水冲洗干净。

2）汞极易挥发，在消化样品时必须使汞保持氧化态，因此硝酸溶液应过量，以避免汞挥发损失。测定汞时一般不采用灰化法消化样品。

3）本法测定汞的最低检出含量为0.4μg/kg，允许的相对误差小于20%，适用于食品中汞含量的测定。

四、铅含量的测定

测定粮油及其制品中铅含量的方法有双硫腙比色法和原子吸收分光光度法。

1．双硫腙比色法

（1）原理　样品经消化后，在pH=8.5~9.0时，铅离子与双硫腙生成红色配位化合物，溶于三氯甲烷，加入柠檬酸铵、氰化钾和盐酸羟胺等，防止铁、铜、锌等离子干扰，然后与标准系列比较定量。

（2）仪器与试剂

1）仪器

① 所用玻璃仪器均用10%~20%(体积分数)硝酸浸泡24h以上，用自来水反复冲洗，最后用水冲洗干净。

② 可见分光光度计。

2）试剂

① 氨水(1+1)。

② 6mol/L盐酸：量取100mL盐酸，加水稀释至200mL。

③ 酚红指示液(1g/L乙醇溶液)。

④ 200g/L盐酸羟胺溶液：称取20g盐酸羟胺，加水溶解至约50mL，加2滴酚红指示液，加氨水(1+1)，调pH值至8.5~9.0(溶液由黄变红，再多加2滴)，用双硫腙-三氯甲烷溶液提取至三氯甲烷层绿色不变为止，再用三氯甲烷洗两次，弃去三氯甲烷层，向水层中加6mol/L盐酸，使之呈酸性，加水稀释至100mL。

⑤ 200g/L柠檬酸铵溶液：称取50g柠檬酸铵，溶于100mL水中，加2滴酚酞指示液，加氨水(1+1)，调pH值至8.5~9.0，用双硫腙-三氯甲烷溶液提取数次，每次10~20mL，至三氯甲烷层绿色不变为止，弃去三氯甲烷层，再用三氯甲烷洗两次，每次5mL，弃去三氯甲烷层，加水稀释至250mL。

⑥ 100g/L氰化钾溶液。

⑦ 三氯甲烷(不应含氧化物)。

检查方法：量取10mL三氯甲烷，加25mL新煮沸过的水，振摇3min，静置分层后，取10mL水，加数滴150g/L碘化钾溶液及淀粉指示液，振摇后应不显蓝色。

处理方法：于三氯甲烷中加入1/10～1/20体积的200g/L硫代硫酸钠溶液洗涤，再用水洗，加入少量无水氯化钙脱水后进行蒸馏，弃去最初及最后的1/10馏出液，收集中间馏出液备用。

⑧ 淀粉指示液：称取0.5g可溶性淀粉，加5mL水搅匀后，慢慢倒入100mL沸水中，边倒边搅拌，煮沸后放冷备用。应在临用时配制。

⑨ 硝酸溶液(1+99)：量取1mL硝酸，加水稀释至100mL。

⑩ 双硫腙溶液：0.05%(质量分数)三氯甲烷溶液，保存在冰箱中，纯化方法同本节双硫腙比色法测定汞。

⑪ 双硫腙使用液：同本节双硫腙比色法测定汞。

⑫ 铅标准溶液：准确称取0.1598g硝酸铅，加10mL硝酸溶液（1+99），全部溶解后，移入100mL容量瓶中，加水稀释至刻度。此溶液每毫升相当于1mg铅。

⑬ 铅标准使用液：吸取1.0mL铅标准溶液，置于100mL容量瓶中，加水稀释至刻度。此溶液每毫升相当于10μg铅。

（3）操作步骤

1）样品的处理：称取5.0g样品，置于坩埚中，加热至炭化，然后移入高温炉中，500℃灰化3h，放冷，取出坩埚，加1mL硝酸，润湿灰分，用小火蒸干，在500℃灼烧1h，放冷，取出坩埚，加1mL硝酸溶液（1+1），加热，使灰分溶解，移入50mL容量瓶中，用水洗涤坩埚，将洗液并入容量瓶中，加水至刻度，混匀备用。

2）测定：吸取10.0mL消化后的定容溶液和同量的试剂空白液，分别置于125mL分液漏斗中，各加水至20mL。

吸取0.00mL、0.10mL、0.20mL、0.30mL、0.40mL、0.50mL铅标准使用液(相当于0μg、1.0μg、2.0μg、3.0μg、4.0μg、5.0μg铅)，分别置于125mL分液漏斗中，各加硝酸溶液（1+99）至20mL。

向样品消化液、试剂空白液和铅标准液中各加2mL 200g/L柠檬酸铵溶液、1mL 200g/L盐酸羟胺溶液和2滴酚红指示液，用氨水(1+1）调至红色，再各加2mL 100g/L氰化钾溶液，混匀，然后各加5.0mL双硫腙使用液，剧烈振摇1min，静置分层后，将三氯甲烷层经脱脂棉滤入1cm比色杯中，以零管调节零点，于510nm处测吸光度，绘制标准曲线比较。

（4）结果计算　样品中铅含量的计算公式为

$$X=\frac{(m_1-m_0)\times 1000}{m\times\frac{V_2}{V_1}\times 1000}$$

式中 X——样品中铅的含量（mg/kg）；

m_1——测定用样品消化液中铅的质量（μg）；

m_0——试剂空白液中铅的质量（μg）；

m——样品质量（g）；

V_1——样品消化液的总体积（mL）；

V_2——测定用样品消化液的体积（mL）。

若用单色法，则可按上述步骤进行操作，但双硫腙-三氯甲烷层需用100g/L的氰化钾溶液洗涤两次，每次10～20mL，以洗去过剩的双硫腙，然后进行比色测定。

（5）注意事项

1）氰化钾是剧毒药品，操作时不能用嘴吸，使用后要洗手。废氰化钾溶液不要与酸接触，以防产生氰化氢气体而使操作者中毒。向废氰化钾溶液中加氢氧化钠和硫酸亚铁，使它生成铁氰化钾，可降低毒性。

2）该方法测定重金属的灵敏度很高，在分析之前对所用玻璃仪器先要用硝酸溶液（1+3）洗涤两次，再用水冲洗干净，然后用双硫腙-三氯甲烷使用液洗一次，残留在仪器中的微量双硫腙-三氯甲烷溶液不应改变颜色，否则说明玻璃仪器不洁净，应重新洗涤。

3）双硫腙在空气中容易被氧化，氧化产物不溶于酸性或碱性水溶液，能溶解在三氯甲烷和四氯化碳中显黄色或棕色，对测定有干扰。所以要保证双硫腙的纯度和稳定性，应将双硫腙储存于棕色试剂瓶中密封后，放在干燥器中备用。

4）铅与双硫腙相结合，其颜色变化过程为：绿色→浅蓝色→浅灰色→灰色→淡紫色→紫色→淡红色→红色。

2. *原子吸收分光光度法*

（1）原理 样品经处理后，铅离子在一定pH值条件下与二乙基二硫代氨基甲酸钠形成配位化合物，经4-甲基-2-戊酮萃取分离，导入原子吸收光谱仪中，火焰原子化后，吸收波长为283.3nm的共振线，其吸收量与铅含量成正比，与标准系列比较定量。

（2）试剂与仪器

1）试剂

① 混合酸：硝酸-高氯酸溶液（9+1）。

② 硫酸铵溶液（300g/L）：称取30g硫酸铵［$(NH_4)_2SO_4$］，用水溶解并稀释至100mL。

③ 柠檬酸铵溶液（250g/L）：称取25g柠檬酸铵，用水溶解并稀释至100mL。

④ 溴百里酚蓝水溶液（1 g/L）。

⑤ 二乙基二硫代氨基甲酸钠（DDTC）溶液（50g/L）：称取5g二乙基二硫代氨基甲酸钠，用水溶解并加水至100mL。

⑥ 氨水（1+1）。

⑦ 4-甲基-2-戊酮（MIBK）。

⑧ 铅标准溶液：准确称取1.000g金属铅（99.99%），分次加少量硝酸溶液（1+1），加热溶解，总量不超过37mL，移入1000mL容量瓶，加水至刻度，混匀。此铅标准储备液每毫升含1.0mg铅。吸取铅标准储备液1.0mL置于100mL容量瓶中，加0.5mol/L硝酸至刻度，该铅标准溶液的质量浓度为10 μg/mL。

⑨ 盐酸溶液（1+11）：取10mL盐酸加入110mL水中，混匀。

⑩ 磷酸溶液（1+10）：取10mL磷酸加入100mL水中，混匀。

（2）仪器

① 原子吸收光谱仪：火焰原子化器。

② 电阻炉。

③ 天平：分度值为1mg。

④ 干燥恒温箱。

⑤ 瓷坩埚。

⑥ 压力消解器、压力消解罐或压力溶弹。

⑦ 可调式电热板、可调式电炉。

（3）分析步骤

1）样品的处理：去除其中的杂物及尘土，必要时除去外壳，碾碎，过30目筛（筛孔直径为0.6mm），混匀，从中称取5~10g样品（精确到0.01g），置于50mL瓷坩埚中，用小火炭化，然后移入电阻炉中，在500℃下灰化16 h后，取出坩埚，放冷后再加少量混合酸，用小火加热，不使其干涸，必要时再加少许混合酸。如此反复处理，直至残渣中无炭粒，待坩埚稍冷，加10mL盐酸溶液（1+11），溶解残渣并移入50mL容量瓶中，再用水反复洗涤坩埚，将洗液并入容量瓶中，并稀释至刻度，混匀备用。取与样品用量相同的混合酸和盐酸溶液（1+11），按同一操作方法做试剂空白试验。

2）萃取分离：视样品情况，吸取25.0~50.0mL上述制备的样液及试剂空白液，分别置于125mL分液漏斗中，补加水至60mL，加2mL柠檬酸铵溶液，溴百里酚蓝水溶液3~5滴，用氨水（1+1）调pH值至溶液由黄变蓝，加硫酸铵溶液10.0mL，DDTC溶液10mL，摇匀，放置5min左右，加入10.0mLMIBK，剧烈振摇萃取1min，静置分层后，弃去水层，将MIBK层放入10mL带塞刻度管中，备用。分别吸取铅标准使用液0.00mL、0.25mL、0.50mL、1.00mL、1.50mL、2.00mL（相当0.0 μg、2.5 μg、5.0 μg、10.0 μg、15.0 μg、20.0 μg铅）置于125 mL分液漏斗中，采用与样品相同的方法萃取，测定吸光度，绘制标准曲线。

3）测定：萃取液进样，可适当减小乙炔气的流量，测定样液吸光度，从标准曲线上查出样液中铅的含量。

仪器参考条件：空心阴极灯电流为8mA；共振线波长为283.3nm；狭缝长0.4nm；空气流量为8L/min；燃烧器高度为6mm。

（4）结果计算　样品中铅含量的计算公式为

$$X=\frac{(c_1-c_0)\times V_1\times 1000}{m\times\frac{V_3}{V_2}\times 1000}$$

式中　X——样品中铅的含量（mg/kg）；

c_1——测定用样品中铅的含量（μg/mL）；

c_0——试剂空白液中铅的含量（μg/mL）；

m——试样质量（g）；

V_1——样品萃取液的体积（mL）；

V_2——样品处理液的总体积（mL）；

V_3——测定用样品处理液的总体积（mL）。

在重复性条件下获得的两次独立测定结果的绝对差值不得超过算术平均值的20％。结果以两次测定结果的算术平均值表示，保留两位有效数字。

五、砷含量的测定

测定粮油及其制品中砷含量的方法有砷斑法和银盐法。

1. 砷斑法

（1）原理　样品经消化后，在酸性条件下，用碘化钾、氯化亚锡将五价砷还原为三价砷，再利用锌与酸作用产生的原子态氢，将三价砷还原为砷化氢。当砷化氢气体遇到溴化汞试纸时，会生成黄色至黄褐色的砷斑。砷斑颜色的深浅与砷含量成正比，可进行比色定量。同时，在测定过程中用乙酸铅试纸和乙酸铅棉花去除反应中生成的硫化氢气体，以消除干扰。

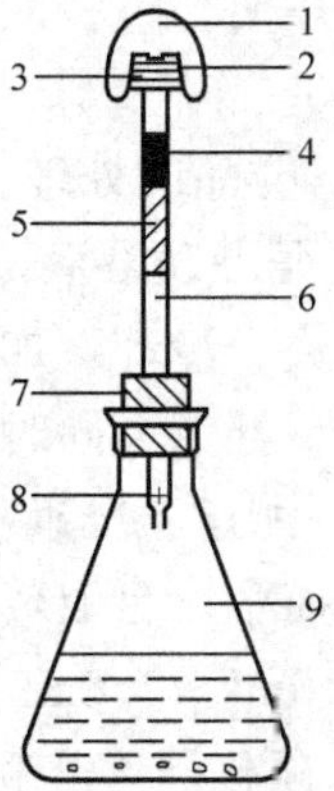

图2-2　砷斑测定器

1—帽子　2—橡皮筋　3—溴化汞试纸　4—乙酸铅棉花　5—乙酸铅试纸　6—砷测定管　7—橡胶塞　8—小孔　9—150mL锥形瓶

（2）仪器与试剂

1）仪器：砷斑测定器，如图2-2所示。

2）试剂

① 50g/L溴化汞乙醇溶液。

② 溴化汞试纸：将滤纸剪成直径为2cm的圆片，浸泡在溴化汞乙醇溶液中。使用前取出，自然干燥后备用。

③ 400g/L酸性氯化亚锡溶液：称取20g氯化亚锡（$SnCl_2$），溶于12.5mL浓盐酸中，加水稀释至50mL，另加两颗锡粒于溶液中。

④ 100g/L乙酸铅溶液。

⑤ 乙酸铅棉花：将脱脂棉浸泡在100g/L乙酸铅溶液中，1h后取出，并使之疏松，在100℃烘箱内干燥，然后取出置于玻璃瓶中塞紧保存以备用。

⑥ 乙酸铅试纸：将普通滤纸浸泡在100g/L乙酸铅溶液中，1h后取出，自然晾干，剪成条状（8cm×5cm），置于瓶中保存以备用。

⑦ 无砷锌粒。

⑧ 浓盐酸。

⑨ 200g/L碘化钾溶液。

⑩ 100g/L硝酸镁溶液。

⑪ 氧化镁。

⑫ 1mol/L氢氧化钠溶液。

⑬ 0.5mol/L硫酸溶液。

⑭ 砷标准溶液：准确称取预先在硫酸干燥器中干燥的三氧化二砷0.1320g，溶于10mL 1mol/L氢氧化钠溶液中，加0.5mol/L硫酸溶液10mL，将此溶液仔细地移入1000mL容量瓶中，加水稀释至刻度，摇匀。此溶液每毫升相当于0.1mg砷。使用时，可将此溶液稀释成每毫升含1.0μg砷的标准溶液。

（3）操作步骤

1）样品的处理：准确称取10g样品置于瓷坩埚中，加入2g氧化镁、10mL 100g/L硝酸镁溶液，在水浴上蒸干，用小火炭化后，在550℃高温炉中灰化至白色灰烬，冷却，加入10mL浓盐酸溶解残渣，用水移入100mL容量瓶中，稀释至刻度，摇匀。同时做试剂空白试验。

2）测定：准确吸取样品溶液和试剂空白液各20mL，分别移入砷斑测定器的锥形瓶中。另取数套砷斑测定器，于锥形瓶中分别加入砷标准溶液（1.0μg/mL）0.0mL、1.0mL、2.0mL、3.0mL、4.0mL、5.0mL。在各锥形瓶中加入5mL 200g/L碘化钾溶液和2mL 400g/L氯化亚锡溶液。在样品溶液和试剂空白液中再加入13mL浓盐酸，在标准系列溶液中各加入15mL浓盐酸，各加水至45mL，放置10min后，加入5g锌粒，迅速装上已装入溴化汞试纸、乙酸铅棉花和乙酸铅试纸的测砷管，在25～30℃下避光放置45min，然后取出溴化汞试纸，将样品色斑和标准色斑比较，求出样品溶液和试剂空白液中砷的含量。

（4）结果计算　样品中砷含量的计算公式为

$$X=\frac{(m_1-m_0)\times1000}{m\times\frac{V_2}{V_1}\times1000}$$

式中　X——样品中砷的含量（mg/kg）；

m_1——测定用样品消化液中砷的质量（μg）；

m_0——试剂空白液中砷的质量（μg）；

m——样品质量（g）；

V_1——样品消化液的总体积（mL）；

V_2——测定用样品消化液的体积（mL）。

2. 银盐法

（1）原理　样品经消化后，用碘化钾、氯化亚锡将五价砷还原为三价砷，然后与锌和酸作用产生的新生态氢反应生成砷化氢，通过用乙酸铅溶液浸泡的棉花除去硫化氢后，与溶于三乙醇胺-三氯甲烷的二乙氨基二硫代甲酸银（AgDDC）溶液作用，形成红色胶态物，与标准系列比较定量。

（2）仪器与试剂

1）仪器

① 可见分光光度计。

② 测砷装置，如图2-3所示。

a. 100~150mL锥形瓶（19号标准口）。

b. 导气管：管口19号标准口或经碱处理后洗净的橡胶塞（与锥形瓶密合时不应漏气），管的另一端管径为1.0mm。

c. 吸收管：10mL刻度离心管。

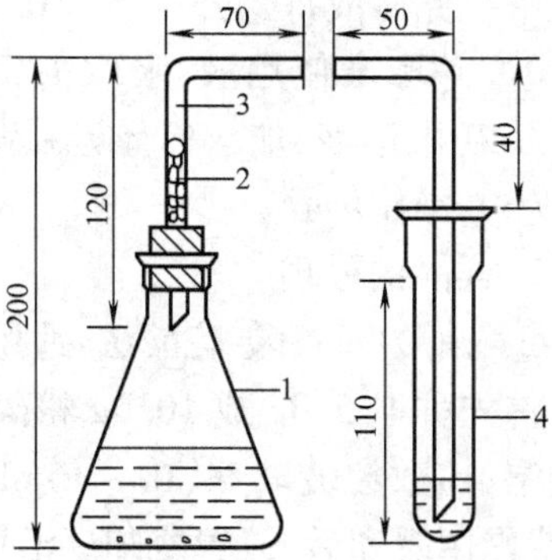

图2-3　银盐法测砷装置

1—150mL锥形瓶　2—乙酸铅棉花

3—导气管　4—10mL刻度离心管

2）试剂

① 硝酸。

② 硫酸。

③ 盐酸。

④ 硝酸-高氯酸混合液（4+1）：量取80mL硝酸，加入20mL高氯酸，混匀。

⑤ 氧化镁。

⑥ 硝酸镁溶液：称取15g硝酸镁[$Mg(NO_3)_2\cdot6H_2O$]，溶于水中并稀释至100mL。

⑦ 150g/L碘化钾溶液（储存于棕色瓶中）。

⑧ 酸性氯化亚锡溶液：称取40g氯化亚锡（$SnCl_2\cdot2H_2O$），加盐酸溶解，加水稀释至100mL，另加几颗锡粒于溶液中。

⑨ 6mol/L盐酸：量取50mL盐酸，加水稀释至100mL。

⑩ 100g/L 乙酸铅溶液。

⑪ 乙酸铅棉花：用100g/L乙酸铅溶液浸透脱脂棉后，压除多余溶液，并使之疏松，在100℃以下干燥，然后置于玻璃瓶中。

⑫ 无砷锌粒。

⑬ 200g/L 氢氧化钠溶液。

⑭ 100g/L 硫酸溶液：量取5.7mL硫酸，缓缓加到80mL水中，冷却后加水稀释至100mL。

⑮ 二乙氨基二硫代甲酸银-三乙醇胺-三氯甲烷溶液：称取0.25g二乙氨基二硫代甲酸银[$(C_2H_5)_2NCS_2Ag$]置于乳钵中，加少量三氯甲烷研磨，移入100mL量筒中，加入1.8mL三乙醇胺，再用三氯甲烷分次洗涤乳钵，将洗液一并移入量筒中，用三氯甲烷稀释至100mL，放置过夜，滤入棕色瓶中储存。

⑯ 砷标准溶液：准确称取0.1320g在硫酸干燥器中干燥过的或在100℃干燥2h的三氧化二砷，加5mL 200g/L氢氧化钠溶液，溶解后加25mL 100g/L硫酸溶液，移入1000mL容量瓶中，加新煮沸后冷却的水稀释至刻度，摇匀，储存在棕色玻璃瓶中。此溶液每毫升相当于0.1mg砷。

⑰ 砷标准使用液：吸取1.0mL砷标准溶液，置于100mL容量瓶中，加1mL 100g/L硫酸溶液，加水稀释至刻度，摇匀。此溶液每毫升相当于1.0μg砷。

（3）操作步骤

1）样品的处理

① 硝酸-高氯酸-硫酸法：适用于粮食、粉丝、粉条、豆干制品等。

首先称取5.0g或10.0g粉碎样品，置于250～500mL定氮瓶中，加少许水使之润湿，加数粒玻璃珠、10～15mL硝酸-高氯酸混合液，放置片刻，用小火缓缓加热，待作用缓和后，放置冷却。沿瓶壁加入5mL或10mL硫酸，再加热至瓶中液体开始变成棕色时，不断沿瓶壁滴加硝酸-高氯酸混合液，至有机物分解完全。加大火力，至产生白烟，溶液应无色或微黄色澄清透明，放置冷却。在操作过程中应注意防止爆炸。

在上述溶液中加入20mL水，煮沸，除去残余的硝酸，至产生白烟为止。如此处理2次，放置冷却。将其移入50mL或100mL容量瓶中，用水洗涤定氮瓶，将洗液并入容量瓶中，冷却后加水稀释至刻度，摇匀。此溶液10mL相当于1g样品，相当于加入1mL硫酸。

取与消化样品用量相同的硝酸-高氯酸混合液、硫酸，按同一方法做试剂空白试验。

② 硝酸-硫酸法：以硝酸代替硝酸-高氯酸混合液，按硝酸-高氯酸-硫酸法进行操作。

③ 灰化法

a. 粮食：称取5.0g磨碎样品，置于坩埚中，加1g氧化镁和10mL硝酸镁溶液，混匀后浸泡4h，于低温或水浴锅上蒸干，然后用小火炭化至无烟，转移至高温炉中，于550℃灼烧3～4h，冷却后取出。加5mL水湿润灰分，用玻璃棒搅拌，用少量水将附着在玻璃棒上的灰分洗至坩埚中，于水浴中蒸干后移入高温炉内，550℃灰化2h，冷却后取出。加5mL水湿润灰分，慢慢加入10mL 6mol/L盐酸溶液，将溶液移入50mL容量瓶中。坩埚用6mol/L盐酸洗涤3次，每次5mL，再用水洗涤3次，每次5mL，将洗液均并入容量瓶中，加水至刻度，摇匀。此溶液10mL相当于1g样品，相当于加入盐酸（中和需要量除外）1.5mL。此溶液全量用于银盐法测定时，不需要再加盐酸。

取与消化样品用量相同的氧化镁和硝酸镁溶液，按同一操作方法做试剂空白试验。

b. 植物油：称取5.0g样品，置于50mL坩埚中，加入10g硝酸镁，再在上面覆盖2g氧化镁。将坩埚置于小火上加热至刚冒烟，立即取下坩埚，以防内容物溢出，待烟小后再加热至完全炭化。将坩埚移入高温炉，于550℃灼烧至完全，冷却后取出。加5mL水湿润灰分，慢慢加入15mL 6mol/L盐酸溶液，将溶液移入50mL容量瓶中，坩埚用6mol/L盐酸洗涤5次，每次5mL，再用水洗涤3次，每次5mL，将洗液均并入容量瓶中，加6mol/L盐酸溶液至刻度，摇匀。此溶液10mL相当于1g样品，相当于加入盐酸（中和需要量除外）1.5mL。

取与消化样品用量相同的硝酸镁、氧化镁，按同一操作方法做试剂空白试验。

2）测定

① 硝酸-高氯酸-硫酸法消化液或硝酸-硫酸法消化液：吸取一定量样品消化溶液（相当于5g样品）及同量的空白溶液，分别置于150mL锥形瓶中，补加硫酸至总量为5mL，加水至50～55mL。

吸取0.0mL、2.0mL、4.0mL、6.0mL、8.0mL、10.0mL砷标准使用液（相当于0.0μg、2.0μg、4.0μg、6.0μg、8.0μg、10.0μg砷），分别置于150mL锥形瓶中，加水稀释至40mL，再加10mL硫酸溶液（1+1）。

在样品消化液、空白溶液和砷标准使用液中各加3mL 150g/L碘化钾溶液和0.5mL酸性氯化亚锡溶液，混匀，静置15min，然后各加3g锌粒，立即分别塞上装有乙酸铅棉花的导气管，使管尖端插入盛有4mL银盐溶液的离心管的液面下，在常温下反应45min后，取下离心管，加三氯甲烷补足4mL。用1cm比色皿，以零管调节零点，于520nm处测定其吸光度，绘制标准曲线进行比较定量。

② 灰化法消化液：取灰化消化液和空白液分别置于150mL锥形瓶中，然后吸取0.0mL、2.0mL、4.0mL、6.0mL、8.0mL、10.0mL砷标准使用液（相当于0.0μg、2.0μg、4.0μg、6.0μg、8.0μg、10.0μg砷），分别置于150mL锥形瓶中，加水稀释至43.5mL，再加6.5mL盐酸。

在灰化消化液、空白液和砷标准使用液中各加3mL 150g/L碘化钾溶液和0.5mL酸性氯化亚锡溶液，混匀，静置15min，然后各加3g锌粒，立即分别塞上装有乙酸铅棉花的导气管，使管尖端插入盛有4mL银盐溶液的离心管的液面下，在常温下反应45min后，取下离心管，加三氯甲烷补足4mL。用1cm比色皿，以零管调节零点，于520nm处测定其吸光度，绘制标准曲线进行比较定量。

（4）结果计算　样品中砷含量的计算公式为

$$X=\frac{(m_1-m_0)\times 1000}{m\times\frac{V_2}{V_1}\times 1000}$$

式中　X——样品中砷的含量(mg/kg或mg/L)；

m_1——测定用样品消化液中砷的质量(μg)；

m_0——试剂空白液中砷的质量(μg)；

m——样品质量或体积(g或mL)；

V_1——样品消化液的总体积(mL)；

V_2——测定用样品消化液的体积(mL)。

（5）注意事项

1）砷化氢气体有毒，操作时要防止其逸出，并应通风良好。

2）测定结果除受酸的用量影响外，还受锌粒的大小影响，若锌粒太细，则反应会太激烈。

3）反应温度应控制在25℃左右，以免反应过激或过缓。

4）氯化亚锡除起还原作用(将As^{5+}还原为As^{3+})外，还有在还原反应中生成碘，在锌粒表面沉积形成锡层以抑制氢气的生成速度，抑制某些元素(如锑)的干扰等作用。

5）该方法测定砷的最低检出含量为0.2mg/kg，允许的相对误差小于10%，适用于测定食品中砷的含量。

第五节　粮油及其制品检验技能训练

训练1　方便面中铅含量的测定

1. 仪器与试剂的准备

（1）仪器　可见分光光度计。所用玻璃仪器均用体积分数为10%~20%的硝酸浸泡24h以上，用自来水反复冲洗，最后用水冲洗干净。

（2）试剂　氨水(1+1)、6mol/L盐酸、酚红指示液(质量分数为0.1%的乙醇溶液)、200g/L 盐酸羟胺溶液、200g/L 柠檬酸铵溶液、100g/L 氰化钾溶液、三氯甲烷、淀粉指示液、硝酸溶液(1+99)、双硫腙溶液(质量分数为 0.05% 的三氯甲烷溶液)、双硫腙使用液、铅标准溶液(每毫升相当于 1mg 铅)、铅标准使用液(每毫升相当于 10μg 铅)。

2. 操作步骤

称取 5.0g 研碎的方便面，置于坩埚中，加热至炭化，然后移入高温炉中，500℃灰化 3h，放冷，取出坩埚，加 1mL 硝酸，润湿灰分，用小火蒸干，在 500℃灼烧 1h，放冷，取出坩埚，加 1mL 硝酸溶液（1+1），加热，使灰分溶解，移入 50mL 容量瓶中，用水洗涤坩埚，将洗液并入容量瓶中，加水至刻度，混匀备用。

吸取 10.0mL 消化后的定容溶液和同量的试剂空白液，分别置于 125mL 分液漏斗中，各加水至 20mL。

吸取 0.00mL、0.10mL、0.20mL、0.30mL、0.40mL、0.50mL 铅标准使用液（相当 0.0μg、1.0μg、2.0μg、3.0μg、4.0μg、5.0μg 铅），分别置于 125mL 分液漏斗中，各加体积分数为 1% 的硝酸溶液至 20mL。

于样品消化液、试剂空白液和铅标准液中各加 2mL 200g/L 柠檬酸铵溶液、1mL 200g/L 盐酸羟胺溶液和 2 滴酚红指示液，用氨水（1+1）调至红色，再各加 2mL 100g/L 氰化钾溶液，混匀，然后各加 5.0mL 双硫腙使用液，剧烈振摇 1min，静置分层后，三氯甲烷层经脱脂棉滤入 1cm 比色杯中，以零管调节零点，于 510nm 处测吸光度，绘制标准曲线。

平行测定两次，两次测定的结果之差不得超过平均值的 20%。

3. 数据记录及处理

（1）数据记录

	标准溶液						样品溶液		空白溶液
样品质量/g	—								—
配制样品溶液的体积/mL	—						50	50	—
吸取样品溶液的体积/mL	—						10	10	—
吸取铅标准溶液的体积/mL	0.00	0.10	0.20	0.30	0.40	0.50	—	—	—
各显色液中铅的质量/μg	0.0	1.0	2.0	3.0	4.0	5.0			
测得各显色液的吸光度 A									

（2）测定　根据空白溶液和各样品显色液的吸光度，从标准曲线上查出空白溶液和各样品显色液中铅的质量。

（3）结果计算

$$X_{Pb}=\frac{(m_{显色液}-m_{空白})\times 1000}{m_{样品}\times\frac{10}{50}\times 1000}$$

式中 X_{Pb}——样品中铅的含量（mg/kg）；

$m_{显色液}$——从标准曲线上查出样品显色液中铅的质量（μg）；

$m_{空白}$——从标准曲线上查出空白溶液中铅的质量（μg）；

$m_{样品}$——样品质量（g）；

50——样品消化液的总体积（mL）；

10——测定用样品消化液的体积（mL）。

计算平行测定结果的平均值和两次测定结果之差与平均值的百分比。

● 训练2 淀粉中汞含量的测定

1. 仪器与试剂的准备

（1）仪器 消化装置、测汞仪、汞蒸气发生器、抽气装置。

（2）试剂 硝酸、硫酸、300g/L氯化亚锡溶液、无水氯化钙、5mol/L混合酸溶液、五氧化二钒、50g/L高锰酸钾溶液、200g/L盐酸羟胺溶液、汞标准溶液（每毫升相当于1mg汞）、汞标准使用液（每毫升相当于0.1μg汞）。

2. 操作步骤

称取10g淀粉，置于消化装置锥形瓶中，加玻璃珠数粒，加45mL硝酸、10mL硫酸，转动锥形瓶防止局部炭化。装上冷凝管后，用小火加热，待开始发泡时即停止加热，发泡停止后，若热回流2h。若加热过程中溶液变棕色，则再加5mL硝酸，继续回流2h，放冷后从冷凝管上端小心加入20mL水，继续加热回流10min，放冷，用适量水冲洗冷凝管，将洗液并入消化液中，将消化液经玻璃棉过滤于100mL容量瓶内，用少量水洗锥形瓶、滤器，将洗液并入容量瓶内，加水至刻度，混匀。

吸取10.0mL样品消化液，置于汞蒸气发生器内，连接抽气装置，沿壁迅速加入2mL 300g/L氯化亚锡溶液，立即通入流速为1.5L/min的氮气或经活性炭处理的空气，使汞蒸气通过氯化钙干燥管进入测汞仪中，读取测汞仪上最大读数，同时做试剂空白试验。

吸取0.00mL、0.10mL、0.20mL、0.30mL、0.40mL、0.50mL汞标准使用液（相当于0.00μg、0.01μg、0.02μg、0.03μg、0.04μg、0.05μg汞）置于试管中，各加10mL 5mol/L混合酸，置于汞蒸气发生器内，连接抽气装置，沿壁迅速加入2mL 300g/L氯化亚锡溶液，立即通入流速为1.5L/min的氮气或经活性炭处理的空气，使汞蒸气通过氯化钙干燥管进入测汞仪中，读取测汞仪上最大读数，绘制标准曲线。

平行测定两次，两次测定的结果之差不得超过平均值的20%。

3. 数据记录及处理

（1）数据记录

	标准溶液						样品溶液		空白溶液
样品质量/g	—								—
配制样品溶液的体积/mL	—						100	100	—
吸取样品溶液的体积/mL	—						10	10	—
吸取汞标准溶液的体积/mL	0.00	0.10	0.20	0.30	0.40	0.50	—	—	—
各测定液中汞的质量/μg	0.00	0.01	0.02	0.03	0.04	0.05			
各测定液在测汞仪上最大读数									

（2）测定　根据空白溶液和各样品测定液在测汞仪上的最大读数，从标准曲线上查出空白溶液和各样品测定液中汞的质量。

（3）结果计算

$$X_{\mathrm{Hg}}=\frac{(m_{测定液}-m_{空白})\times1000}{m_{样品}\times\frac{10}{100}\times1000}$$

式中　X_{Hg}——样品中汞的含量（mg/kg）。

$m_{测定液}$——从标准曲线上查出样品测定液中汞的质量（μg）；

$m_{空白}$——从标准曲线上查出空白溶液中汞的质量（μg）；

$m_{样品}$——样品质量（g）；

100——样品消化液的总体积（mL）；

10——测定用样品消化液的体积（mL）。

计算平行测定结果的平均值和两次测定结果之差与平均值的百分比。

● 训练3　面粉中磷含量的测定

1. 仪器与试剂的准备

（1）仪器　容量瓶、锥形瓶、移液管、消化瓶、电热恒温干燥箱、干燥器、分析天平、可见分光光度计（波长可调至825nm，配有1cm比色皿）。

（2）试剂　硫酸-硝酸混合液、50g/L抗坏血酸溶液、钼酸铵溶液、10mol/L氢氧化钠溶液、4 μg/mL磷标准使用液。

2. 操作步骤

（1）标准曲线的绘制　吸取0.0mL、1.0mL、2.0mL、3.0mL、4.0mL、5.0mL、10.0mL磷标准使用液分别置于7个50mL锥形瓶中，则分别含有0μg、4μg、8μg、12μg、16μg、20μg、40μg磷。分别向7个锥形瓶中加水至30mL，混匀，用移液管依次加入4mL钼酸铵溶液、2mL抗坏血酸溶液，加完后立即混匀。将7个锥形瓶置于沸水浴中10min，立刻转至冷水浴中冷却至室温。定量地将锥形瓶内的溶液转入50mL容量瓶中，加水至刻度，摇匀。以未加磷标准使用液的溶液为空白，用可见分光光度计在825 nm波长下测定吸光度，以磷的微克数对吸光度绘制标准曲线。

（2）样品溶液的制备 根据样品中磷含量估计值按表2-1准确称取一定量的样品（精确至0.0002g），使样品所测得的吸光度在0.1~0.7。

将样品倒入消化瓶中，加入15mL硫酸-硝酸混合溶液和适量的玻璃珠（以防暴沸），混合均匀，缓慢加热至液体微沸，继续煮沸至棕色气体变为白色、液体变为透明为止。若溶液出现深暗色且不褪去，则在继续蒸煮的同时，逐滴加入硝酸使之消失，待冷却后，加入10mL水并加热至瓶内再次出现白色气体为止，以除去过量的硝酸。将溶液冷却，加入45mL水，用氢氧化钠溶液调节溶液pH=7。将溶液定量地转入容积适当的容量瓶（根据样品量按表2-1选择的稀释体积）内，加水至刻度，充分摇匀。

（3）样品的测定 根据样品量按表2-1选择的测定体积吸取样品溶液于50mL锥形瓶中，以后按标准曲线的绘制步骤操作。从标准曲线上读取相应磷的微克数。

用水代替样品进行空白测定。样品平行测定两次。

3. 数据记录及处理

（1）数据记录

	标准溶液							样品溶液		空白溶液
样品质量/g	—									—
样品溶液的体积/mL	—									
吸取样液的体积/mL	—									
吸取磷标准使用液的体积/mL	0.0	1.0	2.0	3.0	4.0	5.0	10.0	—	—	—
显色液中磷质量/μg	0.0	4.0	8.0	12.0	16.0	20.0	40.0			
显色液吸光度 A										

（2）结果计算

$$X=\frac{m_1V_0}{m_0V_1\times10^6}\times100\%$$

式中 X——样品中磷的质量分数；

m_1——从标准曲线上确定的样品液中磷的质量（μg）；

V_0——样品液的稀释体积（mL）；

m_0——样品的质量（g）；

V_1——用于测定的样品液体积（mL）。

计算平行测定结果的平均值和两次测定结果绝对差与平均值的百分比。

训练4　大米中磷化物含量的测定

1. 仪器与试剂的准备

（1）仪器　可见分光光度计、磷化氢蒸馏吸收装置、50mL比色管、刻度移液管（1mL、5mL）。

（2）试剂　0.1mol/L高锰酸钾溶液、0.02mol/L高锰酸钾溶液、1mol/L硫酸、3mol/L硫酸、饱和亚硫酸钠溶液、氯化亚锡盐酸溶液、50mg/mL钼酸铵溶液、磷化物标准溶液（1mL相当于100μg磷化氢）、磷化物标准使用液（1mL相当于10μg磷化氢）、碱性焦性没食子酸溶液、饱和硝酸汞溶液、饱和硫酸肼溶液、酸性高锰酸钾溶液。

2. 操作步骤

（1）准备蒸馏吸收装置　连接好磷化氢蒸馏吸收装置（见图2-1），在三个串联的气体吸收管中各加0.02mol/L高锰酸钾溶液5mL和1mol/L硫酸1mL，向洗气瓶1中加入约100mL酸性高锰酸钾溶液，向洗气瓶2中加入新配制的碱性焦性没食子酸溶液，向分液漏斗中加入1mol/L硫酸5mL和水80mL，向水浴锅中加入适量水并加热至沸腾，然后打开抽气泵，检查装置的气密性。

（2）绘制标准曲线　吸取0.00mL、1.00mL、2.00mL、3.00mL、4.00mL、5.00mL磷化氢标准使用液（相当于0μg、10μg、20μg、30μg、40μg、50μg磷化氢），分别加于6支50mL比色管中，再各加30mL水，5.5mL 3mol/L硫酸，2.5mL钼酸铵溶液，混匀，然后再加水至50mL，混匀，再加0.1mL氯化亚锡溶液，混匀，15min后，用3cm比色皿，以零管调节零点，于波长710nm处测定吸光度，绘制磷化氢含量与吸光度关系的标准曲线。

（3）测定　称取50g（精确至0.1g）样品。预先给磷化氢蒸馏吸收装置抽气5min，然后取下分液漏斗，迅速加入试样于反应瓶中，立即装上分液漏斗，塞紧瓶塞，加大抽气速度，将分液漏斗中的溶液移至反应瓶中，减慢抽气速度（以能分辨气泡为宜），抽气30min，并保持水浴沸腾。

反应完毕后，先除去气体吸收管进气一端的连接，再除去抽气管一端的连接，关闭抽气泵，取下三个气体吸收管，合并吸收管中的溶液于50mL比色管中，气体吸收管用少量水洗涤，将洗液并入比色管中，滴加饱和亚硫酸钠溶液使高锰酸钾溶液退色，加3mol/L硫酸4.5mL，钼酸铵溶液2.5mL，混匀，再加水至50mL，混匀。

在比色管中加入0.1mL氯化亚锡溶液，混匀。15min后，用3cm比色皿，以零管调节零点，于波长710nm处测定吸光度，在标准曲线上求出相应的磷化氢含量。

除不加样品外，按上述测定步骤加入同量的各种试剂做空白试验。每个样品平行测定2次。

3. 数据记录及处理

（1）数据记录

	标准溶液						样品溶液		空白溶液
样品质量/g	—								—
吸取磷化物标准溶液的体积/mL	0.00	1.00	2.00	3.00	4.00	5.00	—	—	—
配制各显色液的体积/mL	50						50		50
各显色液中磷化物的质量/μg	0.0	10.0	20.0	30.0	40.0	50.0			
测得各显色液的吸光度A									

（2）结果计算

$$X_{磷化物}=\frac{(m_{显色液}-m_{空白})\times 1000}{m_{样品}\times 1000}$$

式中 $X_{磷化物}$——样品中磷化物的含量（以 PH_3 计）（mg/kg）；

$m_{显色液}$——从标准曲线上查出样品显色液中磷化物的质量（μg）；

$m_{空白}$——从标准曲线上查出空白溶液中磷化物的质量（μg）；

$m_{样品}$——样品质量（g）。

计算平行测定结果的平均值和两次测定结果之差与平均值的百分比。

● 训练5 面粉中过氧化苯甲酰含量的测定

1. 仪器与试剂的准备

（1）仪器 分析天平、碘量瓶、酸式滴定管。

（2）试剂 丙酮、500g/L碘化钾溶液、0.1mol/L硫代硫酸钠标准溶液。

2. 操作步骤

称取样品1g（精确至0.0002g），置于250mL碘量瓶中，加丙酮30mL使之溶解，加碘化钾溶液2mL，立即盖上塞子，摇匀后放在暗处15min，用硫代硫酸钠标准溶液滴定（不加淀粉指示液），以棕色消失为滴定终点，同时进行空白试验。

平行测定两次，两次测定的结果之差不应大于0.2%。

3. 数据记录及处理

$c(Na_2S_2O_3)$ = __________mol/L，M（过氧化苯甲酰）=242.2g/mol

测定次数	1	2	空白
样品质量/g			—
滴定管初读数/mL			
滴定管终读数/mL			
消耗 $Na_2S_2O_3$ 标准溶液的体积/mL			
样品中过氧化苯甲酰的含量（%）			—
过氧化苯甲酰的含量的平均值（%）			—

样品中过氧化苯甲酰含量的计算公式为

$$X=\frac{(V_1-V_0)\ c\times\frac{1}{2}\times M\text{（过氧化苯甲酰）}}{m\times1000}\times100\%$$

式中 V_1——试样消耗硫代硫酸钠标准滴定溶液的体积（mL）；

V_0——空白消耗硫代硫酸钠标准滴定溶液的体积（mL）；

c——硫代硫酸钠标准滴定溶液的实际浓度（mol/L）；

m——样品的质量（g）。

复习思考题

1. 钼蓝法测定粮食中磷化物含量的原理是什么？
2. 测定面粉中过氧化苯甲酰含量的原理是什么？测定中应注意哪些问题？
3. 银盐法测定食品中砷含量的原理是什么？氯化亚锡的作用是什么？操作中应注意哪些问题？
4. 砷斑法测定食品中砷含量的原理是什么？样品如何消化？
5. 原子吸收分光光度法测定食品中铅含量的原理是什么？样品为什么要进行预处理？测定过程中应如何避免干扰？
6. 冷原子吸收法测定食品中汞含量的原理是什么？为什么有些试剂要现配？测定过程中应如何避免干扰？

第三章

糕点、糖果检验

培训学习目标 掌握测定糕点、糖果中丙酸钙含量的原理和操作方法；掌握比色法和原子吸收分光光度法测定糕点、糖果中锌、铜、铅、砷含量等的原理、操作方法；掌握仪器的使用方法以及测量条件的选择方法；掌握培养基的制备及糕点、糖果中致病菌的检验原理和操作方法。

第一节 糕点、糖果中丙酸钙含量的测定

糕点、糖果中丙酸钙含量的测定方法采用高效液相色谱法。此方法对糕点、糖果中丙酸钙的最低检出量为0.03g/kg。

1. 原理

样品酸化后，丙酸钙转化为丙酸，经水蒸气蒸馏或超声波水浴提取，收集后调pH值，经高效液相色谱分析，用外标法定量。

2. 仪器、试剂

（1）仪器

1）高效液相色谱仪：配有紫外检测器或二极管阵列检测器。

2）水蒸气蒸馏装置或超声波水浴。

3）pH值计。

（2）试剂

1）磷酸溶液(1mol/L)：在50mL水中加入53.5mL磷酸(85%，体积分数)，混匀后，加水至1000mL。

2）磷酸氢二铵溶液(1.5g/L)：称取磷酸氢二铵1.5g，加水溶解，定容至1000mL。

3）硅油。

4）丙酸标准储备液（10mg/mL）：准确称取250mg丙酸于25mL容量瓶中，加水至刻度，储存在4℃冰箱内，有效期3个月。

3. 操作步骤

（1）样品的制备　样品经组织捣碎机捣碎混匀后备用。

（2）样品的处理　准确称取5g（精确至0.01g）样品置于100mL烧杯中，加水20mL，加入1mol/L磷酸溶液0.5mL，混匀，经超声浸提10min后，用1mol/L磷酸溶液调pH值至3左右，转移试样至50mL容量瓶中，用水定容至刻度，摇匀。将样品全部转移至50mL带塞的塑料离心管中，以不低于4000r/min的转速离心10min，取上清液，经0.45μm微孔滤膜过滤后，待液相色谱测定。

（3）测定

1）高效液相色谱条件

色谱柱：C_{18}柱，4.6mm×250mm，5μm或等效色谱柱。

流动相：1.5g/L磷酸氢二铵，用1mol/L磷酸溶液调pH值至2.7～3.5（使用时配制），经0.45μm微孔滤膜过滤。

流速：1.0mL/min。

柱温：25℃。

进样量：20μL。

波长：214nm。

色谱柱清洗参考条件：试验结束后，用10%甲醇清洗1h，再用100%甲醇清洗1h。

2）标准曲线的绘制：准确吸取5.0mL标准储备液置于50mL容量瓶中，用水稀释至刻度，配制成浓度为1.0mg/mL标准工作液。再准确吸取标准工作液0.25mL，0.5mL，1.0mL，2.0mL，3.0mL，4.0mL，5.0mL分别置于10mL容量瓶中，再分别加入1mol/L磷酸溶液0.2mL，用水定容至10mL，混匀。其丙酸标准溶液的最终浓度分别为0.025mg/mL，0.05mg/mL，0.1mg/mL，0.2mg/mL，0.3mg/mL，0.4mg/mL，0.5mg/mL，经0.45μm微孔滤膜过滤，浓度由低到高进样，以浓度为横坐标，以峰面积为纵坐标，绘制标准曲线。

在上述色谱条件下，根据保留时间定性，以外标峰面积法定量。

待测样液中丙酸响应值应在标准曲线线性范围内，若超出浓度线性范围，则应稀释后再进样分析。

4. 结果计算

样品中丙酸钙含量（以丙酸计）的计算公式为

$$X = \frac{cV \times 1000}{m \times 1000} \times f$$

式中 X——样品中丙酸钙含量(以丙酸计，若以丙酸钙计，则乘以1.2569)(g/kg)；

c——由标准曲线得出的样液中丙酸含量(mg/mL)；

V——样液最后定容体积(mL)；

f——稀释倍数；

m——样品质量(g)。

在重复性条件下获得的两次平行测定结果的绝对差值不超过算术平均值的10%。测定结果用算术平均值表示，保留三位有效数字。

第二节 糕点、糖果中微量元素含量的测定

一、锌含量的测定

糕点、糖果中微量锌含量的测定方法主要有双硫腙比色法和原子吸收分光光度法。

1. 双硫腙比色法

（1）原理 样品经消化后，在pH=4.0~5.5时，锌离子与双硫腙形成紫红色配位化合物，溶于四氯化碳，加入硫代硫酸钠，防止铜、汞、铅、铋、银和镉等离子干扰，最后与标准系列比较定量。

（2）仪器与试剂

1）仪器：可见分光光度计。

2）试剂

① 2mol/L乙酸钠溶液：称取68g乙酸钠($CH_3COONa \cdot 3H_2O$)，加水溶解后稀释至250mL。

② 2mol/L乙酸：量取10.0mL冰乙酸，加水稀释至85mL。

③ 乙酸-乙酸盐缓冲液：2mol/L乙酸钠溶液与2mol/L乙酸等体积混合，此溶液pH值为4.7左右。用0.1g/L双硫腙-四氯化碳溶液萃取数次，每次10mL，除去其中的锌，至四氯化碳层绿色不变为止，弃去四氯化碳层，再用四氯化碳萃取乙酸-乙酸盐缓冲液中过剩的双硫腙，至四氯化碳层无色，弃去四氯化碳层。

④ 氨水(1+1)。

⑤ 2mol/L盐酸：量取10mL盐酸，加水稀释至60mL。

⑥ 0.02mol/L 盐酸：吸取 1mL 2mol/L 盐酸，加水稀释至 100mL。

⑦ 1g/L 酚红指示液：称取 0.1g 酚红，将其溶于 100mL 乙醇。

⑧ 200g/L 盐酸羟胺溶液：称取 20g 盐酸羟胺，加 60mL 水，滴加氨水(1+1)，调节其 pH 值至 4.0~5.5，用 0.1g/L 双硫腙-四氯化碳溶液萃取数次，每次 10mL，除去其中的锌，至四氯化碳层绿色不变为止，弃去四氯化碳层，再用四氯化碳萃取盐酸羟胺溶液中过剩的双硫腙，至四氯化碳层无色，弃去四氯化碳层。

⑨ 250g/L 硫代硫酸钠溶液：用 2mol/L 乙酸调节溶液 pH 值至 4.0~5.5，然后用 0.1g/L 双硫腙-四氯化碳溶液萃取数次，每次 10mL，除去其中的锌，至四氯化碳层绿色不变为止，弃去四氯化碳层，再用四氯化碳萃取溶液中过剩的双硫腙，至四氯化碳层无色，弃去四氯化碳层。

⑩ 0.1g/L 双硫腙-四氯化碳溶液。

⑪ 双硫腙使用液：吸取 1.0mL 0.1g/L 双硫腙-四氯化碳溶液，加四氯化碳至 10.0mL，混匀。用 1cm 比色皿，以四氯化碳调节零点，于波长 530nm 处测吸光度(A)。用下式计算出配制 100mL 双硫腙使用液(57% 透光率)所需 0.1g/L 双硫腙-四氯化碳溶液的体积(mL)。

$$V=\frac{10\times(2-\lg57)}{A}=\frac{2.44}{A}$$

⑫ 锌标准溶液：准确称取 0.1000g 锌，加 10mL 2mol/L 盐酸，溶解后移入 1000mL 容量瓶中，加水稀释至刻度，摇匀。此溶液每毫升相当于 100μg 锌。

⑬ 锌标准使用液：吸取 1.0mL 锌标准溶液，置于 100mL 容量瓶中，加 1mL 2mol/L 盐酸，加水稀释至刻度，摇匀。此溶液每毫升相当于 1μg 锌。

(3) 操作步骤

1) 样品的消化：称取 5.000g(或 10.000g)粉碎样品，置于 250~500mL 定氮瓶中，加少许水使之润湿，加数粒玻璃珠、10~15mL 硝酸，放置片刻，用小火缓缓加热，待作用缓和后，放置冷却。沿瓶壁加入 5mL(或 10mL)硫酸，再加热至瓶中液体开始变成棕色，然后不断沿瓶壁滴加硝酸至有机物分解完全，用大火加热，至产生白烟，溶液应无色或微黄色澄清透明，放置冷却。

向上述溶液中加 20mL 水，煮沸，除去残余的硝酸，至产生白烟为止。如此处理 2 次，放置冷却，然后移入 50mL(或 100mL)容量瓶中，用水洗涤定氮瓶，将洗液并入容量瓶中，冷却后加水稀释至刻度，摇匀。此溶液 10mL 相当于 1g 样品，相当于加入硫酸量 1mL。

取与消化样品用量相同的硝酸、硫酸，按同一方法做试剂空白试验。

2) 测定：吸取 5.0~10.0mL 样品消化液和相同量的试剂空白液，分别置于 125mL 分液漏斗中，加 5mL 水、0.5mL 200g/L 盐酸羟胺溶液，摇匀，再加 2 滴

1g/L 酚红指示液，用氨水(1+1) 调节至红色，再多加2 滴，然后加5mL 0.1g/L 双硫腙-四氯化碳溶液，剧烈振摇2min，静置分层。将四氯化碳层移入另一支分液漏斗中，水层再用少量双硫腙-四氯化碳溶液振摇萃取，每次2~3mL，直至双硫腙-四氯化碳溶液绿色不变为止。合并萃取液，用5mL 水洗涤，四氯化碳层用0.02mol/L 盐酸萃取2 次，每次10mL，萃取时剧烈振摇2min，合并0.02mol/L 盐酸萃取液，并用少量四氯化碳洗去残留的双硫腙。

吸取0.0mL、1.0mL、2.0mL、3.0mL、4.0mL、5.0mL 锌标准使用液(相当0.0μg、1.0μg、2.0μg、3.0μg、4.0μg、5.0μg 锌)，分别置于125mL 分液漏斗中，各加0.02mol/L 盐酸至20mL。向样品萃取液、试剂空白液及锌标准溶液各分液漏斗中加10mL 乙酸-乙酸盐缓冲液、1mL 250g/L 硫代硫酸钠溶液，摇匀，再各加入10.0mL 双硫腙使用液，剧烈振摇2min。静置分层后，经脱脂棉将四氯化碳层滤入1cm 比色皿中，以零管调节零点，于波长530nm 处测吸光度，绘制标准曲线进行比较。

(4) 结果计算　样品中锌含量的计算公式为

$$X=\frac{(m_1-m_0)\times 1000}{m\times\frac{V_2}{V_1}\times 1000}$$

式中　X——样品中锌的含量(mg/kg)；

m_1——测定用样品消化液中锌的质量(μg)；

m_0——试剂空白液中锌的质量(μg)；

m——样品质量(g)；

V_1——样品消化液的总体积(mL)；

V_2——测定用消化液的体积(mL)。

2. 双硫腙比色法(一次萃取)

(1) 原理　同方法1。

(2) 仪器与试剂

1) 仪器：可见分光光度计。

2) 试剂

① 乙酸-乙酸盐缓冲液(同方法1)。

② 250g/L 硫代硫酸钠溶液(同方法1)。

③ 0.1g/L 双硫腙-四氯化碳溶液。

④ 1g/L 甲基橙指示液：称取0.1g 甲基橙，溶于100mL 乙醇。

⑤ 氨水。

⑥ 锌标准使用液(同方法1)。

(3) 操作步骤

1）样品的消化（同方法1）。

2）测定：吸取5.0~10.0mL样品消化液和相同量的试剂空白液，分别置于125mL分液漏斗中，加水至10mL。

吸取0.0mL、1.0mL、2.0mL、3.0mL、4.0mL、5.0mL锌标准使用液（相当于0.0μg、1.0μg、2.0μg、3.0μg、4.0μg、5.0μg锌），分别置于125mL分液漏斗中，各加水至10mL。

向样品消化液、试剂空白液及锌标准液中各加1滴甲基橙指示液，用氨水调至由红变黄，再各加5mL乙酸-乙酸盐缓冲液及1mL 250g/L硫代硫酸钠溶液混匀后，各加10.0mL 0.1g/L双硫腙-四氯化碳溶液，剧烈振摇4min，静置分层，收集四氯化碳层于1cm比色皿中，以零管调节零点，于530nm处测吸光度，绘制标准曲线进行比较。

（4）结果计算　同方法1。

3. 原子吸收分光光度法

（1）原理　样品经处理后，导入原子吸收分光光度计中，原子化以后，吸收波为213.8nm的共振线，其吸收值与锌含量成正比，与标准系列比较定量。

（2）仪器与试剂

1）仪器：原子吸收分光光度计。

2）试剂：要求使用去离子水，优级纯或高级纯试剂。

① 1mol/L盐酸：量取10mL盐酸，加水稀释至120mL。

② 混合酸：硝酸和高氯酸按3∶1混合。

③ 锌标准溶液：准确称取0.5000g金属锌（质量分数不应小于99.99%），溶于10mL盐酸中，然后在水浴上蒸发至近干，用少量水溶解后移入1000mL容量瓶中，以水稀释至刻度，储存于聚乙烯瓶中。此溶液每毫升相当于0.5mg锌。

④ 锌标准使用液：吸取10.0mL锌标准溶液，置于50mL容量瓶中，以盐酸溶液（1+11）稀释至刻度。此溶液每毫升相当于100μg锌。

（3）操作步骤

1）样品的处理：称取5.0~10.0g样品置于50mL瓷坩埚中，用小火炭化，然后移入高温炉中，在500℃以下灰化约8h后，从坩埚中取出，放冷后再加少量混合酸，用小火加热，不使其干涸，必要时再加少许混合酸，如此反复处理，直至残渣中无炭粒。待坩埚稍冷，加10mL 1mol/L盐酸，溶解残渣并移入50mL容量瓶中，再用1mol/L盐酸反复洗涤坩埚，将洗液并入容量瓶中，并稀释至刻度，混匀备用。

取与处理样品用量相同的混合酸和1mol/L盐酸，按同一操作方法做试剂空白试验。

2）测定：吸取0.00mL、0.10mL、0.20mL、0.40mL、0.80mL锌标准使用液（相当于0.0μg、10.0μg、20.0μg、40.0μg、80.0μg锌），分别置于50mL容量瓶中，以盐酸(1+11)稀释至刻度，混匀。

将处理后的样品溶液、试剂空白液和各容量瓶中锌标准液分别导入火焰进行测定。测定条件：灯电流为6mA，波长为213.8nm，狭缝宽度为0.38nm，空气流量为10L/min，乙炔流量为2.3L/min，灯头高度为3mm，氘灯背景校正（也可根据仪器型号，调至最佳条件），以锌含量对应吸光度，绘制标准曲线进行比较。

（4）结果计算　样品中锌含量的计算公式为

$$X=\frac{(c-c_0)V\times1000}{m\times1000}$$

式中　X——样品中锌的含量（mg/kg）；

c——测定用样品液中锌的含量（μg/mL）；

c_0——试剂空白液中锌的含量（μg/mL）；

m——样品质量（g）；

V——样品处理液的总体积（mL）。

（5）注意事项

1）在制备锌标准溶液的过程中，将高纯度锌溶于盐酸溶液时，要用表面皿盖在烧杯口，以防止产生的氢气使溶液飞溅而造成损失。反应后，要用水洗涤表面皿，并将洗液并入容量瓶中。

2）所用的蒸馏水、试剂、玻璃器皿都可能被锌污染，因此每次试验时都应使空白值达到稳定，然后才能进行标准曲线和样品溶液的测定。分析过程中必须使用去离子水（电阻大于$8\times10^5\Omega$），所用的仪器应用硝酸(1+5)浸泡过夜，再用水反复冲洗，最后用去离子水冲洗干净。

3）样品用干法灰化处理测得的锌含量低于湿法处理。分析过程中锌的损失程度与样品的性质、锌的形态及阴离子有密切关系。

4）该方法测定锌的最低检出量为0.4mg/kg，允许的相对误差小于10%，适用于测定食品中锌的含量。

二、铜含量的测定

测定糕点、糖果中微量铜的方法主要有二乙基二硫代氨基甲酸钠法和原子吸收分光光度法。

1. 二乙基二硫代氨基甲酸钠法

（1）原理　样品经消化后，在碱性溶液中，样品中的铜离子与二乙基二硫代氨基甲酸钠生成棕黄色配位化合物，溶于四氯化碳，与标准系列比较定量。

（2）仪器与试剂

1）仪器：可见分光光度计。

2）试剂

① 柠檬酸铵-乙二胺四乙酸二钠溶液：称取20g柠檬酸铵和5g乙二胺四乙酸二钠溶于水中，加水稀释至100mL。

② 硝酸溶液(1+199)：量取0.5mL硝酸，倒入99.5mL水中，混匀。

③ 氨水(1+1)。

④ 1g/L酚红指示液：称取0.1g酚红，溶于100mL乙醇。

⑤ 铜试剂溶液：1g/L二乙基二硫代氨基甲酸钠[$(C_2H_5)_2NCS_2Na\cdot 3H_2O$]溶液，必要时可过滤，储存于冰箱中。

⑥ 四氯化碳。

⑦ 6mol/L硝酸：量取60mL硝酸，加水稀释至160mL。

⑧ 铜标准溶液：准确称取1.0000g金属铜(质量分数为99.99%)，分次加入6mol/L硝酸溶解，总量不超过37mL，移入1000mL容量瓶中，用水稀释至刻度。此溶液每毫升相当于1mg铜。

⑨ 铜标准使用液：吸取1.00mL铜标准溶液，置于100mL容量瓶中，加硝酸(1+199)稀释至刻度。此溶液每毫升相当于10μg铜。

（3）操作步骤

1）样品的消化：称取5.0~10.0g样品置于50mL瓷坩埚中，加5mL硝酸，放置0.5h，用小火蒸干，继续加热炭化，然后移入高温炉中，500℃±25℃灰化1h后，取出坩埚，放冷后再加1mL硝酸，用小火蒸干，再移入高温炉中，500℃灰化0.5h，冷却后取出，加1mL硝酸溶液(1+4)溶解残渣4次，移入100mL容量瓶中，加水稀释至刻度，混匀备用。

取与处理样品用相同量的硝酸，按同一操作方法做试剂空白试验。

2）测定：吸取10.0mL消化后的定容溶液和同量的试剂空白液，分别置于125mL分液漏斗中，加水稀释至20mL。吸取0.00mL、0.50mL、1.00mL、1.50mL、2.00mL、2.50mL铜标准使用液(相当于0.0μg、5.0μg、10.0μg、15.0μg、20.0μg、25.0μg铜)，分别置于125mL分液漏斗中，各加2mol/L硫酸至20mL。

于样品消化液、试剂空白液和铜标准液中，各加5mL柠檬酸铵-乙二胺四乙酸二钠溶液和3滴酚红指示液，混匀，用氨水(1+1)调至红色，然后各加2mL铜试剂溶液和10.0mL四氯化碳，剧烈振摇2min，静置分层后，四氯化碳层经脱脂棉滤入2cm比色杯中，以零管调节零点，于波长440nm处测吸光度，绘制标准曲线进行比较。

（4）结果计算　样品中铜含量的计算公式为

$$X=\frac{(m_1-m_0)\times 1000}{m\times \frac{V_2}{V_1}\times 1000}$$

式中 X——样品中铜的含量(mg/kg)；

m_1——测定用样品消化液中铜的质量(μg)；

m_0——试剂空白液中铜的质量(μg)；

m——样品质量(g)；

V_1——样品消化液的总体积(mL)；

V_2——测定用样品消化液的体积(mL)。

2. 原子吸收分光光度法

（1）原理 样品处理后，导入原子吸收分光光度计中，原子化以后，吸收波长为324.8nm的共振线，其吸收量与铜含量成正比，与标准系列比较定量。

（2）仪器与试剂

1）仪器：原子吸收分光光度计。

2）试剂：要求使用去离子水，优级纯或高级纯试剂。

（3）操作步骤

1）样品的处理(同方法1）。

2）测定：吸取0.0mL、1.0mL、2.0mL、4.0mL、6.0mL、8.0mL铜标准使用液(相当于0.0μg、10.0μg、20.0μg、40.0μg、60.0μg、80.0μg铜)，分别置于100mL容量瓶中，加硝酸溶液(1+199）稀释至刻度，混匀。

将处理后的样品溶液、试剂空白液和各容量瓶中铜标准液分别导入火焰进行测定。测定条件：灯电流为6mA，波长为324.8nm，狭缝宽度为0.19nm，空气流量为9L/min，乙炔流量为2L/min，灯头高度为3mm，氘灯背景校正(也可根据仪器型号，调至最佳条件)，以铜含量对应吸光度，绘制标准曲线进行比较。

（4）结果计算 样品中铜含量的计算公式为

$$X=\frac{(c-c_0)V\times 1000}{m\times 1000}$$

式中 X——样品中铜的含量(mg/kg)；

c——测定用样品中铜的质量浓度(μg/mL)；

c_0——试剂空白液中铜的质量浓度(μg/mL)；

V——样品处理后的总体积(mL)；

m——样品质量(g)。

三、铅含量的测定

测定糕点、糖果中微量铅含量的方法有双硫腙比色法和原子吸收分光光度法。

1. 双硫腙比色法

同第二章第四节中铅的测定方法1。

2. 原子吸收分光光度法

(1) 原理　同第二章第四节中铅的测定方法2。

(2) 仪器与试剂　同第二章第四节中铅的测定方法2。

(3) 操作步骤

1) 样品的处理：取可食部分充分混匀，称取5～10g(精确到0.01g)置于瓷坩埚中，用小火炭化，然后移入电阻炉中，在500℃以下灰化16h后，从坩埚中取出，放冷后再加少量混合酸，用小火加热，不使其干涸，必要时再加少许混合酸。如此反复处理，直至残渣中无炭粒，待坩埚稍冷，加10mL盐酸溶液(1+11)，溶解残渣并移入50mL容量瓶中，再用水反复洗涤坩埚，将洗液并入容量瓶中，并稀释至刻度，混匀备用。取与试样相同量的混合酸和盐酸溶液(1+11)，按同一操作方法做试剂空白试验。

2) 测定：同第二章第四节中铅的测定方法2。

(4) 结果计算　同第二章第四节中铅的计算方法2。

四、砷含量的测定

测定糕点、糖果中微量砷的方法有银盐法和砷斑法。

1. 砷斑法

同第二章第四节中砷的测定方法1。

2. 银盐法

同第二章第四节中砷的测定方法2。

第三节　糕点、糖果中致病菌的检验

糕点、糖果中致病菌的种类繁多，特性各异，但常见的致病菌有沙门氏菌、志贺氏菌、葡萄球菌和溶血性链球菌等。因此，本节主要介绍这几种常见致病菌的检验方法。这些检验方法同样也适用于乳及乳制品、饮料、罐头食品、肉蛋及其制品、调味品、酱腌制品中致病菌的检验，后面章节中就不再介绍。

一、沙门氏菌的检验

沙门氏菌属是肠道杆菌科中最重要的病原菌属，是引起人类和动物发病及食物中毒的主要病原菌。

沙门氏菌属的形态特征是：革兰氏阴性杆菌，无芽孢，无荚膜，大多数有动力，周生鞭毛。其生化反应特征是：吲哚、尿素分解及V·P试验均呈阴性，发酵葡萄糖产酸、产气，产生H_2S，不分解蔗糖和水杨素，不利用丙二酸钠，不液化明胶，且在含有氰化钾的培养基内不能生长，使赖氨酸、精氨酸、鸟氨酸脱羧基，在普通培养基上形成中等大小、无色透明、表面光滑的菌落，菌落边缘整齐或呈锯齿形。不分解乳糖，在肠道鉴别培养基上形成无色菌落。

沙门氏菌在水中能存活2~3周，在粪便中可存活1~2个月，在冰冻土壤中可过冬，对热抵抗力不强，60℃处理15min即可将其杀死，5%（质量分数）苯酚或1∶500升汞水处理5min即可将其杀死。胆盐、煌绿及其他染料对本属细菌的抑制作用较其他肠道杆菌小，用这些染料制备肠道选择性培养基，有利于分离沙门氏菌。

糕点、糖果中沙门氏菌的含量较少，常常由于加工过程使其受到损伤而处于濒死状态。为了分离糖果、糕点中的沙门氏菌，必须进行增菌处理，用无选择性的培养基使处于濒死状态的沙门氏菌恢复活力，再进行选择性增菌，即增殖沙门氏菌，而抑制大多数其他细菌。

检验沙门氏菌有5个基本步骤：前增菌、选择性增菌、选择性平板分离、生化鉴定试验和血清学分型鉴定。

1. 设备与材料

1）紫外光灯：波长366nm，功率大于或等于6W。

2）放大镜：3~4倍放大能力。

3）毛细滴管。

2. 培养基与试剂

（1）缓冲蛋白胨水　成分如下：

蛋白胨	10.0g	氯化钠	5.0g
磷酸氢二钠	9.0g	磷酸二氢钾	1.5g
蒸馏水（pH=7.2）	1000mL		

制法：将各成分配好后，装入大烧杯中，于121℃高压灭菌15min，备用。临用时，在无菌条件下每瓶分装225mL，供沙门氏菌前增菌使用。

（2）氯化镁孔雀绿（MM）增菌液　成分如下：

甲液：	胰蛋白胨	5.0g	氯化钠	8.0g
	磷酸二氢钾	1.6g	蒸馏水	1000mL
乙液：	氯化镁（化学纯）	40.0g	蒸馏水	100mL

丙液：40g/L 孔雀绿水溶液

制法：将各成分配好后，于121℃高压灭菌15min，备用。临用时，取甲液90mL、乙液9mL、丙液0.9mL，在无菌条件下混合即可。

（3）四硫磺酸钠煌绿（TTB）增菌液　成分如下：

多胨或胨胨	5.0g	胆盐	1.0g
碳酸钙	10.0g	硫代硫酸钠	30.0g
蒸馏水	1000mL		

制法：将各成分加入蒸馏水中，加热溶解，每瓶分装100mL，再加2mL碘液（6g碘+5g碘化钾+20mL蒸馏水）和1mL 1g/L煌绿溶液。

（4）亚硒酸盐胱氨酸（SC）增菌液　成分如下：

蛋白胨	5.0g	乳糖	4.0g
亚硒酸氢钠	4.0g	磷酸氢二钠	5.5g
磷酸二氢钾	4.5g	L-胱氨酸	0.01g
蒸馏水	1000mL		

制法：将除亚硒酸氢钠和L-胱氨酸以外的所有成分溶解于900mL蒸馏水中，加热煮沸后冷却。另将亚硒酸氢钠溶解于100mL蒸馏水中，加热煮沸后冷却。在无菌条件下将两种溶液混合，再加入1mL 10g/L L-胱氨酸的氢氧化钠溶液（0.1g L-胱氨酸+1.5mL 1mol/L氢氧化钠溶液+8.5mL蒸馏水），混匀，然后每瓶分装100mL，此时溶液pH值应为7.0±0.1。

（5）SS琼脂培养基［含1%（质量分数）蔗糖］　成分如下：

牛肉浸膏	5.0g	蛋白胨	5.0g
乳糖	10.0g	蔗糖	10.0g
胆盐	8.5g	柠檬酸钠	8.5g
硫代硫酸钠	1.0g	柠檬酸亚铁	1.0g
煌绿	1.0g	中性红	0.025g
琼脂	13.5g	蒸馏水	1000mL

制法：将各成分溶于水，煮沸4～5min，最终溶液pH=7.0±0.2，冷却至55～66℃，倾注平板。

（6）HE琼脂培养基　成分如下：

蛋白胨	12.0g	酵母浸出物	3.0g
乳糖	12.0g	蔗糖	12.0g
水杨素	2.0g	混合胆盐	9.0g

氯化钠	5.0g	硫代硫酸钠	5.0g
柠檬酸铁铵	1.5g	溴麝香草酚蓝	0.065g
酸性复红	0.1g	琼脂	14.0g
蒸馏水	1000mL		

制法：将各成分溶于水，煮沸4～5min，最终溶液pH=7.5±0.2，冷却至55～60℃，倾注于平板。

（7）MUCAP试剂 用4-甲基伞形酮辛酯配成的试剂的缩写。按生产者提供的使用说明制备工作稀释液，储存于4℃冰箱中，备用。

（8）氧化酶试纸

1）氧化酶试液：甲液为1%（质量分数）α-萘酚乙醇溶液；乙液为1%（质量分数）二甲基对苯二胺草酸盐水溶液。

2）氧化酶试纸：先将甲液与乙液等量混合，然后取定性滤纸，浸透混合液后，于70～80℃烘箱烘干，剪成适当大小的纸条，密封于塑料袋或瓶中，储存于4℃冰箱中，备用。

（9）三糖铁琼脂培养基 成分如下：

牛肉浸膏	5.0g	蛋白胨	20.0g
乳糖	10.0g	蔗糖	10.0g
葡萄糖	1.0g	氯化钠	5.0g
硫代硫酸钠	0.2g	硫酸亚铁铵	0.2g
琼脂	12.0g	酚红	0.025g
蒸馏水（pH=7.4）	1000mL		

制法：将除琼脂和酚红以外的各成分溶解于蒸馏水中，调节pH值，加入琼脂，加热熔化后，再加入12.5mL 2g/L酚红水溶液，混匀，然后分装于小试管中，于121℃高压灭菌15min，摆高层斜面备用。

3. 沙门氏菌的检验程序（见图3-1）

4. 操作步骤

（1）前增菌 将样品用均质器以8000～10000r/min的转速打碎1min，或用乳钵和灭菌砂磨碎。称取25g打碎样品，置于装有225mL缓冲蛋白胨水的300mL锥形瓶内，于（36±1）℃培养4h。从中吸取10mL，转种于100mL氯化镁孔雀绿增菌液或四硫磺酸钠煌绿增菌液中，于42℃培养18～24h。同时另取10mL，转种于100mL亚硒酸盐胱氨酸增菌液中，于（36±1）℃培养18～24h。

（2）分离培养 将增菌培养液摇匀，挑取一接种环，划线接种于SS和HE琼脂培养基各一个，于（36±1）℃培养22～26h。

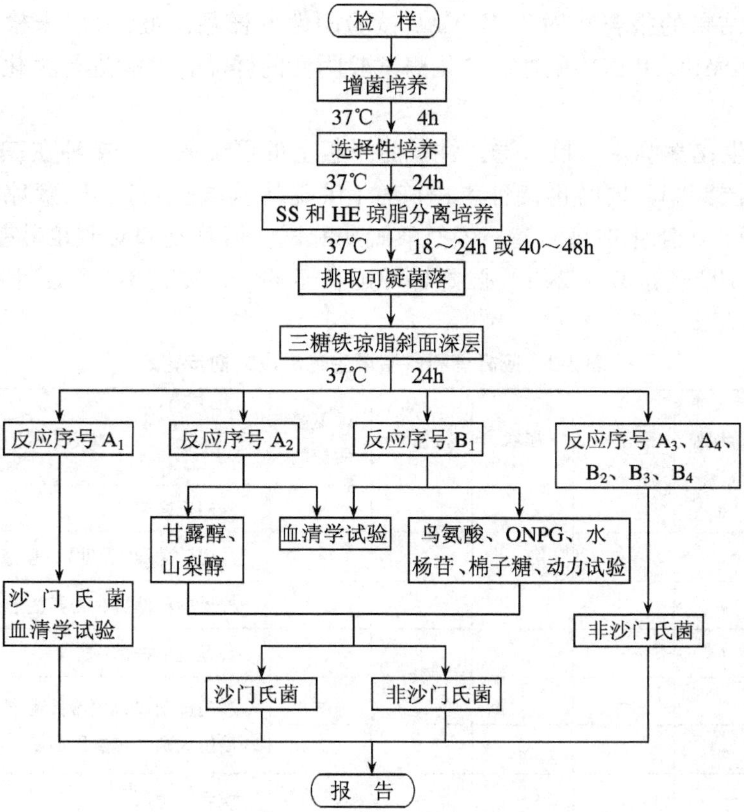

图 3-1　沙门氏菌的检验程序

观察各琼脂平板上有无可疑沙门氏菌菌落，若无可疑菌落，则应再继续培养 22 ~ 26h。沙门氏菌的菌落特征见表 3-1。

表 3-1　沙门氏菌的菌落特征

SS 平板	HE 平板
圆形，边缘整齐；淡黄色，半透明，有或无黑色中心；周围培养基为透明淡黄色	圆形，边缘整齐；蓝绿色至蓝色，有或无黑色中心；周围培养基为透明墨绿色

（3）测定　从培养的分离培养基上选可疑沙门氏菌菌落（尽量选较大、分离较好的单个菌落），用玻璃笔做好标记并编号。

用毛细滴管吸取 MUCAP 试剂，加一滴于编号的菌落上。待一个平板的被检菌落全部滴加试剂后，将平板拿到 366nm 紫外光灯下检视，发蓝色荧光的为 MUCAP 试验阳性，将阳性菌落号记录下来。

用接种环挑取荧光反应阳性菌落，涂于氧化酶试纸上，观察涂菌点是否变蓝色。在10min内变蓝色的为氧化酶试验阳性，不变色的为阴性。

（4）结果的报告　对于MUCAP试验阴性的样品，报告为“未检出沙门氏菌”；对于MUCAP试验阳性、氧化酶试验阴性的样品，继续进行生化和血清学试验。

（5）生化学鉴定　挑取选择性琼脂平板上的可疑菌落，接种在三糖铁琼脂斜面和底层穿刺。同时再接种蛋白胨水（供靛基质试验用）、尿素琼脂培养基（pH＝7.2）、氰化钾培养基、赖氨酸脱羧酶试验培养基和对照培养基各1管，于(36±1)℃培养18～24h，必要时可延长至48h。按表3-2判断生化反应结果。

表3-2　肠杆菌科各菌属生化反应的初步鉴定

反应序号	硫化氢	靛基质	尿素	氰化钾	赖氨酸脱羧酶	判定菌属
A_1	+	-	-	-	+	沙门氏菌属
A_2	+	+	-	-	+	沙门氏菌属(少见)，爱德华氏菌属
A_3	+	-	+	+	-	柠檬酸杆菌属，奇异变形杆菌
A_4	+	+	+	+	-	普通变形杆菌
B_1	-	-	-	-	+	沙门氏菌属，埃希氏菌属，甲型副伤寒沙门氏菌，志贺氏菌属
	-	-	-	-	-	
B_2	-	+	-	-	+	埃希氏菌属
	-	+	-	-	-	埃希氏菌属，志贺氏菌属
B_3	-	-	+/-	+	+	克雷伯氏菌属
	-	-	+	+	-	阴沟肠杆菌，柠檬酸杆菌属
B_4	-	+	+/-	+	-	莫尔根氏菌属，普罗菲登斯菌属

注：“+”表示阳性，“-”表示阴性，“+/-”表示多数阳性、少数阴性。

反应结果与反应序号为A_1、A_2及B_1相同的，可能是沙门氏菌属；反应结果为其他的，均可排除；反应结果与A_1相同的，可判定为典型的沙门氏菌属。

在尿素琼脂培养基、氰化钾培养基和赖氨酸脱羧酶试验中，若有1项异常，则仍可判定为沙门氏菌属；若有两项异常，则反应结果与A_3相同，判定为枸橼酸杆菌属。

反应结果与A_2相同的，可先做血清学鉴定。当A～F多价血清不凝集时，补做甘露醇和山梨醇鉴定，然后按表3-3判断结果。

反应结果与B_1相同的，三糖铁斜面产酸的菌株可首先排除，不产酸的菌株可先做血清学鉴定，当 A～F 多价血清不凝集时，补做鸟氨酸、ONPG、水杨苷、棉子糖及半固体动力试验，然后按表 3-4 判断结果。

表 3-3　甘露醇和山梨醇鉴定

甘露醇	山梨醇	判定结果
+	+	沙门氏菌属靛基质阳性变化(要求血清学鉴定结果)
-	-	爱德华氏菌属

注：“+”表示阳性，“-”表示阴性。

表 3-4　鸟氨酸、ONPG、水杨苷、棉子糖及半固体动力试验

赖氨酸	鸟氨酸	ONPG	水杨苷	棉子糖	半固体动力	判定结果
+	+	-	-	-	+	沙门氏菌属
-	-	-	-	-	-	志贺氏菌属
-	+	+	-	-	-	宋内氏志贺氏菌
d	d	d	d	d	d	埃希氏菌属

注：“+”表示阳性，“-”表示阴性，“d”表示有不同反应。

（6）血清学分型鉴定

1）抗原的准备：一般采用 1.5%（质量分数）琼脂斜面培养物做玻片凝集试验用的抗原。

血清不凝集时，将菌株接种到琼脂量高（质量分数为 2.5%～3.0%）的培养基上再检查。若是由于存在 V 抗原而阻止了凝集反应，则可挑取菌苔置于 1mL 生理盐水中，制成浓菌液，在酒精灯火焰上煮沸后再检查。

当 H 抗原发育不良时，可将菌株接种到 0.7%～0.8%（质量分数）的半固体琼脂平板的中央，使菌落蔓延生长，在其边缘部分取菌检查，或将菌株通过装有 0.3%～0.4%（质量分数）的半固体琼脂的小玻管 1～2 次，自远端取菌培养后再检查。

2）抗原的鉴定：先用 A～F 多价血清做玻片凝集试验，同时用生理盐水作为对照。在生理盐水中自凝集的为粗糙型菌株，不能分型。

凡 A～F 多价血清呈凝集的，可依次用 O 因子血清进行凝集试验，根据结果判定 O 群。若不被 A～F 多价 O 因子血清凝集，则可用 57 种或 163 种沙门氏菌因子血清中的 7 种多价血清检查。若有其中一种血清凝固，则用这种血清包括的 O 群血清逐一检查，以确定 O 群。

每种多价 O 血清所包括的 O 因子如下：

O 多价 1　A，B，C，D，E，F，群（并包括 6，14 群）

O 多价 2　13，16，17，18，21 群

O 多价 3　28，30，35，38，39 群

O 多价 4　40，41，42，43 群

O多价5 44，45，47，48群

O多价6 50，51，52，53群

O多价7 55，56，57，58群

O多价8 59，60，61，62群

O多价9 63，65，66，67群

3）H抗原的鉴定：根据所确定的O群，依次用表3-5所述的H因子血清检查第1相和第2相的H抗原。

对不常见的菌型，可先用163种沙门氏菌因子血清中的8种多价H血清检查。若其中某种多价血清凝集，则再用这种血清所包括的H因子血清逐一检查，以确定第1相和第2相的H抗原。

8种多价H血清所包括的H因子如下：

H多价1 a，b，c，d，i

H多价2 eh，enx，enz_{15}，fg，gms，gpu，gp，gq，mt，gz_{51}

H多价3 k，r，y，z，z_{10}，lv，lw，lz_{13}，lz_{28}，lz_{40}

H多价4 1，2；1，5；1，6；1，7；z_6

H多价5 z_4z_{23}，z_4z_{24}，z_4z_{32}，z_{29}，z_{35}，z_{36}，z_{38}

H多价6 z_{39}，z_{41}，z_{42}，z_{44}

H多价7 z_{52}，z_{53}，z_{54}，z_{55}

H多价8 z_{56}，z_{57}，z_{60}，z_{61}，z_{62}

无单因子血清时，要用2个H复合因子血清核对其检查的结果。如果仅检出第1相和第2相，那么可在琼脂斜面上连续接种1～2代后再检查。若为任意一相，则要用位相变异的方法检查另一相的H抗原。

表3-5 A～F群常见菌型H抗原

O群	第1相	第2相
A	a	无
B	a, f, s	无
B	i, b, d	2
C1	k, v, r, c	5Z15
C2	b, d, r	2, 5
D(不产气的)	d	无
D(产气的)	g, m, p, q	无
E1	h, v	6, w, x
E4	g, s, t	无
E4	i	无

常用位相变异试验法如下：

① 小试管法：将两端开口的小试管(下端开口要留一缺口，不要平齐)放在

半固体琼脂培养基管内，小试管的上端应高出培养基表面，灭菌后备用。熔化琼脂，冷却至50℃，挑取已知H因子血清1环，涂于套管中的琼脂表面，在37℃下培养，注意每日观察。另一相解离后可由套管外的半固体琼脂表面取菌检查。

② U形管法：向0.4%（质量分数）琼脂培养基中加入适量血清，装入灭菌U形管内，在管口处塞上棉塞，凝固后由一端接种细菌，培养后，再由另一端取菌检查。

③ 简易平板法：将0.7%~0.8%（质量分数）半固体琼脂平板的表面水分烘干，挑取H因子血清1环，滴在半固体琼脂平板表面，放置片刻，待血清吸收到琼脂内，在血清部位的中央点种待检细菌，培养后，在形成蔓延生长的菌苔边缘取菌检查。

4）Vi抗原的鉴定：用Vi因子血清检查。已知具有Vi抗原的菌型有伤寒沙门氏菌、丙型副伤寒沙门氏菌、都柏林沙门氏菌。

（7）菌型的判断　综合生化试验和血清学分型鉴定的结果，按照沙门氏菌属抗原表判定菌型，并报告结果。

5. 注意事项

1）沙门氏菌为需氧的革兰氏芽孢杆菌，有周鞭毛（但存在无动力的变种），能在普通培养基上生长良好，最适温度为37℃，最适pH值为7.2~7.6。在固体培养基上于37℃下培养24h，菌落呈中等大小，光滑、圆润、隆起；在液体培养基内生长，均匀浑浊。

2）当由于Vi抗原存在而阻止O凝集时，可用生理盐水将菌苔制成浓菌液，煮沸后再检查。

二、志贺氏菌的检验

志贺氏菌属是无鞭毛、无芽孢的革兰氏阴性杆菌，可引起细菌性痢疾，是一种常见的肠道传染病菌。

志贺氏菌属的形态特征为：革兰氏阴性杆菌，长2~3μm，宽0.5~0.7μm，无芽孢，无荚膜，无鞭毛，不运动，有菌毛。

志贺氏菌属的培养和生化反应特征是需氧或兼性厌氧，营养要求不高，能在普通培养基上生长，形成中等大小半透明的光滑型菌落。宋内氏痢疾杆菌菌落透明度差，常出现扁平的粗糙菌落。大多数痢疾杆菌不分解乳糖（宋内氏痢疾杆菌迟缓发酵乳糖），在肠道鉴别培养基上，培养24h，形成无色菌落。痢疾杆菌不产生H_2S，分解葡萄糖产酸不产气，V·P试验阴性，不分解尿素，不产生赖氨酸脱羧酶，不能利用柠檬酸盐作为碳源，不利用柠檬酸盐和丙二酸盐，可被氰化钾所抑制。

志贺氏菌属的细菌与沙门氏菌及其他肠道杆菌相比，对理化因素抵抗力较低，对酸较敏感，必须使用含有缓冲剂的培养基。含有高浓度胆汁的培养基能抑制某些痢疾菌株生长。日光直接照射30min或50~60℃处理10min即可将其杀死，1%(质量分数)苯酚中处理15~30min也可将其杀死。其在适当湿度时能耐低温，在冰块中可存活三个月左右。

志贺氏菌在食品中的存活时间较短，在检验时无理想的增菌方法。

1. 设备与材料

1）培养皿：皿底直径为9cm。

2）均质机或乳钵。

3）接种针和接种环。

4）显微镜。

5）培养箱。

2. 培养基与试剂

（1）GN增菌液 成分如下：

胰蛋白胨	20g	葡萄糖	1g
甘露醇	2g	柠檬酸钠	5g
去氧胆酸钠	0.5g	磷酸氢二钾	4g
磷酸二氢钾	1.5g	氯化钠	5g
蒸馏水	1000mL		

制法：将各成分混合后，加热溶解，调节溶液pH值为7.0，分装，每瓶225mL，于121℃高压下灭菌15min。

（2）HE琼脂平板 同本节沙门氏菌的检验。

（3）SS琼脂培养基 同本节沙门氏菌的检验。

（4）三糖铁琼脂 同本节沙门氏菌的检验。

（5）麦康凯琼脂 成分如下：

蛋白胨	17g	脲胨	3g
猪(牛、羊)胆盐	5g	氯化钠	5g
琼脂	17g	蒸馏水	1000mL
结晶紫水溶液(0.1g/L)	10mL	乳糖	10g
中性红水溶液(5g/L)	5mL		

制法：将蛋白胨、脲胨、胆盐和氯化钠溶解于400mL蒸馏水中，调节pH值为7.2。将琼脂加入600mL蒸馏水中，加热溶解。将两液合并，分装于烧瓶中，于121℃高压下灭菌15min，备用。

（6）氰化钾培养基 成分如下：

蛋白胨	10g	氯化钠	5g
磷酸二氢钾	0.225g	磷酸氢二钠	5.64g
蒸馏水	1000mL	氰化钾溶液(5g/L)	20mL

制法：将除氰化钾外的各成分混合溶解，调节其 pH 值至 7.6 后分装于烧瓶中，121℃高压灭菌 15min，然后放入冰箱内充分冷却。每 100mL 培养基加入 2.0mL 氰化钾溶液，分装于 ϕ12mm × 100mm 灭菌管内，每管约 4mL，立即用灭菌橡胶塞塞紧，放在 4℃冰箱内保存。同时，将不加氰化钾的培养基作为对照培养基，分装于试管中备用。

(7) 氨基酸脱羧酶试验培养基　成分如下：

蛋白胨	5g
酵母浸膏	3g
葡萄糖	1g
蒸馏水	1000mL
溴甲酚紫乙醇溶液(16g/L)	1mL
L-氨基酸或 DL-氨基酸	5g 或 10g

制法：将除氨基酸外的各成分加热溶解，分装，每瓶 100mL，分别加入各种氨基酸[赖氨酸、精氨酸、鸟氨酸(L-氨基酸按 5g/L 加入，DL-氨基酸按 10g/L 加入)]，调节其 pH 值至 6.8(对照培养基不加氨基酸)。将溶液分装于灭菌小试管中，每管 0.5mL，上面滴加一层液状石蜡，于 115℃高压灭菌 10min。

(8) 伊红美蓝琼脂(EMB)　成分如下：

蛋白胨	10g	乳糖	10g
磷酸氢二钾	2g	琼脂	17g
伊红 Y 溶液(20g/L)	20mL		
美蓝溶液(5g/L)	10 ~ 13mL		
蒸馏水	1000mL		

制法：将蛋白胨、磷酸盐、琼脂溶解在蒸馏水中，调节其 pH 值至 7.1，分装于烧瓶内，于 121℃高压灭菌 15min 后备用。临用时，加入乳糖，加热熔化琼脂，冷却至 50 ~ 55℃，加入伊红和美蓝溶液，摇匀，倾注平板。由于高温灭菌易破坏乳糖，所以必须严格控制灭菌温度。

(9) 半固体管　成分如下：

蛋白胨	1g	牛肉膏	0.3g
氯化钠	0.5g	琼脂	0.35 ~ 0.4g
蒸馏水	100mL		

制法：将各成分混合后，煮沸溶解，调节其pH值至7.4，分装于小试管中，121℃高压灭菌15min，直立凝固，备用。

（10）葡萄糖铵琼脂 成分如下：

氯化钠	5g	硫酸镁	0.2g
磷酸二氢铵	1g	磷酸氢二钾	1g
葡萄糖	2g	琼脂	20g
蒸馏水	1000mL		
溴麝香草酚蓝溶液(2g/L)	40mL		

制法：先将盐类和糖溶解在水中，调节其pH值至6.8，再加入琼脂，加热溶化后，加入溴麝香草酚蓝溶液，混合均匀后分装于试管中，于121℃高压灭菌15min，放成斜面。

（11）尿素琼脂 成分如下：

蛋白胨	1g	氯化钠	5g
葡萄糖	1g	磷酸二氢钾	2g
琼脂	20g		
酚红溶液(4g/L)	3mL	蒸馏水	1000mL
尿素溶液(200g/L)	100mL		

制法：将除尿素和琼脂外的各成分混合溶解，调节其pH值至7.2，加入琼脂，加热溶化，分装于烧瓶中，于120℃高压灭菌15min，然后冷却至50～55℃，加入经除菌过滤的尿素溶液，使尿素的最终质量浓度为20g/L，最终的pH值应为7.2±0.1。将其分装于灭菌试管中，放置成斜面备用。

（12）西蒙氏柠檬酸盐琼脂 成分如下：

氯化钠	5g	硫酸镁	0.2g
磷酸氢二钾	1g	磷酸二氢铵	1g
柠檬酸钠	5g	琼脂	20g
蒸馏水	1000mL		
溴麝香草酚蓝溶液(2g/L)	40mL		

制法：先将盐类溶解于水，调节其pH值至6.8，再加入琼脂，加热溶化后，加入溴麝香草酚蓝溶液，混合均匀后分装于试管内，121℃高压灭菌15min，放成斜面。

（13）5%(质量分数)乳糖发酵管 成分如下：

蛋白胨	20g	乳糖	5g
溴甲酚紫水溶液(0.4g/L)	25mL	蒸馏水	1000mL

制法：将蛋白胨、乳糖溶于水中，调节其 pH 值至 7.4，加入溴甲酚紫水溶液，分装于试管内，每管 3mL，并放入一个小导管，115℃高压灭菌 15min。

(14) 蛋白胨水、靛基质试剂

1) 蛋白胨水成分

蛋白胨	20g	氯化钠	5g
蒸馏水	1000mL		

制法：将各成分混合溶解，调节其 pH 值至 7.4，分装于试管内，每管 2mL，于 121℃高压灭菌 15min。

2) 靛基质试剂

① 柯凡试剂：将 5g 对二甲氨基苯甲醛溶解在 75mL 戊醇中，缓缓加入 25mL 浓盐酸。

② 欧-波试剂：将 1g 对二甲氨基苯甲醛溶解在 95mL 酒精(体积分数为 95%)中，缓缓加入 25mL 浓盐酸。

(15) 志贺氏菌属诊断血清　足量，备用。

3. 志贺氏菌的检验程序(见图 3-2)

4. 操作步骤

(1) 增菌　称取 25g 样品，加入 225mL GN 增菌液，用均质器打碎或用乳钵磨碎，于(36±1)℃下培养 6～8h。

(2) 分离　取增菌液 1 环，接种于 HE 琼脂平板或 SS 琼脂平板 1 个，麦康凯琼脂平板或伊红美蓝琼脂 1 个，于(36±1)℃下培养18～24h。志贺氏菌在这些培养基上呈现无色透明不发酵乳糖的菌落。

(3) 生化试验　挑取上述平板上的可疑菌落，接种于三糖铁琼脂和葡萄糖半固体各 1 管(为防止遗漏，应多挑取几个菌落)，于(36±1)℃下培养 24h 后观察结果。

凡是在三糖铁琼脂内反应结果为底层产酸不产气，斜面产碱呈红色，不产生硫化氢，无动力，在半固体管内沿穿刺线生长的菌株，疑是志贺氏菌，可做血清凝集试验和进一步的生化试验。

在做血清学试验的同时，做进一步的生化试验，即赖氨酸和鸟氨酸脱羧酶、西蒙氏柠檬酸盐、葡萄糖铵试验，以排除克雷伯氏菌族、变形杆菌族及不产气无动力的大肠埃希氏菌。除宋内氏菌和鲍氏 13 型为鸟氨酸阳性外，志贺氏菌属的培养物均为阴性反应。必要时应做革兰氏染色检查和氧化酶试验，结果应为氧化酶阴性的革兰氏阴性杆菌。

已判定为志贺氏菌属的培养物，应进一步做 5%(质量分数)乳糖发酵、甘露醇、棉子糖、甘油发酵和靛基质试验。志贺氏菌属的 4 个生化群应符合表 3-6 所示的生化特性。

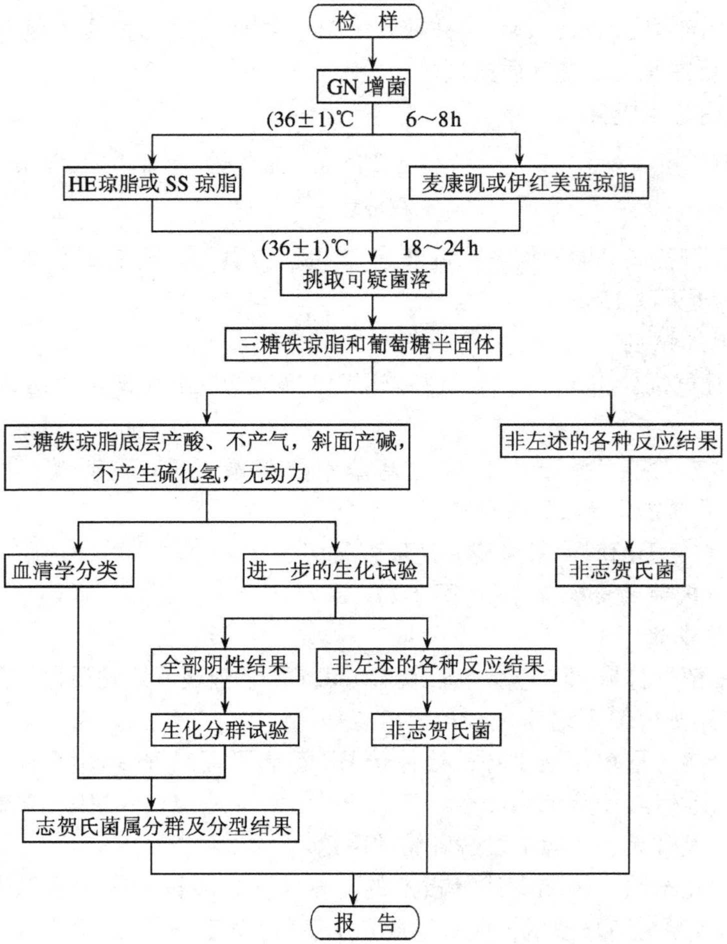

图3-2 志贺氏菌的检验程序

表3-6 志贺氏菌属4个群的生化特性

生化群	5%（质量分数）乳糖	甘露醇	棉子糖	甘油	靛基质
A群：痢疾志贺氏菌	-	-	-	（+）	-/+
B群：福氏志贺氏菌	-	+	+	-	-/+
C群：鲍氏志贺氏菌	-	+	-	（+）	-/+
D群：宋内氏志贺氏菌	+（+）	+	+	d	-

注：+表示阳性；-表示阴性；-/+表示多数阴性，少数阳性；（+）表示迟缓阳性；d表示有不同生化型。福氏志贺氏菌6型生化特性与A群或C群相似。

（4）血清学试验 挑取三糖铁琼脂上的培养物，做玻片凝集试验。先用4种志贺氏菌多价血清检查，若由于K抗原的存在而不出现凝集，则应将菌液煮沸后再检查。若出现凝集，则用A1、A2、B群多价和D群血清分别试验。若是B群(福氏志贺氏菌)，则先用群因子血清检查，再根据群因子血清出现凝集的结果，依次选用型因子血清检查，确定菌型。

对于4种志贺氏菌多价血清不凝集的菌株，可用鲍氏多价血清1、2、3分别检查，并进一步用1～15各型因子血清检查，确定菌型。若不是鲍氏志贺氏菌，则用痢疾志贺氏菌3～10型多价血清及各型因子血清检查，以确定菌型。

三、葡萄球菌的检验

葡萄球菌在食品中会产生肠毒素，食用后可引起食物中毒，在我国细菌性食物中毒事件中，仅次于沙门氏菌和志贺氏菌引起的食物中毒。一般食品中污染的葡萄球菌数为10^6～10^9/g(mL)时，就会引起食物中毒。

绝大多数葡萄球菌在血琼脂平板上产生金黄色色素，菌落周围有透明的溶血圈，在厌氧条件下能分解甘露醇产酸，产生血浆凝固酶和耐热性的DNA酶。

葡萄球菌属的形态特征是：革兰氏阳性球菌，无鞭毛及芽孢，一般不形成荚膜；细菌繁殖时呈多个平面的不规则分裂，堆积成葡萄串状排列；在脓汁或液体培养基中生长，常呈双球或短链状排列，易被误认为链球菌。

葡萄球菌属的培养和生化反应特征是：营养要求不高，在普通培养基上生长良好，需氧或兼性厌氧，最适宜生长温度为37℃，最适宜pH值为7.4，耐盐性强；在含100～150g/L的氯化钠培养基中生长；在氯化钠肉汤培养基中经37℃、24h培养后，呈均匀混浊生长；在普通琼脂平板上形成圆形、凸起、边缘整齐、表面光滑、湿润、不透明的菌落，直径为1～2mm；能产生紫色素；在血琼脂平板上多数致病性葡萄球菌可产生溶血毒素，使菌落周围产生透明的溶血环，非致病性葡萄球菌则无溶血环；葡萄球菌能产生凝固酶，分解甘露醇(在厌氧条件下)。

葡萄球菌属的细菌抵抗力较强，为不形成芽孢的细菌中的最强者；干燥情况下能存活数月，加热80℃、30min才会被杀死，在5%(质量分数)苯酚或0.1%(质量分数)升汞中10～15min死亡；对磺胺类药物敏感性较低，对青霉素、金霉素、红霉素和庆大霉素高度敏感，对链霉素中度敏感，对氯霉素敏感性较差。

检验葡萄球菌的方法有最近似值(MPN)测定法、平板表面计数法和非选择性增菌法。最近似值(MPN)测定法适用于检测认为带有大量竞争菌的食品及其原料和未经处理的带有少量葡萄球菌的食品。平板表面计数法适用于检查葡萄球菌数大于或等于10/g(mL)的食品。非选择性增菌法适用于检查含有受损伤的葡萄球菌的加工食品。

1. 设备与材料

1）供常规平板计数用的基本设备与材料。

2）L形玻璃棒。

2. 培养基与试剂

（1）普通肉汤培养基 成分如下：

牛肉膏	5.0g	氯化钠	5.0g
蛋白胨	20.0g	蒸馏水	1000.0mL

制法：将以上成分混合加热溶化，调至 pH =7.4 ~7.6，分装试管，121℃高压灭菌 30min。

（2）胰蛋白胨大豆肉汤 成分如下：

胰蛋白胨	17.0g	植物蛋白胨	3.0g
氯化钠	5.0g	磷酸氢二钾（K_2HPO_4）	2.5g
葡萄糖	2.5g	蒸馏水	1000.0mL

制法：将各成分溶于蒸馏水中，必要时加热使其完全溶解，然后分装于试管或玻璃瓶中，121℃高压灭菌 15min，最终 pH 值为 7.3 ±0.2。

制备双料胰蛋白胨大豆肉汤时，除蒸馏水外，其他成分加倍；配制 10%（质量分数）或 20%（质量分数）氯化钠胰蛋白胨大豆肉汤时，可将氯化钠量增加至所需浓度。

（3）Baird-Parker 培养基 成分如下：

胰蛋白胨	10.0g	牛肉膏	5.0g
酵母膏	1.0g	丙酮酸钠	10.0g
甘氨酸	12.0g	氯化锂（$LiCl \cdot 6H_2O$）	5.0g
琼脂	20.0g	蒸馏水	950.0mL

制法：将各成分加入蒸馏水中，加热煮沸使之完全溶解，冷至 25℃，将 pH 值调至 7.0 ±0.2，分装，每瓶 95mL，121℃高压灭菌 15min。临用时加热熔化琼脂，冷至 50℃左右，每 95mL 加入预热至 50℃的卵黄亚碲酸钾增菌剂 5mL，摇匀后倾注入平皿培养基（应是致密不透明的），使用前在冰箱储存不得超过 48h。

卵黄亚碲酸盐增菌剂的配制：将新鲜鸡蛋浸泡在适当的 $HgCl_2$ 溶液（1 + 1000）中约 1min，以无菌操作打开鸡蛋，使蛋黄与蛋清分开，将蛋黄加入生理盐水（3 +7）中充分摇匀，于 50mL 蛋黄乳液中加入 10mL 过滤除菌的 1%（质量分数）亚碲酸钾水溶液，混匀，（4 ±1）℃储存。

（4）甲苯胺蓝-DNA 琼脂 成分如下：

脱氧核糖核酸(DNA)	0.3g	琼脂	10.0g
氯化钙($CaCl_2$)	1.1g	氯化钠	10.0g
甲苯胺蓝(O)	0.083g	蒸馏水	1000.0mL
三羟甲基氨基甲烷	6.1g		

制法：将三羟甲基氨基甲烷溶解于蒸馏水中，将 pH 值调至 9.0，除甲苯胺蓝(O)外将其余各成分加热溶解，再将甲苯胺蓝(O)溶于培养基中，然后分装于塞有橡胶塞的烧瓶中。若立即使用，则可不需灭菌。已灭菌的培养基在室温可存放 4 个月无变化，并经数次熔化后仍可使用。

(5) 生理盐水 成分如下：

氯化钠	8.5g	蒸馏水	1000.0mL

制法：将氯化钠溶于蒸馏水中，分装于适当容器中，121℃高压灭菌 15min。

(6) 凝固酶试验兔血浆 临用时取质量分数为 3.8% 的柠檬酸钠溶液(取柠檬酸钠 3.8g，加蒸馏水 100mL，待溶解后过滤，121℃高压灭菌 15min)1 份，加入新鲜兔血 4 份，混匀后放冰箱中使用球沉降(或以 3000r/min 离心 30min)后取上清液进行试验。

3. 葡萄球菌的检验程序(见图 3-3)

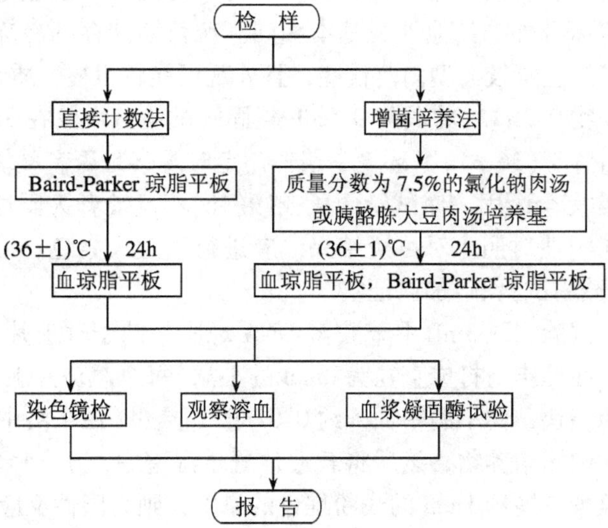

图 3-3 葡萄球菌的检验程序

4. 操作步骤

(1) 样品的制备

1) 固体或半固体食品：以无菌操作称取 25g 样品，放入装有 225mL 灭菌生理盐水的灭菌均质杯内，以8000r/min的转速均质1～2min，制成1∶10样品匀液。

2）液体食品：用灭菌吸管吸取25mL样品，放入装有225mL灭菌生理盐水的灭菌玻璃瓶内（瓶内预置适当数量的玻璃珠），经充分振摇制成1∶10样品匀液。

供计数检验时，可按十进位递增稀释法将样品匀液后再进行适当稀释。

（2）检验

1）最近似值（MPN）测定法：选三个连续稀释度，从每个稀释度的稀释样品液中分别取1mL，接种3管含10%（质量分数）氯化钠胰蛋白胨大豆肉汤。样品的最高稀释度必须达到能获得阴性终点，将样品液置于（36±1）℃环境中培养48h。用3mm接种环，从有细菌生长的各管中移取1环，划线接种于表面干燥的Baird-Parker琼脂平板，将平板置于（36±1）℃环境中培养45～48h。从有细菌生长的每一平板上至少挑取1个可疑葡萄球菌菌落，移种到肉汤培养基中，将其置于（36±1）℃环境中培养20～24h。

典型或可疑葡萄球菌菌落：葡萄球菌的单个菌落在Baird-Parker琼脂平板上呈圆形，表面光滑、凸起、湿润，直径为2～3mm；灰黑色至黑色，有光泽，常有浅色（非白色）的边缘，周围绕以不透明圈（沉淀），其外常有一清晰带；当用接种针触及菌落时会有润滑脂样黏稠感；有时可见到不分解脂肪的菌株，除没有不透明圈和清晰带外，其他外观基本相同。从长期储存的冷冻或脱水食品中分离的菌落，其黑色常较典型菌落浅些，且外观可能较粗糙，质地较干燥。

取肉汤培养物0.3mL，将其与0.5mL凝固酶试验兔血浆在8mm×100mm试管内充分混合后置于（36±1）℃环境中培养，定时观察是否有凝块形成，至少观察6h，以内容物完全凝固，使试管倒置或倾斜时不流动者为阳性。试验中需同时做已知阳性和阴性对照。对可疑结果，应进行革兰氏染色、镜检和其他辅助试验（如耐热核酸酶试验等）加以证实。

耐热核酸酶试验：取3mL甲苯胺蓝-DNA琼脂平铺于载玻片上制成标本片。待琼脂凝固后，在琼脂上打成直径为2mm的小洞（每个载玻片上打10～12个），抽出小洞中的琼脂块，向小洞中加入约0.01mL加热过（在水浴中煮沸15min）的供凝固酶试验的肉汤培养物，然后将载玻片置于湿室中，于35℃培养4h。若在小洞周围形成至少扩展约1mm的浅粉红色的晕圈，则为阳性反应。

根据凝固酶试验结果查最近似值（MPN）表（见表3-7），报告葡萄球菌的MPN/g（mL）。

2）平板表面计数法：选三个连续稀释度，从每个稀释度的稀释样品液中分别取1mL，接种至3个表面干燥的Baird-Parker琼脂平板上（如0.4mL，0.3mL，0.3mL）。

表 3-7　1g 样品的最近似值(MPN)表(以 0.1g、0.01g、0.001g 各用 3 管)

阳性管数			MPN	阳性管数			MPN
0.1g	0.01g	0.001g		0.1g	0.01g	0.001g	
0	0	0	<3	2	0	0	9.1
0	0	1	3	2	0	1	14
0	0	2	6	2	0	2	20
0	0	3	9	2	0	3	26
0	1	0	3	2	1	0	15
0	1	1	6.1	2	1	1	20
0	1	2	9.2	2	1	2	24
0	1	3	12	2	1	3	27
0	2	0	6.2	2	2	0	21
0	2	1	9.3	2	2	1	28
0	2	2	12	2	2	2	35
0	2	3	16	2	2	3	42
0	3	0	9.4	2	3	0	29
0	3	1	13	2	3	1	36
0	3	2	16	2	3	2	44
0	3	3	19	2	3	3	53
1	0	0	3.6	3	0	0	23
1	0	1	7.2	3	0	1	39
1	0	2	11	3	0	2	64
1	0	3	15	3	0	3	95
1	1	0	7.3	3	1	0	43
1	1	1	11	3	1	1	75
1	1	2	15	3	1	2	120
1	1	3	19	3	1	3	160
1	2	0	11	3	2	0	93
1	2	1	15	3	2	1	150
1	2	2	20	3	2	2	210
1	2	3	24	3	2	3	290
1	3	0	16	3	3	0	240
1	3	1	20	3	3	1	460
1	3	2	24	3	3	2	1100
1	3	3	29	3	3	3	>1100

用 L 形玻璃棒将接种物涂布于琼脂表面(注意：避免涂到平板边缘)，将平板正置直至接种物被培养基吸收，将平板翻转，于(36±1)℃培养 45~48h。

挑选有 20~200 个菌落的平板进行计数。如果有多种菌落皆类似葡萄球菌，那么分别计算和记录每一类型的菌落数。最低稀释度的平板，当其菌落数小于 20 时，仍可选用。当平板上的菌落数大于 200 时，如果其中有些菌落具有典型葡萄球菌的外观，同时在其高倍稀释后未出现典型菌落，那么也可用这些平板进行葡萄球菌计数，但不能把非典型菌落计算在内。

从可计数的各类型菌落中至少各选取1个菌落，按最近似值(MPN)测定法进行凝固酶试验。

将呈凝固酶阳性的菌落所代表的3个平板上的菌落数相加后乘以样品稀释倍数，即以此数报告为所检查食品中的葡萄球菌数/g(mL)。

3）非选择性增菌法：取1∶10稀释的样品液10mL，接种于10mL双料胰蛋白胨大豆肉汤中，于(36±1)℃培养2h，然后加入20mL质量分数为20%的氯化钠的单料胰蛋白胨大豆肉汤，于(36±1)℃培养22～26h。

取上述培养物0.2mL，分别涂布于两个表面干燥的Baird-Parker琼脂平板上，于(36±1)℃培养44～48h。

从每个平板上至少挑取1个可疑葡萄球菌菌落，按最近似值(MPN)测定法进行凝固酶试验。

若发现有凝固酶试验阳性的菌落，则报告1g(mL)食品中有葡萄球菌存在，否则为阴性。

四、溶血性链球菌的检验

链球菌可存在于水、空气、尘埃、牛乳以及人的咽喉、病灶中。按在血琼脂平板上的溶血特性，链球菌可分为甲型溶血性链球菌(菌落周围有草绿色溶血环)、乙型溶血性链球菌(能产生溶血素，菌落周围有2～4cm宽、界限分明且无色透明的溶血圈)和丙型溶血性链球菌(不产生溶血素，不能溶解血琼脂平板培养基中的红细胞)。与人类疾病有关的大多属于乙型溶血性链球菌，可引起皮肤和皮下组织的化脓性炎症和呼吸道感染，还可通过食品引起猩红热和流行性咽炎的暴发流行。

链球菌的形态特征是：革兰氏阳性，呈球形或卵圆形，细胞在一个平面上分裂成对或成链状排列，不形成芽孢，无鞭毛，不运动，大多数链球菌在幼龄培养时可见到由透明质酸形成的荚膜，继续培养时由于自身产生的透明质酸酶而使该荚膜消失。

链球菌的培养和生化反应特征是：营养要求较高，在普通培养基中生长不良，在加有血液、血清、腹水等的培养基中生长良好；需氧或兼性厌氧，最适宜生长温度为37℃，pH值为7.4～7.6；在血清肉汤中易形成长链；管底呈絮状沉淀；在血琼脂平板上，形成灰白色半透明或不透明，表面光滑，有乳光，直径为0.5～0.75mm的圆形突起的微小菌落；通过二磷酸己糖途径发酵葡萄糖，主要产生右旋乳酸(同型发酵)，接触酶阴性。链球菌的抵抗力不强，在60℃时处理30min即被杀死。乙型链球菌对青霉素、红霉素、氯霉素、四环素和磺胺都很敏感。

1. 设备与材料

1）培养箱：(36 ±1)℃。

2）恒温水浴锅：(36 ±1)℃。

3）显微镜。

4）离心机。

5）灭菌培养皿：皿底直径9cm。

6）均质机。

7）接种环。

2. 培养基与试剂

（1）肉浸液肉汤培养基　成分如下：

绞碎的牛肉	500g	氯化钠	5g
蛋白胨	10g	磷酸氢二钾	2g
蒸馏水	1000mL		

制法：取绞碎的去筋膜无油脂牛肉，加蒸馏水，混合后放于冰箱中过夜，取出后除去液面浮油，煮沸30min后过滤，挤压收集全部滤液，加水补足1000mL，再加入蛋白胨、氯化钠、磷酸氢二钾，溶解后调节其pH值至7.4～7.6，煮沸后过滤，分装于灭菌烧瓶中，于121℃下高压灭菌30min。

（2）葡萄糖肉浸液肉汤培养基　制法：在上述肉浸液肉汤培养基中加入1%（质量分数）葡萄糖。

（3）匹克氏肉汤培养基　成分如下：

含1%（质量分数）胰蛋白胨的牛心浸液	200mL
结晶紫盐水溶液(1∶2500)	10mL
三氮化钠溶液(1∶800)	10mL
脱纤维兔血(或羊血)	10mL

制法：以无菌操作将上述已灭菌的各成分依次混合，分装于灭菌小试管中，每管约2mL，保存于冰箱内备用。

（4）血琼脂平板　成分如下：

pH值为7.4～7.6的豆粉琼脂	100mL
脱纤维兔血(或羊血)	10mL

制法：先加热熔化琼脂，再冷却至50℃，以无菌操作加入脱纤维兔血(或羊血)，摇匀后倒平板(也可分装于灭菌小试管中，摆成斜面)；也可用其他营养丰富的基础培养基配制血琼脂。

（5）草酸钾人血浆　成分如下：

草酸钾　　　　　　0.01g　　人血　　　　5mL

制法：将草酸钾放入灭菌小试管内，加入人血后混匀，经离心沉淀，吸取上层清液。

(6) 0.25%（质量分数）氯化钙　适量，备用。

(7) 灭菌生理盐水　适量，备用。

(8) 杆菌肽药敏纸片(0.04 单位/片)　适量，备用。

3. 溶血性链球菌的检验程序(见图 3-4)

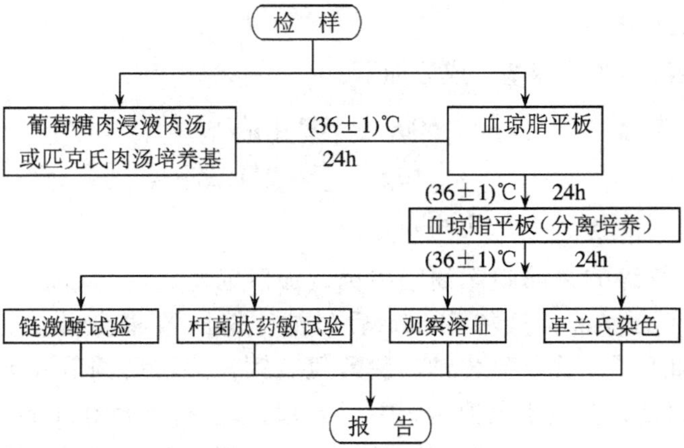

图 3-4　溶血性链球菌的检验程序

4. 操作步骤

(1) 样品的处理　称取 25g 样品，加入 225mL 灭菌生理盐水，研成匀浆后制成混悬液。

(2) 增菌及分离培养　吸取上述混悬液 5mL，接种于 50mL 葡萄糖肉浸液肉汤培养基，或直接划线接种于血琼脂平板。若样品严重污染，则可同时按上述量接种于匹克氏肉汤培养基。样品在(36 ± 1)℃环境中培养 24h，然后接种于血琼脂平板，再在(36 ± 1)℃环境中培养 24h 后，挑选圆形突起的乙型溶血性链球菌的细小菌落，在血琼脂平板上分离纯化，然后观察溶血情况，进行革兰氏染色，同时进行链激酶试验和杆菌肽药敏试验。

(3) 鉴定

1) 形态与染色：溶血性链球菌是链状排列的革兰氏阳性球菌，直径一般为 0.5 ~ 1μm，链的长短不一，短链由 4 ~ 8 个细胞组成，长链则由 20 ~ 30 个细胞组成。在液体培养基中易呈长链，在固体培养基中常呈短链。其不形成芽孢，无鞭毛，不能运动。

2) 培养特性：溶血性链球菌对营养要求较高，在普通培养基上会生长不良，在加有血液、血清的培养基上则生长较好。当溶血性链球菌在血清肉汤中生长时，管底会出现絮状或颗粒状沉淀；在血琼脂平板上的菌落为灰白色半透明或不透明，表面光滑，有乳光，直径为0.5~0.75mm的圆形突起的细小菌落。

3）链激酶试验：乙型溶血性链球菌能产生链激酶（溶纤维蛋白酶），此酶能激活正常人体血液中的血浆蛋白酶原，形成血浆蛋白酶，然后溶解纤维蛋白。

先吸取0.2mL草酸钾人血浆，向其中加入0.8mL无菌生理盐水后混匀，再加入于(36±1)℃培养18~24h的链球菌肉汤培养物0.5mL和0.25%（质量分数）氯化钙0.25mL，振荡摇匀后置于(36±1)℃水浴中，每隔数分钟观察一次（一般约10min即凝固）。血浆凝固后（试管倒置，内容物不流动），再注意观察并记录溶化的时间。若凝块全部溶解，则为阳性；若24h后仍不溶解，则为阴性。

4）杆菌肽药敏试验：低浓度的杆菌肽能抑制乙型溶血性链球菌的生长，除少数菌株对杆菌肽耐药外，其敏感率可达99.5%。甲型和丙型溶血性链球菌对杆菌肽不敏感。

挑取乙型溶血性链球菌的浓菌液，涂布于血琼脂平板上，再用无菌镊子夹取每片含0.04单位的杆菌肽纸片，放于血琼脂平板上，于(36±1)℃下培养18~24h。纸片周围出现抑菌环的为阳性，可初步鉴定为乙型溶血性链球菌。同时用已知阳性菌株做对照试验。

5. 注意事项

将样品与草酸钾人血浆、盐水等混合后放入水浴，注意观察血浆完全凝固的时间。凝固后应每隔30min观察1次，共观察2h。不溶解的仍置于水浴中，24h后再观察。溶化时间越短，表示该菌产生的链激酶越多。链激酶含量多时，20min内凝固的血浆即可完全溶解。

第四节 糕点、糖果检验技能训练

训练1 奶糖中铜含量的测定

1. 仪器与试剂的准备

（1）仪器 原子吸收分光光度计。

测定条件：灯电流为6mA，波长为324.8nm，狭缝宽度为0.19nm，空气流量为9L/min，乙炔流量为2L/min，灯头高度为3mm，氘灯背景校正（也可根据仪器型号，调至最佳条件）。

（2）试剂　铜标准溶液（每毫升相当于1mg铜）、铜标准使用液（每毫升相当于10μg铜）。

2. 操作步骤

称取5.0～10.0g样品置于50mL瓷坩埚中，加5mL硝酸，放置0.5h，用小火蒸干，继续加热炭化，然后移入高温炉中，于（500±25）℃灰化1h后，取出坩埚，放冷后再加1mL硝酸，用小火蒸干，再移入高温炉中，于500℃灰化0.5h，冷却后取出，加1mL硝酸溶液（1+4）溶解残渣4次，移入10mL容量瓶中，加水稀释至刻度，混匀备用。取与处理样品用量相同的硝酸，按同一操作方法做试剂空白试验。

吸取0.0mL、1.0mL、2.0mL、4.0mL、6.0mL、8.0mL铜标准使用液（相当于0.0μg、10.0μg、20.0μg、40.0μg、60.0μg、80.0μg铜），分别置于100mL容量瓶中，加硝酸（1+199）溶液稀释至刻度，混匀。

将处理后的样液、试剂空白液和各容量瓶中铜标准液分别导入火焰进行测定。以铜含量对应吸光度，绘制标准曲线进行比较。

平行测定两次，两次测定的结果之差不得超过平均值的10%。

3. 数据记录及处理

（1）数据记录

	标准溶液						样品溶液		空白溶液
样品质量/g	—								—
吸取铜标准溶液的体积/mL	0.0	1.0	2.0	4.0	6.0	8.0	—	—	—
配制各溶液的体积/mL	100						10		10
各溶液中铜的含量/（μg/mL）	0.0	0.1	0.2	0.4	0.6	0.8			
测得各溶液的吸光度 A									

（2）测定　根据空白溶液和各样品溶液的吸光度，从标准曲线上查出空白溶液和各样品溶液中铜的含量。

（3）结果计算　样品中铜含量的计算公式为

$$X_{Cu}=\frac{(m_{溶液}-m_{空白})\times V\times 1000}{m_{样品}\times 1000}$$

式中　X_{Cu}——样品中铜的含量（mg/kg）；

$m_{溶液}$——从标准曲线上查出样品显色液中铜的含量（μg/mL）；

$m_{空白}$——从标准曲线上查出空白溶液中铜的含量（μg/mL）；

V——样品溶液的体积（mL）；

$m_{样品}$——样品质量(g)。

计算平行测定结果的平均值和两次测定结果之差与平均值的百分比。

● 训练2　蛋糕中锌含量的测定

1. 仪器与试剂的准备

(1) 仪器　原子吸收分光光度计。

测定条件：灯电流为6mA，波长为213.8nm，狭缝宽度为0.38nm，空气流量为10L/min，乙炔流量为2.3L/min，灯头高度为3mm，氘灯背景校正(也可根据仪器型号，调至最佳条件)。

(2) 试剂　1mol/L盐酸、硝酸-高氯酸混合酸(3+1)、锌标准溶液(每毫升相当于0.5mg锌)、锌标准使用液(每毫升相当于100μg锌)。

2. 操作步骤

称取5.0~10.0g样品置于50mL瓷坩埚中，用小火炭化，然后移入高温炉中，于500℃下灰化约8h后，取出坩埚，放冷后加少量硝酸-高氯酸混合酸，再用小火加热，不使其干涸，必要时再加少许硝酸-高氯酸混合酸，如此反复处理，直至残渣中无炭粒。待坩埚稍冷，加10mL 1mol/L盐酸，溶解残渣并移入50mL容量瓶中，再用1mol/L盐酸反复洗涤坩埚，将洗液并入容量瓶中，并稀释至刻度，混匀备用。取与处理样品用量相同的硝酸-高氯酸混合酸和1mol/L盐酸，按同一操作方法做试剂空白试验。

吸取0.00mL、0.10mL、0.20mL、0.40mL、0.80mL锌标准使用液(相当于0.0μg、10.0μg、20.0μg、40.0μg、80.0μg锌)，分别置于50mL容量瓶中，以盐酸溶液(1+11)稀释至刻度，混匀。

将处理后的样品溶液、试剂空白液和各容量瓶中的锌标准液分别导入火焰进行测定。以锌含量对应吸光度，绘制标准曲线进行比较。

平行测定两次，两次测定的结果之差不得超过平均值的10%。

3. 数据记录及处理

(1) 数据记录

	标 准 溶 液					样品溶液		空白溶液
样品质量/g	—							—
吸取锌标准溶液的体积/mL	0.0	0.10	0.20	0.40	0.80	—	—	—
配制各溶液的体积/mL	50					50		50
各溶液中锌的质量/μg	0.0	10.0	20.0	40.0	80.0			
测得各溶液的吸光度 A								

(2) 测定　根据空白溶液和各样品溶液的吸光度，从标准曲线上查出空白

溶液和各样品溶液中锌的质量。

（3）结果计算 样品中锌含量的计算公式为

$$X_{Zn}=\frac{(m_{溶液}-m_{空白})\times 1000}{m_{样品}\times 1000}$$

式中 X_{Zn}——样品中锌的含量(mg/kg)；

$m_{溶液}$——从标准曲线上查出样品显色液中锌的质量(μg)；

$m_{空白}$——从标准曲线上查出空白溶液中锌的质量(μg)；

$m_{样品}$——样品质量(g)。

计算平行测定结果的平均值和两次测定结果之差与平均值的百分比。

● 训练3 面包中沙门氏菌的检验

1. 仪器与试剂的准备

（1）仪器 紫外光灯(波长为366nm，功率大于或等于6W)、放大镜(3～4倍)、毛细滴管。

（2）试剂 缓冲蛋白胨水、氯化镁孔雀绿(MM)增菌液、四硫磺酸钠煌绿(TTB)增菌液、亚硒酸盐胱氨酸(SC)增菌液、SS琼脂培养基[含1%(质量分数)蔗糖]、HE琼脂培养基、MUCAP试剂、氧化酶试纸、三糖铁琼脂培养基。

2. 操作步骤

（1）增菌 称取25g打碎的样品，置于装有225mL缓冲蛋白胨水的300mL锥形瓶内，于(36±1)℃培养4h。从中吸取10mL，转种于100mL氯化镁孔雀绿增菌液或四硫磺酸钠煌绿增菌液中，于42℃培养18～24h。同时另取10mL，转种于100mL亚硒酸盐胱氨酸增菌液中，于(36±1)℃培养18～24h。

（2）分离培养 将增菌培养液摇匀，挑取一接种环，划线接种于SS琼脂培养基和HE琼脂培养基各一个，于(36±1)℃培养22～26h，观察各琼脂平板上有无可疑沙门氏菌菌落，若无可疑菌落，则应再继续培养22～26h。

（3）鉴定 从培养的分离培养基上选可疑沙门氏菌菌落(尽量选较大、分离较好的单个菌落)，用玻璃笔做好标记并编号。用毛细滴管吸取MUCAP试剂，加一滴于编号的菌落上。待一个平板的被检菌落全部滴加试剂后，将平板拿到366nm紫外光灯下检视，发蓝色荧光的为MUCAP试验阳性，将阳性菌落号记录下来。用接种环挑取荧光反应阳性菌落，涂于氧化酶试纸上，观察涂菌点是否变蓝色，于10min内变蓝色的为氧化酶试验阳性，不变色的为阴性。

对于MUCAP试验阴性的样品，应报告为“未检出沙门氏菌”；对于MUCAP试验阳性、氧化酶试验阴性的样品，应继续进行生化试验和血清学试验。

（4）生化试验 挑取选择性琼脂平板上的可疑菌落，接种在三糖铁琼脂斜面和底层穿刺。同时再接种蛋白胨水(供靛基质试验用)、尿素琼脂培养基(pH

=7.2)、氰化钾培养基、赖氨酸脱羧酶试验培养基和对照培养基各1管，于(36±1)℃培养18~24h，必要时可延长至48h，判断生化反应结果。

(5) 血清学试验 采用1.5%(质量分数)琼脂斜面培养物做玻片凝集试验用的抗原。当血清不凝集时，将菌株接种到琼脂量高(质量分数为2.5%~3.0%)的培养基上再检查。若是由于存在V抗原而阻止了凝集反应，则可挑取菌苔置于1mL生理盐水中，制成浓菌液，在酒精灯火焰上煮沸后再检查。当H抗原发育不良时，将菌株接种到0.7%~0.8%(质量分数)的半固体琼脂平板的中央，使菌落蔓延生长，在其边缘部分取菌检查，或将菌株通过装有0.3%~0.4%(质量分数)半固体琼脂的小玻管1~2次，自远端取菌培养后再检查。

用A~F多价血清做玻片凝集试验，同时用生理盐水作为对照。在生理盐水中自凝集的为粗糙型菌株，不能分型。凡A~F多价血清呈凝集的，可依次用O因子血清进行凝集试验，根据结果判定O群。若不被A~F多价O因子血清凝集，则可用57种或163种沙门氏菌因子血清中的7种多价血清检查。若有其中一种血清凝固，则用这种血清包括的O群血清逐一检查，以确定O群。

根据所确定的O群，依次用H因子血清检查第1相和第2相的H抗原。对不常见的菌型可先用163种沙门氏菌因子血清中的8种多价H血清检查。若其中某种多价血清凝集，则再用这种血清所包括的H因子血清逐一检查，以确定第1相和第2相的H抗原。无单因子血清时，要用2个H复合因子血清核对其检查的结果。如果仅检出第1相和第2相，那么可在琼脂斜面上连续接种1~2代后再检查。若任为一相，则要用位相变异的方法检查另一相的H抗原。将两端开口的小试管(下端开口要留一缺口，不要平齐)放在半固体琼脂培养基管内，使小试管的上端高出培养基表面，然后灭菌，备用。熔化琼脂，冷却至50℃，挑取1环已知的H因子血清，涂于套管中的琼脂表面，在37℃下培养，每日观察。在另一相解离后，可由套管外的半固体琼脂表面取菌检查。

用Vi因子血清检查。已知具有Vi抗原的菌型有伤寒沙门氏菌、丙型副伤寒沙门氏菌、都柏林沙门氏菌。

综合生化试验和血清学分型鉴定的结果，按照沙门氏菌属抗原表判定菌型，并报告结果。

训练4 巧克力中志贺氏菌的检验

1. 仪器与试剂的准备

(1) 仪器 培养皿(皿底直径为9cm)、均质机或乳钵、接种针和接种环、显微镜、培养箱。

(2) 试剂 GN增菌液、HE琼脂平板、SS琼脂培养基、三糖铁琼脂、麦康凯琼脂、氰化钾培养基、氨基酸脱羧酶试验培养基、伊红美蓝琼脂、葡萄糖半固体管、葡萄糖铵琼脂、尿素琼脂、西蒙氏柠檬酸盐琼脂、糖发酵管、5%（质量分数）乳糖发酵管、蛋白胨水靛基质试剂、志贺氏菌属诊断血清。

2. 操作步骤

（1）增菌　称取25g样品，加入225mL GN增菌液，用均质器打碎或用乳钵磨碎。于(36±1)℃下培养6~8h。

（2）分离　取增菌液1环，接种于HE琼脂平板或SS琼脂平板1个，麦康凯琼脂平板或伊红美蓝琼脂1个，于(36±1)℃下培养18~24h。

（3）生化试验　挑取上述平板上的可疑菌落，接种于三糖铁琼脂和葡萄糖半固体各1管(应多挑取几个菌落，防止遗漏)，于(36±1)℃下培养24h后，观察结果。

若疑是志贺氏菌，则可做血清凝集试验和进一步的生化试验(即赖氨酸和鸟氨酸脱羧酶、西蒙氏柠檬酸盐、葡萄糖铵试验)，必要时应做革兰氏染色检查和氧化酶试验，应为氧化酶阴性的革兰氏阴性杆菌。

对于已判定为志贺氏菌属的培养物，应进一步做5%(质量分数)乳糖发酵、甘露醇、棉子糖、甘油发酵和靛基质试验。

（4）血清学试验　挑取三糖铁琼脂上的培养物，做玻片凝集试验。先用4种志贺氏菌多价血清检查，若由于K抗原的存在而不出现凝集，则应将菌液煮沸后再检查。若出现凝集，则用A1、A2、B群多价和D群血清分别试验。若是B群(福氏志贺氏菌)，则先用群因子血清检查，再根据群因子血清出现凝集的结果，依次选用型因子血清检查，确定菌型。

对于4种志贺氏菌多价血清不凝集的菌株，可用鲍氏多价血清1、2、3分别检查，并进一步用1~15各型因子血清检查，确定菌型。若不是鲍氏志贺氏菌，则用痢疾志贺氏菌3~10型多价血清及各型因子血清检查，确定菌型。

训练5　糖果中葡萄球菌的检验

1. 仪器与试剂的准备

（1）仪器　供常规平板计数用的基本设备与材料、L形玻璃棒。

（2）试剂　普通肉汤培养基、胰蛋白胨大豆肉汤、Baird-Parker培养基、甲苯胺蓝-DNA琼脂、生理盐水、凝固酶试验兔血浆。

2. 操作步骤

以无菌操作称取25g样品，放入装有225mL灭菌生理盐水的灭菌均质杯内，以8000r/min的转速均质1~2min，制成1:10样品匀液，然后按十进位递增稀释法将样品匀液再进行适当稀释。

选三个连续稀释度，从每个稀释度的稀释样品液中分别取1mL，接种至3个表面干燥的Baird-Parker琼脂平板上(如0.4mL，0.3mL，0.3mL)。

以L形玻璃棒将接种物涂布于琼脂表面，避免涂到平板边缘，然后将平板正置，直至接种物被培养基吸收，将平板翻转，于(36±1)℃培养45~48h。挑选有20~200个菌落的平板进行计数，从可计数的各类型菌落中至少各选取1个菌落进行凝固酶试验。

取肉汤培养物0.3mL，将其与0.5mL凝固酶试验兔血浆于ϕ8mm×100mm试管内充分混合，置(36±1)℃培养，定时观察是否有凝块形成，至少观察6h，以内容物完全凝固，在试管倒置或倾斜时不流动者为阳性。试验中需同时做已知阳性和阴性对照。

若发现有凝固酶试验阳性的菌落，则报告1g(mL)食品中有葡萄球菌存在，否则为阴性。

● 训练6　月饼中溶血性链球菌的检验

1. 仪器与试剂的准备

(1) 仪器　培养箱、恒温水浴锅、显微镜、离心机、灭菌培养皿、均质机、接种环。

(2) 试剂　肉浸液肉汤培养基、葡萄糖肉浸液肉汤培养基、匹克氏肉汤培养基、血琼脂平板、草酸钾人血浆、0.25%(质量分数)氯化钙、灭菌生理盐水、杆菌肽药敏纸片(0.04单位/片)。

2. 操作步骤

称取25g样品，加入225mL灭菌生理盐水，研成匀浆，制成混悬液。

吸取上述混悬液5mL，接种于50mL葡萄糖肉浸液肉汤培养基，或直接划线接种于血琼脂平板。若样品严重污染，则可同时按上述量接种于匹克氏肉汤培养基。样品在(36±1)℃下培养24h，接种于血琼脂平板，再在(36±1)℃下培养24h后，挑选圆形突起的乙型溶血性链球菌的细小菌落，在血琼脂平板上分离纯化，然后观察溶血情况，进行革兰氏染色，同时进行链激酶试验和杆菌肽药敏试验。

吸取0.2mL草酸钾人血浆，向其中加入0.8mL无菌生理盐水，混匀，再加入(36±1)℃培养18~24h的链球菌肉汤培养物0.5mL和0.25%(质量分数)氯化钙0.25mL，振荡摇匀，置于(36±1)℃水浴中，每隔数分钟观察一次(一般约10min即凝固)。血浆凝固后(试管倒置，内容物不流动)，再注意观察并记录溶化的时间。若凝块全部溶解，则为阳性；若24h后仍不溶解，则为阴性。

挑取乙型溶血性链球菌的浓菌液，涂布于血琼脂平板上，再用无菌镊子夹取每片含0.04单位的杆菌肽纸片，放于血琼脂平板上，于(36±1)℃下培养18~24h。纸片周围出现抑菌环的为阳性，可初步鉴定为乙型溶血性链球菌。同时用已知阳性菌株做对照试验。

复习思考题

1. 原子吸收分光光度法测定食品中锌含量的原理是什么？处理样品的方法有哪些？加入硫代硫酸钠的目的是什么？测定时如何调整原子吸收分光光度计的测定条件？

2. 影响糖果及糕点微生物超标的因素有哪些？

3. 检验沙门氏菌时，为什么要进行前增菌和直接增菌？哪些方法可以将沙门氏菌属与其他肠杆菌属区分开来？

4. 葡萄球菌在血琼脂平板上的菌落颜色和溶血特征在鉴定上有何意义？

5. 如果染色形态为革兰氏阳性葡萄状球菌，那么是否就能说明这种菌为葡萄球菌？

6. 如果从食物中毒标本中分离出葡萄球菌，是否就能说明它一定是引起这次食物中毒的病原菌？

7. 甲、乙型链球菌在血琼脂平板上的菌落特点及溶血特征是什么？

8. 链激酶试验的原理是什么？

第四章

乳及乳制品检验

培训学习目标 掌握乳及乳制品中铁、锌、钾、钠、镁、钙、磷、锡、锰、铜、汞、铅等金属元素含量的测定原理及操作方法；掌握乳及乳制品中致病菌的检验方法以及各有关培养基的制备方法。

第一节 乳及乳制品中微量元素含量的测定

一、钙、铁、锌、钠、钾、镁、铜和锰含量的测定

乳及乳品中钙、铁、锌、钠、钾、镁、铜和锰等的含量可以采用火焰原子吸收分光光度法测定。

1. 原理

样品经干法灰化，分解有机质后，加酸使灰分中的无机离子全部溶解，然后直接吸入空气-乙炔火焰中原子化，并在光路中分别测定钙、铁、锌、钠、钾、镁、铜和锰原子对特定波长谱线的吸收情况。测定钙、镁时，需用镧作释放剂，以消除磷酸的干扰。

2. 试剂

1）盐酸。

2）硝酸。

3）氧化镧（La_2O_3）。

4）氯化钾：光谱纯。

5）氯化钠：光谱纯。

6）碳酸钙：光谱纯。

7）纯镁：光谱纯。

8）纯锌：光谱纯。

9）铁粉：光谱纯。

10）金属铜：光谱纯。

11）金属锰：光谱纯。

12）盐酸A(体积分数为2%)：取2mL盐酸，用水稀释至100mL。

13）盐酸B(体积分数为20%)：取20mL盐酸，用水稀释至100mL。

14）硝酸溶液(体积分数为50%)：取50mL硝酸，用水稀释至100mL。

15）镧溶液(50g/L)：称取29.32g氧化镧，用25mL去离子水湿润后，缓慢添加125mL盐酸使氧化镧溶解后，用去离子水稀释至500mL。

16）钾标准溶液（1mg/mL)：称取干燥的氯化钾1.9067g，用盐酸A溶解，并定容于1000mL容量瓶中。可以直接购买该元素的有证国家标准物质作为标准溶液。

17）钠标准溶液（1mg/mL)：称取干燥的氯化钠2.5420g，用盐酸A溶解，并定容于1000mL容量瓶中。可以直接购买该元素的有证国家标准物质作为标准溶液。

18）钙标准溶液（1mg/mL)：称取干燥的碳酸钙2.4963g，用盐酸B溶解，并用水定容于1000mL容量瓶中。可以直接购买该元素的有证国家标准物质作为标准溶液。

19）钙、钠、钾、镁、锌、铁、铜、锰标准溶液（1mg/mL)：称取纯镁、锌、铁、铜或锰1.0000g，用硝酸40mL溶解，并用水定容于1000mL容量瓶中。可以直接购买各元素的有证国家标准物质作为标准溶液。

20）各元素的标准储备液

① 钙、铁、锌、钠、钾、镁标准储备液：分别准确吸取钙标准溶液10.0mL、铁标准溶液10.0mL、锌标准溶液10.0mL、钠标准溶液5.0mL、钾标准溶液10.0mL、镁标准溶液1.0mL，用盐酸A分别定容到100mL石英容量瓶中，得到上述各元素的标准储备液。质量浓度：钙、铁、锌、钾为100.0μg/mL，钠为50.0μg/mL为镁：10.0μg/mL。

② 锰、铜标准储备液：准确吸取锰标准溶液10.0mL，用盐酸A定容到100mL，再从定容后的溶液中准确吸取4.0mL，用盐酸A定容到100mL，得到锰标准储备液。准确吸取铜标准溶液10.0mL，用盐酸A定容到100mL，再从定容后的溶液中准确吸取6.0mL，用盐酸A定容到100mL，得到铜标准储备液。质量浓度：锰为4.0μg/mL，铜为6.0μg/mL。

3. 仪器

1）原子吸收分光光度计。

2）钙、铁、锌、钠、钾、镁、铜、锰空心阴极灯。

3）分析用钢瓶乙炔气和空气压缩机。

4）石英坩埚或瓷坩埚。

5）电阻炉。

6）天平：分度值为0.1mg。

4. 分析步骤

（1）样品的处理　称取混合均匀的固体样品约5g或液体样品约15g（精确到0.0001g）置于坩埚中，在电炉上微火炭化至不再冒烟，然后移入电阻炉中，490℃±5℃灰化约5h。如果有黑色炭粒，那么冷却后，滴加少许硝酸溶液湿润，在电炉上用小火蒸干后，再移入490℃高温炉中继续灰化成白色灰烬。冷却至室温后取出，加入5mL盐酸B，在电炉上加热使灰烬充分溶解。冷却至室温后，移入50mL容量瓶中，用水定容，同时处理至少两个空白样品。

（2）样品待测液的制备

1）钙、镁待测液：从50mL的样品溶液中准确吸取1.0mL置于100mL容量瓶中，加2.0mL镧溶液，用水定容。用同样的方法处理空白试液。

2）钠待测液：从50mL的样品溶液中准确吸取1.0mL置于100mL容量瓶中，用盐酸A定容。用同样的方法处理空白试液。

3）钾待测液：从50mL的样品溶液中准确吸取0.5mL置于100mL容量瓶中，用盐酸A定容。用同样的方法处理空白试液。

4）铁、锌、锰、铜待测液：用50mL的样品溶液直接上机测定，同时测定空白试液。

为保证样品待测试液质量浓度在标准曲线线性范围内，可以适当调整试液定容体积和稀释倍数。

（3）测定

1）标准曲线的绘制

① 标准系列使用液的配制：按表4-1给出的体积分别准确吸取各元素的标准储备液，置于100mL容量瓶中，配制铁、锌、钠、钾、锰、铜使用液，用盐酸A定容。配制钙、镁使用液时，在准确吸取标准储备液的同时吸取2.0mL镧溶液置于各容量瓶，用水定容。此为各元素不同浓度的标准使用液，其质量浓度见表4-2。

② 绘制标准曲线：按照仪器说明书将仪器工作条件调整到测定各元素的最佳状态，选用灵敏吸收线，K为766.5nm、Ca为422.7nm、Na为589.0nm、Mg为285.2nm、Fe为248.3nm、Cu为324.8nm、Mn为279.5nm、Zn为213.9nm。将仪器调整好预热后，测定铁、锌、钠、钾、铜、锰时用毛细管吸喷盐酸A调零。测定钙、镁时先吸取镧溶液2.0mL，用水定容到100mL，并用毛细管吸喷该溶液调零。分别测定各元素标准工作液的吸光度，以标准使用液质量浓度为横

坐标，以对应的吸光度为纵坐标绘制标准曲线。

表4-1 配制标准使用液所吸取各元素标准储备液的体积

（单位：mL）

序号	K	Ca	Na	Mg	Zn	Fe	Cu	Mn
1	1.0	2.0	2.0	2.0	2.0	2.0	2.0	2.0
2	2.0	4.0	4.0	4.0	4.0	4.0	4.0	4.0
3	3.0	6.0	6.0	6.0	6.0	6.0	6.0	6.0
4	4.0	8.0	8.0	8.0	8.0	8.0	8.0	8.0
5	5.0	10.0	10.0	10.0	10.0	10.0	10.0	10.0

表4-2 各元素标准使用液质量浓度 （单位：μg/mL）

序号	K	Ca	Na	Mg	Zn	Fe	Cu	Mn
1	1.0	2.0	1.0	0.2	2.0	2.0	0.12	0.08
2	2.0	4.0	2.0	0.4	4.0	4.0	0.24	0.16
3	3.0	6.0	3.0	0.6	6.0	6.0	0.36	0.24
4	4.0	8.0	4.0	0.8	8.0	8.0	0.48	0.32
5	5.0	10.0	5.0	1.0	10.0	10.0	0.60	0.40

2）样品待测液的测定：调整好仪器的最佳状态，测铁、锌、钠、钾、铜、锰时用盐酸A调零；测钙、镁时，先吸取镧溶液2.0mL，用水定容到100mL，并用该溶液调零。分别吸喷样品测试液的吸光度及空白试液的吸光度，查标准曲线得到对应的质量浓度。

5. 结果计算

样品中钙、镁、锰、铜、钠、钾、铁、锌含量的计算公式为

$$X = \frac{(c_1 - c_0) \times V \times f}{m \times 1000} \times 1000$$

式中 X——样品中各元素的含量（mg/kg）；

c_1——测定液中元素的质量浓度（μg/mL）；

c_0——测定空白液中元素的质量浓度（μg/mL）；

V——样液体积（mL）；

f——样液稀释倍数；

m——样品的质量（g）。

在重复性条件下获得两次独立测定结果的绝对差值，钙、镁、钠、钾、铁、锌不得超过算术平均值的10%，铜和锰不得超过算术平均值的15%。结果以获得的两次测定结果的算术平均值表示，钙、镁、钠、钾、锰、铜、铁、锌结果保留三位有效数字。

本方法检出限：钙为10mg/kg，镁为3mg/kg，铁为0.2mg/kg，锰为

0.01mg/kg，铜为0.045mg/kg，锌为0.2mg/kg，钾为2mg/kg，钠为15mg/kg。

二、磷含量的测定

1. 原理

样品经酸氧化，使磷在硝酸溶液中与钒钼酸铵生成黄色配位化合物，然后用可见分光光度计在波长440nm处测定吸光度，其颜色的深浅与磷的含量成正比。

2. 试剂

1）硝酸：优级纯。

2）高氯酸：优级纯。

3）钼酸铵［$(NH_4)_6Mo_7O_{24}\cdot 4H_2O$］。

4）偏钒酸铵（NH_4VO_3）。

5）氢氧化钠。

6）磷酸二氢钾标准品（KH_2PO_4）。

7）2，6-二硝基酚或2，4-二硝基酚［$C_6H_3OH(NO_2)_2$］。

8）硫酸：优级纯。

9）钒钼酸铵试剂

A液：将25g钼酸铵溶于400mL水中。

B液：将1.25g偏钒酸铵溶于300mL沸水中，冷却后加250mL硝酸。

将A液缓缓倾入B液中，不断搅匀，并用水稀释至1L，储存于棕色瓶中。

10）氢氧化钠溶液（6mol/L）：称取240g氢氧化钠，溶于1000mL水中。

11）氢氧化钠溶液（0.1mol/L）：称取4g氢氧化钠，溶于1000mL水中。

12）硝酸溶液（0.2mol/L）：吸取12.5mL硝酸，用水稀释至1000mL。

13）磷的标准储备液（50μg/mL）：称取在105℃±1℃烘干至恒重的磷酸二氢钾标准品0.2197g，溶于400mL水中，加8mL硫酸，定容至1L，可长久储存。

14）二硝基酚指示剂（2g/L）：称取0.2g2，6-二硝基酚或2，4-二硝基酚溶于100mL水中。

3. 仪器

1）天平：分度值为0.1mg。

2）电热板。

3）分光光度计。

4. 操作步骤

（1）样品的处理　称取固体样品的0.5g（若为液体样品，则称取2.5g，精确至0.1mg），置于125mL锥形瓶中，放入几粒玻璃球，加10mL硝酸，然后放在电热板上加热。待剧烈反应结束后将其取下，稍冷却，再加入10mL高氯酸，重新放于电热板上加热。若消化液变黑，则需将其取下再加入5mL硝酸继续消化，直到消化液变成无色或淡黄色，且冒出白烟。在消化液剩下3~5mL时将其取下，冷却，转入50mL容量瓶中，定容。同时做空白试验。

（2）标准曲线的绘制　分别吸取磷的标准储备液0mL，2.5mL，5mL，7.5mL，10mL，15mL，分别放入50mL容量瓶中，然后分别加入10.00mL钒钼酸铵试剂，用水定容至刻度。该系列标准溶液中磷的质量浓度分别为0μg/mL，2.5μg/mL，5μg/mL，7.5μg/mL，10μg/mL，15μg/mL。在25~30℃下显色15min，用1cm比色皿，于波长440nm处测定吸光度，以吸光度为纵坐标，以磷的质量浓度为横坐标，绘制标准曲线。

（3）样品的测定　吸取样品溶液10mL置于50mL容量瓶中，加少量水后，再加2滴二硝基酚指示剂，先用氢氧化钠溶液调至黄色，再用0.2mol/L硝酸溶液调至无色，最后用0.1mol/L氢氧化钠溶液调至微黄色，加入10.00mL钒钼酸铵试剂，用水定容至刻度，以空白溶液调零。从标准曲线上查得样品溶液中磷的质量浓度。

5. 结果计算

样品中磷含量的计算公式为

$$X = \frac{c \times V_2}{m \times \frac{V_1}{V} \times 1000} \times 1000$$

式中　X——样品中磷的含量（mg/kg）；

c——从标准曲线中查得样品溶液中磷的质量浓度（μg/mL）；

V——样品消化后定容体积（mL）；

V_1——吸取样品溶液的体积（mL）；

V_2——比色液定容体积（mL）；

m——样品的总质量（g）。

在重复性条件下获得的两次独立测定结果的绝对差值不得超过算术平均值的5%。结果以获得的两次测定结果的算术平均值表示，保留三位有效数字。该方法的检出限为20mg/kg。

三、锡含量的测定

测定乳及乳制品中锡含量的方法较多，有苯芴酮比色法、栎精比色法、原子吸收光度法等。苯芴酮比色法较为稳定，干扰因素较少，但使用试剂较多；栎精比色法比较简便，但需要控制pH值；原子吸收光度法灵敏度高，但需要专门仪器。本书仅介绍苯芴酮比色法和原子吸收分光光度法。

1. 苯芴酮比色法

（1）原理　在酸性介质中，四价锡离子与苯芴酮生成微溶性的橙红色配位化合物，在保护性胶体存在的情况下与标准系列进行比较定量。加入抗坏血酸、酒石酸用于隐蔽铁离子等的干扰。

（2）仪器与试剂

1）仪器：分光光度计。

2）试剂

① 100g/L 酒石酸溶液。

② 5g/L 动物胶（明胶）溶液：称取 0.5g 动物胶移入 50mL 烧杯中，加入 20～30mL 水，在 60℃ 热水中溶解后移入 100mL 容量瓶中。使用时需新配制，储存于冰箱中。

③ 硫酸溶液（1+9）。

④ 10g/L 抗坏血酸溶液（储存于冰箱中）。

⑤ 0.3g/L 苯芴酮溶液：称取 0.03g 苯芴酮，加少量无水乙醇溶解后，再加数滴硫酸溶液（1+9）至透明，然后移入 100mL 容量瓶中，用无水乙醇稀释至刻度，储存于冰箱中。

⑥ 锡标准溶液：称取 0.1000g 纯锡置于小烧杯中，加 10mL 浓硫酸后盖上表面皿，加热至锡完全溶解，移去表面皿，继续加热至冒烟，冷却，加入 50mL 水，移至 1000mL 容量瓶中，用硫酸溶液（1+9）稀释至刻度（此溶液每毫升相当于 100μg 锡）。

（3）操作步骤

1）样品的处理（同本节测定锌含量的方法）。

2）标准曲线的绘制：准确吸取每毫升相当于 100μg 锡标准溶液 0.0mL、1.0mL、2.0mL、3.0mL、4.0mL、5.0mL，分别置于 50mL 比色管中，加入酒石酸溶液 0.5mL、抗坏血酸溶液 5mL、明胶溶液 1.5mL、硫酸溶液（1+9）10mL，并准确地加入 0.3g/L 苯芴酮溶液 2mL，用水稀释至刻度，摇匀，30min 后于分光光度计 492nm 波长处测定吸光度，并绘制标准曲线。

3）测定：吸取样品溶液 10mL 置于 50mL 比色管中，以氨水（1+1）中和后，加入酒石酸溶液 0.5mL，抗坏血酸 5mL，以后的操作同标准曲线的绘制。根据标准曲线查出样品溶液中锡的含量。

（4）结果计算　样品中锡含量的计算公式为

$$X = \frac{m}{w} \times 1000$$

式中　X——样品中锡的含量（mg/kg）；

m——从标准曲线中查出相当于锡的标准量（mg）；

w——吸取的样品溶液相当于样品的质量（g）。

（5）注意事项　天冷时，由于显色反应缓慢，标准和样品分析溶液加入显色剂后，可在37℃恒温箱内放置30min，再比色，色泽应由黄至橙红色（视锡含量而定）。

2. 原子吸收分光光度法

（1）原理 样品在碘化钾溶液中用苯直接萃取进行无火焰原子吸收分光光度法测定，求出样品溶液中锡的含量。

（2）仪器与试剂

1）仪器：原子吸收分光光度计，附石墨炉原子化器和锡空心阴极灯。

2）试剂

① 4mol/L碘化钾溶液。

② 锡标准溶液：准确称取纯锡0.1000g置于烧杯中，加入100mL硫酸溶液（1+1）加热溶解后，移入预先盛有300mL硫酸（1+1）的1000mL容量瓶中，用溶有5g柠檬酸的水溶液稀释至刻度，摇匀。此溶液每毫升含100μg锡。使用时从中吸取5mL置于100mL容量瓶中，用9mol/L硫酸稀释至刻度，此溶液每毫升含锡5μg。

（3）操作步骤

1）样品的处理（与上述苯芴酮比色法相同）。

2）测定：吸取5~10mL样品溶液置于25mL比色管中，加入4mL硫酸溶液（1+1），用水稀释至10mL，加入1mL 50%（质量分数）柠檬酸溶液，摇匀，再加入2mL 4mol/L碘化钾溶液，摇匀，然后加入5mL苯，萃取2min，静置分层，吸取上层有机相50μL注入石墨管中进行操作。测得样品溶液的吸光度，并从标准曲线中查出锡的含量。

测定条件：分析线波长为234.0nm，狭缝宽度为0.7nm，灯电流为15mA，用氘灯作背景校正。温度程序是：100℃下干燥，升温3s，保持20s；600℃下进行灰化，升温2s，保持30s；2300℃下进行原子化，升温1s，保持5s，中断氩气流；2400℃下进行净化，升温1s，保持3s。

3）标准曲线的绘制：准确吸取每毫升相当于5μg的锡标准溶液0.0mL、1.0mL、2.0mL、3.0mL、4.0mL和5.0mL，分别置于25mL比色管中，用9mol/L硫酸稀释至10mL,然后按样品测定的操作条件和步骤，测得各溶液中锡的吸光度，绘制标准曲线。

（4）结果计算 样品中锡含量的计算公式为

$$X=\frac{m\times1000}{w\times1000}$$

式中 X——样品中锡的含量（mg/kg）；

m——从标准曲线中查出相当于锡的标准量（μg）；

w——所取样液相当于样品的质量（g）。

（5）注意事项

1）样液中微量的锑、砷、铅等不影响测定。

2）加入柠檬酸的目的是使其与锡生成配位化合物而使四价锡稳定。

3）苯层呈紫红色是碘析出之故。在样品溶液萃取前加入亚硫酸钠饱和溶液还原碘，可以消除碘的干扰。

四、汞含量的测定

乳品中汞含量的测定方法主要有双硫腙比色法、冷原子吸收分光光度法、原子荧光光谱分析法等。本节介绍双硫腙比色法和冷原子吸收分光光度法。

1. 双硫腙比色法

（1）原理　在酸性介质（pH = 1 ~ 2）中，低价汞和有机汞被氧化成高价汞，双硫腙与高价汞反应生成橙红色的双硫腙汞配位化合盐，溶于四氯化碳有机溶剂，即可进行比色测定。

（2）仪器与试剂

1）仪器

①　分光光度计。

②　消化装置：500mL 磨口锥形瓶和长度为 400mm 的磨口球形冷凝管。

2）试剂

①　硝酸（优级纯）。

②　硫酸（优级纯）。

③　400g/L 氯化亚锡：称取氯化亚锡 80g，溶于 50mL 盐酸（优级纯）中，再加水至 200mL。

④　吸收液：向水中加入硫酸 50mL，放冷后，加高锰酸钾（优级纯）6g，溶解后加水至 1000mL。

⑤　200g/L 盐酸羟胺溶液：称取盐酸羟胺（化学纯）20g，溶于 100mL 水中，加双硫腙-四氯化碳溶液 5mL，振摇洗涤，弃去四氯化碳层，再加四氯化碳 100mL，洗涤至四氯化碳层无色，弃去四氯化碳层备用。

⑥　双硫腙-四氯化碳溶液（70% 透光率）（同铅的测定中双硫腙比色法）。

⑦　汞标准溶液：精密称取 105℃ 干燥的氯化汞（分析纯）0.1354g，加 1mol/L 硫酸溶液溶解后转入容量瓶中，稀释至 100mL，混合均匀。准确吸取此溶液 1mL 置于 100mL 容量瓶中，加 1mol/L 硫酸溶液稀释至刻度，混合均匀。临用时准确吸取此稀释液 5mL 置于 50mL 容量瓶中，加入 1mol/L 硫酸溶液至刻度，混合均匀。该溶液中汞的质量浓度为 1μg/mL。

⑧　1mol/L 硫酸溶液：量取 5mL 硫酸，缓缓倒入 150mL 水中，冷却后加水至 180mL。

⑨ 四氯化碳（优级纯）：不应含氧化物。

（3）操作步骤

1）样品的处理：称取乳粉约6g（牛乳、酸牛乳50g、干酪9g，称准至0.01g）置于消化装置的烧瓶中，加数粒玻璃珠、45mL硝酸、10mL硫酸（牛乳、酸牛乳则加15mL硫酸），装上冷凝管，小心加热，待开始发泡后停止加热，发泡停止后，加热回流2h。若加热过程中溶液变棕色，则再加硝酸5mL，继续回流2h，放冷，用适量水洗涤冷凝管，将洗液和消化液并入蒸馏瓶中。同时做试剂空白试验。

向蒸馏瓶中加400g/L氯化亚锡溶液30mL，摇匀，立即连接冷凝管（冷凝管下端已插入50mL吸收液中），加热蒸馏，至吸收液体积增至约100mL为止。取下吸收液，加盐酸羟胺溶液2mL，待高锰酸钾颜色消失后，将溶液移入250mL分液漏斗中，用少量水洗吸收瓶，将洗液并入分液漏斗中，放置40min，并时时振摇。

2）标准曲线的绘制：取6支250mL分液漏斗，各加50mL吸收液及60mL水。准确吸取汞标准溶液0.00mL、0.50mL、1.00mL、1.50mL、2.00mL、2.50mL，分别加入分液漏斗中，摇匀，再加盐酸羟胺溶液2mL，放置20min，并时时摇动。

在样品溶液、空白试液及汞标准溶液内分别加双硫腙-四氯化碳溶液5mL，用力振摇2min，静置分层后，经脱脂棉将四氯化碳层滤入1cm比色杯中，以四氯化碳调零点，于波长490nm处测吸光度，以标准溶液中汞的质量为横坐标，以吸光度为纵坐标，绘制标准曲线。

（4）结果计算　样品中汞含量的计算公式为

$$w_{Hg} = \frac{m_1 \times 10^{-6}}{m} \times 100\%$$

式中 w_{Hg}——样品中汞的质量分数；

m_1——扣除空白后样品溶液中汞的质量（μg）；

m——样品的质量（g）。

2. *冷原子吸收分光光度法*

（1）原理　在强酸性溶液中，用氯化亚锡将汞离子还原为汞，然后以氮气或干燥清洁空气为载体，将汞吹出。汞蒸气在波长253.7nm处有强烈的吸收，据此进行测定，与标准系列比较定量。

（2）仪器与试剂

1）仪器

① 测汞仪。

② 消化装置（同上述双硫腙比色法）。

③　汞蒸气发生器：容积500mL，如图4-1所示。

④　抽气装置。

2）试剂

①　硝酸（优级纯）。

②　硫酸（优级纯）。

③　300g/L氯化亚锡溶液。

④　无水氯化钙（干燥用）。

⑤　5mol/L混合酸：硫酸10mL，硝酸10mL，慢慢倒入50mL水内，冷却后再加水至100mL。

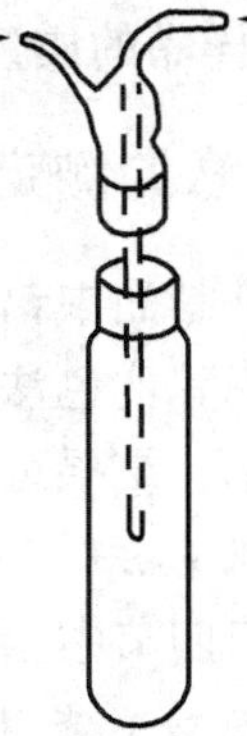

图4-1　汞蒸气发生器

⑥　0.1μg/mL汞标准溶液：称取在105℃干燥过的分析纯氯化汞0.1354g，加混合酸溶解后，稀释至100mL，混合均匀。临用时准确吸取此液1mL置于100mL容量瓶中，加混合酸稀释至刻度，混合均匀。再准确吸取此稀释液1mL置于100mL容量瓶中，加混合酸稀释至刻度，混合均匀。

（3）操作步骤

1）样品的处理：称取样品20g（准确至0.01g），置于500mL圆底烧瓶中，加数粒玻璃珠，连接冷凝管，通水冷却。从冷凝管上端加硝酸30mL、硫酸5mL（牛乳、酸牛乳则加10mL），小心转动烧瓶，防止局部炭化。用小火加热，待开始发泡后停止加热，发泡停止后，加热回流2h，放冷后从冷凝管上端小心加入水20mL，继续加热回流10min，放冷后用适量水冲洗冷凝管，将消化液经玻璃棉滤至100mL容量瓶中，并用少量水洗涤烧瓶及过滤器，将洗液并入容量瓶中，加水定容，摇匀。同时做空白试验。

2）标准曲线的绘制：准确吸取汞标准溶液0.00mL，0.10mL，0.20mL，0.30mL，0.40mL，分别置于试管中，各加混合酸至10mL。

3）测定：准确吸取样品溶液、空白试液各10mL，分别置于汞蒸气发生器内，连接抽气装置，沿发生器内壁迅速加入氯化亚锡溶液2mL，立即通入流量为1.5L/min的氮气或经活性炭处理的空气，将汞蒸气经氯化钙干燥管吹入测汞仪中，读取测汞仪上的最大读数。

汞标准系列溶液也按上述操作，并以汞的质量浓度为横坐标，以吸光度为纵坐标，绘制标准曲线。

（4）结果计算　样品中汞含量的计算公式

$$w_{Hg} = \frac{m_1 \times 10^{-6}}{m \times \frac{10}{100}} \times 100\%$$

式中 w_{Hg}——样品中汞的质量分数；

m_1——扣除空白后样品中汞的质量（μg）；

m——样品的质量（g）。

五、铅含量的测定

测定乳及乳制品中铅含量的方法主要有双硫腙比色法和原子吸收分光光度法。其中，双硫腙比色法为测定铅的标准和常规方法；原子吸收分光光度法测定铅，方法简单，结果可靠。

1. *双硫腙比色法*

同第二章第四节中铅含量的测定方法1。

2. *原子吸收分光光度法*

（1）原理 同第二章第四节中铅含量的测定方法2。

（2）仪器与试剂 同第二章第四节中铅含量的测定方法2。

（3）操作步骤

1）样品的处理：样品经混匀后，量取50.0mL，置于瓷坩埚中，加磷酸（1+10），在水浴上蒸干，用小火炭化，然后移入电阻炉中，在500℃下灰化16h后，取出坩埚，放冷后再加少量混合酸，再用小火加热，不使其干涸，必要时再加少许混合酸，如此反复处理，直至残渣中无炭粒。待坩埚稍冷，加10mL盐酸（1+11），溶解残渣并移入50mL容量瓶中，再用水反复洗涤坩埚，将洗液并入容量瓶中，并稀释至刻度，混匀备用。取与试样相同量的混合酸和盐酸（1+11），按同一操作方法做试剂空白试验。

2）标准曲线的绘制：同第二章第四节中铅含量的测定方法2。

3）测定：同第二章第四节中铅含量的测定方法2。

（4）结果计算 同第二章第四节中铅含量的测定方法2。

第二节 乳及乳制品中致病菌的检验

一、沙门氏菌的检验

同第三章第三节沙门氏菌的检验。

二、志贺氏菌的检验

同第三章第三节志贺氏菌的检验。

三、葡萄球菌的检验

同第三章第三节葡萄球菌的检验。

四、溶血性链球菌的检验

同第三章第三节溶血性链球菌的检验。

第三节　乳及乳制品检验技能训练

• 训练1　鲜奶中铁含量的测定

1. 试剂及仪器的准备

(1) 仪器　原子吸收分光光度计、铁空心阴极灯。

测定条件：分析线波长为248.3nm，灯电流为8mA，狭缝宽度为0.2nm，空气流量为8L/min，乙炔气流量为2.0L/min。

(2) 试剂　盐酸A（体积分数为2%）、盐酸B（体积分数为20%）、硝酸溶液（体积分数为50%）、100.0μg/mL铁标准储备液。

2. 操作步骤

(1) 样品待测液的制备　称取混合均匀的样品约15g（精确到0.0001g）置于坩埚中，在电炉上微火炭化至不再冒烟，然后移入电阻炉中，于490℃ ±5℃灰化约5h。如果有黑色炭粒，那么在冷却后滴加少许硝酸溶液湿润，在电炉上用小火蒸干后，再移入490℃高温炉中继续灰化成白色灰烬。冷却至室温后取出，加入5mL盐酸B，在电炉上加热使灰烬充分溶解冷却至室温后，移入50mL容量瓶中，用水定容。同时处理至少两个空白试液。

(2) 标准曲线的绘制　吸取铁标准储备液2.00mL、4.00mL、6.00mL、8.00mL、10.00mL分别置于100mL容量瓶中，配制铁使用液，用盐酸A定容。

按照仪器说明书将仪器工作条件调整到测定的最佳状态，选用波长为248.3nm的灵敏吸收线将仪器调整好并预热后，用毛细管吸喷盐酸A调零。分别测定各标准使用液的吸光度。以各标准使用液的质量浓度为横坐标，以对应的吸光度为纵坐标绘制标准曲线。

(3) 样品待测液的测定　调整好仪器的最佳状态，用盐酸A调零，分别吸喷样品待测液的吸光度及空白试液的吸光度，查标准曲线得到对应的质量浓度。

平行测定两次，两次测定的结果之差不得超过平均值的10%。

3. 数据记录及处理

（1）数据记录

	标准溶液					样品溶液		空白溶液
样品质量/g	—							—
吸取铁标准溶液的体积/mL	2.0	4.0	6.0	8.0	10.0	—	—	—
溶液中铁的含量/（μg/mL）	2.0	4.0	6.0	8.0	10.0			
各溶液吸光度 A								

（2）结果计算　样品中铁含量的计算公式为

$$X = \frac{(c_1 - c_0) \times V \times f}{m \times 1000} \times 1000$$

式中　X——样品中铁的含量（mg/kg）；

c_1——测定液中铁的质量浓度（μg/mL）；

c_0——测定空白液中铁的质量浓度（μg/mL）；

V——测定液的体积（mL）；

f——样液稀释倍数；

m——样品的质量（g）。

计算平行测定结果的平均值和两次测定结果之差与平均值的百分比。

训练2　鲜奶中锌含量的测定

1. 试剂及仪器的准备

（1）仪器　原子吸收分光光度计、锌空心阴极灯。

（2）试剂　盐酸A（体积分数为2%）、盐酸B（体积分数为20%）、硝酸溶液（体积分数为50%）、100.0μm/mL锌标准储备液。

2. 操作步骤

（1）样品待测液的制备　称取混合均匀的样品约15g（精确到0.0001g）置于坩埚中，在电炉上微火炭化至不再冒烟，然后移入电阻炉中，于490℃ ±5℃灰化约5h。如果有黑色炭粒，那么在冷却后滴加少许硝酸溶液湿润，在电炉上用小火蒸干后，再移入490℃高温炉中继续灰化成白色灰烬，冷却至室温后取出，加入5mL盐酸B，在电炉上加热使灰烬充分溶解。冷却至室温后，移入50mL容量瓶中，用水定容。同时处理至少两个空白试液。

（2）标准曲线的绘制　吸取锌标准储备液2.00mL、4.00mL、6.00mL、8.00mL、10.00mL分别置于100mL容量瓶中，用盐酸A定容，此为不同浓度的锌标准使用液。

按照仪器说明书将仪器工作条件调整到测定的最佳状态，选用波长为213.9nm的灵敏吸收线将仪器调整好并预热后，用毛细管吸喷盐酸A调零，分别测定各标准使用液的吸光度。以各标准使用液的质量浓度为横坐标，以对应的吸光度为纵坐标绘制标准曲线。

（3）样品待测液的测定　调整好仪器的最佳状态，用盐酸 A 调零，分别吸喷样品测试液的吸光度及空白试液的吸光度，查标准曲线得到对应的质量浓度。

平行测定两次，两次测定的结果之差不得超过平均值的 10%。计算结果保留三位有效数字。

3. 数据记录及处理

（1）数据记录

	标准溶液					样品溶液		空白溶液
样品质量/g	—							—
吸取锌标准溶液的体积/mL	2.0	4.0	6.0	8.0	10.0	—	—	—
溶液中锌的含量/（μg/mL）	2.0	4.0	6.0	8.0	10.0			
各溶液吸光度 A								

（2）结果计算　样品中锌含量的计算公式为

$$X = \frac{(c_1 - c_0) \times V \times f}{m \times 1000} \times 1000$$

式中　X——样品中锌的含量（mg/kg）；

c_1——测定液中锌的质量浓度（μg/mL）；

c_0——测定空白液中锌的质量浓度（μg/mL）；

V——测定液的体积（mL）；

f——样液稀释倍数；

m——样品的质量（g）。

计算平行测定结果的平均值和两次测定结果之差与平均值的百分比。

• 训练 3　奶油中钾含量的测定

1. 试剂及仪器的准备

（1）仪器　原子吸收分光光度计、钾空心阴极灯。

测定条件：波长为 766.5nm，空气压力为 0.4×10^5Pa，燃气的调整以火焰不出现黄色火焰为准。

（2）试剂　盐酸 A（体积分数为 2%）、盐酸 B（体积分数为 20%）、硝酸溶液（体积分数为 50%）、100.0μg/mL 钾标准储备液。

2. 操作步骤

（1）样品的处理　称取混合均匀的样品约 5g（精确到 0.0001g）置于坩埚中，在电炉上用微火炭化至不再冒烟，然后移入电阻炉中，于 490℃ ±5℃ 灰化约 5h。如果有黑色炭粒，那么在冷却后滴加少许硝酸溶液湿润，在电炉上用小火蒸干后，再移入490℃高温炉中继续灰化成白色灰烬。冷却至室温后取出，加入5mL盐酸B，在电炉上加热使灰烬充分溶解。冷却至室温后，移入50mL容量瓶中，用水定容。同时处理至少两个空白试液。

（2）样品待测液的制备　从50mL的试液中准确吸取0.5mL置于100mL容量瓶中，用盐酸A定容。用同样的方法处理空白试液。

（3）标准曲线的绘制　吸取钾标准储备液1.00mL、2.00mL、3.00mL、4.00mL、5.00mL分别置于100mL容量瓶中，用盐酸A定容，此为不同浓度的钾标准使用液。

按照仪器说明书将仪器工作条件调整到测定的最佳状态，选用波长为766.5nm的灵敏吸收线将仪器调整好并预热后，用毛细管吸喷盐酸A调零，分别测定各标准使用液的吸光度。以各标准使用液的质量浓度为横坐标，以对应的吸光度为纵坐标绘制标准曲线。

（4）样品待测液的测定　调整好仪器的最佳状态，用盐酸A调零，分别吸喷样品测试液的吸光度及空白试液的吸光度，查标准曲线得到对应的质量浓度。

平行测定两次，两次测定的结果之差不得超过平均值的10%。

3. 数据记录及处理

（1）数据记录

	标准溶液					样品溶液		空白溶液
样品质量/g	—							—
吸取钾标准溶液的体积/mL	1.0	2.0	3.0	4.0	5.0	—	—	—
溶液中钾的含量/（μg/mL）	1.0	2.0	3.0	4.0	5.0			
各溶液吸光度A								

（2）结果计算　样品中钾含量的计算公式为

$$X = \frac{(c_1 - c_0) \times V \times f}{m \times 1000} \times 1000$$

式中　X——样品中钾的含量（mg/kg）；

c_1——测定液中钾的质量浓度（μg/mL）；

c_0——测定空白液中钾的质量浓度（μg/mL）；

V——测定液的体积（mL）；

f——样液稀释倍数；

m——样品的质量（g）。

计算平行测定结果的平均值和两次测定结果之差与平均值的百分比。

训练4　干酪中钠含量的测定

1. 试剂及仪器的准备

（1）仪器　原子吸收分光光度计、钠空心阴极灯。

测定条件：波长为 589.0nm，空气压力为 0.4×10^5Pa，燃气的调整以火焰中不出现黄色火焰为准。

（2）试剂　盐酸 A（体积分数为2%）、盐酸 B（体积分数为20%）、硝酸溶液（体积分数为50%）、50.0μg/mL 钠标准储备液。

2. 操作步骤

（1）样品的处理　称取混合均匀的样品约 5g（精确到 0.0001g）置于坩埚中，在电炉上用微火炭化至不再冒烟，然后移入电阻炉中，于 490℃ ±5℃ 灰化约 5h。如果有黑色炭粒，那么在冷却后滴加少许硝酸溶液湿润，在电炉上用小火蒸干后，再移入 490℃ 高温炉中继续灰化成白色灰烬。冷却至室温后取出，加入 5mL 盐酸 B，在电炉上加热使灰烬充分溶解。冷却至室温后，移入 50mL 容量瓶中，用水定容。同时处理至少两个空白试液。

（2）样品待测液的制备　从 50mL 的试液中准确吸取 1.0mL 置于 100mL 容量瓶中，用盐酸 A 定容。用同样的方法处理空白试液。

（3）标准曲线的绘制　吸取钠标准储备液 2.00mL、4.00mL、6.00mL、8.00mL、10.00mL 分别置于 100mL 容量瓶中，用盐酸 A 定容，此为不同浓度的钠标准使用液。

按照仪器说明书将仪器工作条件调整到测定的最佳状态，选用波长为 589.0nm 的灵敏吸收线将仪器调整好并预热后，用毛细管吸喷盐酸 A 调零，分别测定各标准使用液的吸光度。以各标准使用液的质量浓度为横坐标，以对应的吸光度为纵坐标绘制标准曲线。

（4）样品待测液的测定　调整好仪器的最佳状态，用盐酸 A 调零，分别吸喷样品测试液的吸光度及空白试液的吸光度，查标准曲线得到对应的质量浓度。

平行测定两次，两次测定的结果之差不得超过平均值的 10%。

3. 数据记录及处理

（1）数据记录

	标准溶液					样品溶液		空白溶液
样品质量/g	—							—
吸取钠标准溶液的体积/mL	2.0	4.0	6.0	8.0	10.0	—	—	—
溶液中钠的含量/（μg/mL）	1.0	2.0	3.0	4.0	5.0			
各溶液吸光度 *A*								

（2）结果计算　样品中钠含量的计算公式为

$$X=\frac{(c_1-c_0)\times V\times f}{m\times1000}\times1000$$

式中 X——样品中钠的含量（mg/kg）；

c_1——测定液中钠的质量浓度（μg/mL）；

c_0——测定空白液中钠的质量浓度（μg/mL）；

V——测定液的体积（mL）；

f——样液稀释倍数；

m——样品的质量（g）。

计算平行测定结果的平均值和两次测定结果之差与平均值的百分比。

• 训练5　鲜奶中镁含量的测定

1. 试剂及仪器的准备

（1）仪器　原子吸收分光光度计、镁空心阴极灯。

测定条件：波长为285.2nm，仪器狭缝宽度、空气及乙炔的流量、灯头高度、元素灯电流等均按仪器说明调至最佳状态。

（2）试剂　盐酸A（体积分数为2%）、盐酸B（体积分数为20%）、硝酸溶液（体积分数为50%）、镧溶液（50g/L）、10.0μg/mL镁标准储备液。

2. 操作步骤

（1）样品的处理　称取混合均匀的样品约15g（精确到0.0001g）置于坩埚中，在电炉上用微火炭化至不再冒烟，然后移入电阻炉中，于490℃±5℃灰化约5h。如果有黑色炭粒，那么在冷却后滴加少许硝酸溶液湿润，在电炉上用小火蒸干后，再移入490℃高温炉中继续灰化成白色灰烬。冷却至室温后取出，加入5mL盐酸B，在电炉上加热使灰烬充分溶解。冷却至室温后，移入50mL容量瓶中，用水定容。同时处理至少两个空白试液。

（2）样品待测液的制备　从50mL的试液中准确吸取1.0mL置于100mL容量瓶中，加2.0mL镧溶液，用水定容。用同样的方法处理空白试液。

（3）标准曲线的绘制　吸取镁标准储备液2.00mL、4.00mL、6.00mL、8.00mL、10.00mL分别置于100mL容量瓶中，同时吸取2.0mL镧溶液置于各容量瓶，用水定容。此为不同浓度的镁标准使用液。

按照仪器说明书将仪器工作条件调整到测定的最佳状态，选用波长为285.2nm的灵敏吸收线将仪器调整好并预热后，先吸取镧溶液2.0mL，再用水定容到100mL，并用毛细管吸喷该溶液调零，分别测定各标准使用液的吸光度。以各标准使用液的质量浓度为横坐标，以对应的吸光度为纵坐标绘制标准曲线。

（4）样品待测液的测定　调整好仪器的最佳状态，先吸取镧溶液2.0mL，用水定容到100mL，并用该溶液调零。分别吸喷样品测试液的吸光度及空白试液的吸光度，查标准曲线得到对应的质量浓度。

平行测定两次，两次测定的结果之差不得超过平均值的10%。

3. 数据记录及处理

(1) 数据记录

	标准溶液					样品溶液		空白溶液
样品质量/g	—							—
吸取镁标准溶液的体积/mL	2.0	4.0	6.0	8.0	10.0	—	—	—
溶液中镁的含量/(μg/mL)	0.2	0.4	0.6	0.8	1.0			
各溶液吸光度 A								

(2) 结果计算　样品中镁含量的计算公式为

$$X = \frac{(c_1 - c_0) \times V \times f}{m \times 1000} \times 1000$$

式中　X——样品中镁的含量(mg/kg);

c_1——测定液中镁的质量浓度(μg/mL);

c_0——测定空白液中镁的质量浓度(μg/mL);

V——测定液的体积(mL);

f——样液稀释倍数;

m——样品的质量(g)。

计算平行测定结果的平均值和两次测定结果之差与平均值的百分比。

● 训练6　奶粉中钙含量的测定

1. 试剂及仪器的准备

(1) 仪器　原子吸收分光光度计、钙空心阴极灯。

(2) 试剂　盐酸A(体积分数为2%)、盐酸B(体积分数为20%)、硝酸溶液(体积分数为50%)、镧溶液(50g/L)、100.0μg/mL 钙标准储备液。

2. 操作步骤

(1) 样品的处理　称取混合均匀的样品约15g(精确到0.0001g)置于坩埚中,在电炉上用微火炭化至不再冒烟,然后移入电阻炉中,于490℃±5℃灰化约5h。如果有黑色炭粒,那么在冷却后滴加少许硝酸溶液湿润,在电炉上用小火蒸干后,再移入490℃高温炉中继续灰化成白色灰烬。冷却至室温后取出,加入5mL盐酸B,在电炉上加热使灰烬充分溶解。冷却至室温后,移入50mL容量瓶中,用水定容,同时处理至少两个空白试液。

(2) 样品待测液的制备　从50mL的试液中准确吸取1.0mL置于100mL容量瓶中,加2.0mL镧溶液,用水定容。用同样的方法处理空白试液。

(3) 标准曲线的绘制　吸取钙标准储备液2.00mL、4.00mL、6.00mL、8.00mL、10.00mL分别置于100mL容量瓶中,同时吸取2.0mL镧溶液置于各容量瓶,用水定容。此为不同浓度的钙标准使用液。

按照仪器说明书将仪器工作条件调整到测定的最佳状态，选用波长为422.7nm的灵敏吸收线将仪器调整好并预热后，先吸取镧溶液2.0mL，用水定容到100mL，并用毛细管吸喷该溶液调零，分别测定各标准使用液的吸光度。以各标准使用液的质量浓度为横坐标，以对应的吸光度为纵坐标绘制标准曲线。

（4）样品待测液的测定　调整好仪器的最佳状态，先吸取镧溶液2.0mL，用水定容到100mL，并用该溶液调零。分别吸喷样品测试液的吸光度及空白试液的吸光度，查标准曲线得到对应的质量浓度。

平行测定两次，两次测定的结果之差不得超过平均值的10%。

3. 数据记录及处理

（1）数据记录

	标准溶液					样品溶液		空白溶液
样品质量/g	—							—
吸取钙标准溶液的体积/mL	2.0	4.0	6.0	8.0	10.0	—	—	—
溶液中钙的含量/（μg/mL）	2.0	4.0	6.0	8.0	10.0			
各溶液吸光度 A								

（2）结果计算　样品中钙含量的计算公式为

$$X = \frac{(c_1 - c_0) \times V \times f}{m \times 1000} \times 1000$$

式中　X——样品中钙的含量（mg/kg）；

c_1——测定液中钙的质量浓度（μg/mL）；

c_0——测定空白液中钙的质量浓度（μg/mL）；

V——测定液的体积（mL）；

f——样液稀释倍数；

m——样品的质量（g）。

计算平行测定结果的平均值和两次测定结果之差与平均值的百分比。

训练7　甜炼乳中铜含量的测定

1. 试剂及仪器的准备

（1）仪器　原子吸收分光光度计、铜空心阴极灯。

（2）试剂　盐酸A（体积分数为2%）、盐酸B（体积分数为20%）、硝酸溶液（体积分数为50%）、6.0μg/mL铜标准储备液。

2. 操作方法

（1）样品待测液的制备　称取混合均匀的样品约5g（精确到0.0001g）置于坩埚中，在电炉上用微火炭化至不再冒烟，然后移入电阻炉中，于490℃±5℃灰化约5h。如果有黑色炭粒，那么在冷却滴加少许硝酸溶液湿润，在电炉上用小火蒸干后，再移入490℃高温炉中继续灰化成白色灰烬。冷却至室温后取出，加入5mL盐酸B，在电炉上加热使灰烬充分溶解。冷却至室温后，移入50mL容量瓶中，用水定容。同时处理至少两个空白试液。

（2）标准曲线的绘制　吸取铜标准储备液2.00mL、4.00mL、6.00mL、8.00mL、10.00mL分别置于100mL容量瓶中，用盐酸A定容。此为不同浓度的铜标准使用液。

按照仪器说明书将仪器工作条件调整到测定的最佳状态，选用波长为324.8nm的灵敏吸收线将仪器调整好并预热后，用毛细管吸喷盐酸A进行调零，分别测定各标准使用液的吸光度。以各标准使用液的质量浓度为横坐标，以对应的吸光度为纵坐标绘制标准曲线。

（4）样品待测液的测定　调整好仪器的最佳状态，用盐酸A调零，分别吸喷样品测试液的吸光度及空白试液的吸光度，查标准曲线得到对应的质量浓度。

平行测定两次，两次测定的结果之差不得超过平均值的15%。

3. 数据记录及处理

（1）数据记录

	标准溶液					样品溶液		空白溶液
样品质量/g	—							—
吸取铜标准溶液的体积/mL	2.0	4.0	6.0	8.0	10.0	—	—	—
溶液中铜的含量/（μg/mL）	0.12	0.24	0.36	0.48	0.60			
各溶液吸光度 A								

（2）结果计算　样品中铜含量的计算公式为

$$X=\frac{(c_1-c_0)\times V\times f}{m\times 1000}\times 1000$$

式中　X——样品中铜的含量（mg/kg）；

c_1——测定液中铜的质量浓度（μg/mL）；

c_0——测定空白液中铜的质量浓度（μg/mL）；

V——测定液的体积（mL）；

f——样液稀释倍数；

m——样品的质量（g）。

计算平行测定结果的平均值和两次测定结果之差与平均值的百分比。

复习思考题

1. 乳及乳制品中存在哪些微量元素？它们对人体有何作用？
2. 简述乳及乳制品中有害元素对人体的危害性。
3. 测定乳及乳制品中金属离子含量时，所用玻璃仪器应如何处理？
4. 简述用火焰发射光谱法检测乳及乳制品中钾、钠含量的测定条件。
5. 简述苯芴酮比色法测定乳及乳制品中锡含量的基本原理。
6. 简述过硫酸铵比色法测定乳及乳制品中锰含量的基本原理。
7. 简述双硫腙比色法测定乳及乳制品中铅含量的基本原理。
8. 用双硫腙比色法测定乳及乳制品中铅的含量时，如何检查三氯甲烷是否含有氧化物？若含有，则应如何处理？
9. 用双硫腙比色法测定乳及乳制品中铅的含量时，样品的处理方法有哪几种？
10. 简述原子吸收分光光度法检测乳及乳制品中铅含量的测定条件。
11. 简述二乙氨基二硫代甲酸钠法测定乳及乳制品中铜含量的基本原理。
12. 简述原子吸收分光光度法检测乳及乳制品中铜含量的测定条件。
13. 简述双硫腙比色法测定乳及乳制品中锌含量的基本原理。
14. 简述原子吸收分光光度法检测乳及乳制品中镁含量的测定条件。
15. 简述双硫腙比色法测定乳及乳制品中汞含量的基本原理。
16. 用双硫腙比色法测定乳及乳制品中汞含量时样品如何处理？
17. 简述冷原子吸收法测定乳及乳制品中汞含量的基本原理。
18. 简述硫氰酸盐光度法测定乳及乳制品中铁含量的基本原理。
19. 用原子吸收分光光度法测定乳及乳制品中铁含量时样品如何处理？
20. 简述原子吸收分光光度法检测乳及乳制品中铁含量的测定条件。
21. 在志贺氏菌检验过程中，进行分离和初步生化试验时，哪些培养物可先弃去？为什么？
22. 志贺氏菌在酸性条件下能否存活？
23. 试比较葡萄球菌和链球菌形态特征的异同。
24. 链球菌的致病机理是什么？
25. 葡萄球菌的致病机理是什么？
26. 简述志贺氏菌的致病机理。

第五章

白酒、果酒、黄酒检验

培训学习目标 通过本章学习，使学生了解黄酒中氧化钙的含量，以及白酒中氰化物、锰、铅，葡萄酒中铁含量测定的原理，熟练掌握其测定的操作方法及注意事项。

第一节 黄酒中氧化钙含量的测定

测定黄酒中氧化钙含量的方法有高锰酸钾滴定法和原子吸收分光光度法。

1. 高锰酸钾滴定法

（1）原理 酒样中的钙离子与草酸铵形成难溶的草酸钙沉淀，用硫酸溶解草酸钙，然后用高锰酸钾标准溶液滴定，当草酸完全被氧化后，稍过量的高锰酸钾使溶液呈淡红色，指示滴定终点，最后根据高锰酸钾用量计算氧化钙的含量。

（2）试剂

1）高锰酸钾标准溶液（$c_{\frac{1}{5}KMnO_4} = 0.05mol/L$）：称取高锰酸钾 1.7g，溶于 1000mL 水中，加热至沸，保持微沸 20～30min，冷却后置于暗处保存 2～3 天。用微孔玻璃漏斗过滤，将滤液储存于棕色试剂瓶中，并按以下方法进行标定。

称取在 105～110℃下烘干至质量恒定的基准草酸钠 0.1000g，溶于 50mL 水中，加入 8mL 硫酸，加热至 80℃左右，不断搅拌，以用高锰酸钾标准溶液滴定至溶液呈淡粉红色并在 30s 内不消失为终点。计算高锰酸钾标准溶液浓度的公式为

$$c_{\frac{1}{5}KMnO_4} = \frac{m}{\frac{(V_1 - V_0)}{1000} \times 67}$$

式中 c——高锰酸钾标准溶液的浓度（mol/L）；

m——草酸钠的质量（g）；

V_1——高锰酸钾标准溶液的用量（mL）；

V_0——空白试液高锰酸钾标准溶液的用量（mL）；

67——1/2 草酸钠分子的摩尔质量（g/mol）。

2）5g/L 甲基橙指示液：称取 0.5g 甲基橙溶于 100mL 水中，摇匀。

3）硫酸溶液(1+3)：量取浓硫酸 1 份，缓缓倒入 3 份水中，混合均匀。

4）氢氧化铵溶液(1+10)：量取 1 份氨水，与 10 份水混合均匀。

5）氢氧化铵溶液（1+500）：量取 1 份氨水，与 500 份水混合均匀。

6）浓盐酸。

7）10g/L 硝酸银溶液：称取 1.0g 硝酸银溶于 100mL 水中，摇匀。

8）饱和草酸铵溶液：称取 5.6g 草酸铵溶于 100mL 水中，摇匀。

（3）操作步骤　准确吸取酒样 25mL 置于 400mL 烧杯中，以 50mL 蒸馏水稀释，加 3 滴甲基橙指示液及浓盐酸 2mL，再加入饱和草酸铵溶液 30mL 并将溶液煮沸，搅动，逐渐加入氢氧化铵溶液(1+10)至甲基橙变为黄色，将烧杯放于温热处 2h，过滤后用氢氧化铵溶液(1+500)洗涤沉淀至无氯离子反应(以硝酸酸化后用硝酸银检验无白色沉淀为止)。将洗净的沉淀及滤纸小心取下，置于烧杯中，加入沸蒸馏水 100mL、硫酸溶液(1+3)25mL，保持溶液温度在 60～80℃，用 $c_{1/5KMnO_4}$=0.05mol/L 的高锰酸钾标准溶液滴定至溶液呈微红色为终点。

（4）结果计算　样品中氧化钙含量的计算公式为

$$X=\frac{cV_1\times 28}{V\times 1000}$$

式中　X——样品中氧化钙的含量(g/mL)；

c——高锰酸钾标准溶液的浓度(mol/L)；

V_1——滴定时消耗高锰酸钾标准溶液的体积(mL)；

V——取样量(mL)；

28——1mol 高锰酸钾相当的氧化钙的质量（g/mol）。

2. *原子吸收分光光度法*

此法准确、快速，是测定氧化钙的仲裁检验方法。

（1）原理　从光源辐射出待测元素的特征波长的光，通过火焰中样品蒸气时，被待测元素基态原子吸收。其吸收的量与火焰中原子的含量成正比。

（2）仪器与试剂。

1）仪器

① 原子吸收分光光度计

② 分析天平(分度值为 0.0001g)。

③ 凯氏烧瓶(250mL)。

2）试剂

① 浓硝酸(分析纯)。

② 浓硫酸(分析纯)。

③ 氯化镧溶液：称取 80.2g 氯化镧($LaCl_3 \cdot 7H_2O$ 优级纯)，溶于水后，转移至 1000mL 容量瓶中，加水定容至刻度，摇匀。

④ 钙标准溶液：称取在 105℃烘干的优级纯碳酸钙 1.2485g 于 100mL 烧杯中，加入 20mL 水，然后慢慢加入盐酸溶液(1+2)使其溶解，待溶解完后，再加盐酸溶液(1+2)5mL，煮沸除去二氧化碳，转移至 1000mL 容量瓶中，加水至刻度，摇匀。此溶液 1.00mL 含 0.50mg 钙。

(3) 操作步骤。

1）样品的处理：吸取 10mL 样品置于 250mL 凯氏烧瓶中，加 10mL 浓硝酸，5mL 浓硫酸，轻轻振摇，置于电炉上加热消化至样品透明无色或淡棕色，冷却后移入 100mL 容量瓶中，加氯化镧溶液 2.5mL，定容，同时做试剂空白试验。

2）钙标准溶液的制备：分别吸取钙标准溶液 0.00mL、1.00mL、2.00mL、3.00mL、4.00mL 置于 5 个 100mL 容量瓶中，各加氯化镧溶液 2.5mL 和适量硝酸，再加水定容至刻度。此溶液每毫升分别相当于 0.0μg、5.0μg、10.0μg、15.0μg、20.0μg 钙。

3）测定：将测定波长调至 422.7nm，将钙标准溶液、试剂空白溶液和处理后的样品溶液依次导入火焰中进行测定，记录各吸光度。以标准钙的含量对其吸光度绘制标准曲线，再分别以试剂空白溶液和样品的吸光度，从标准曲线中查出钙的含量。

(4) 结果计算　样品中氧化钙含量的计算公式为

$$X = \frac{(c - c_0)V \times 1.4}{V_S \times 10^6}$$

式中　X——样品中氧化钙的含量(g/mL)；

c——样品中钙的含量(μg/mL)；

c_0——试剂空白溶液中钙的含量(μg/mL)；

V_S——取样量(mL)；

V——样品处理后的总体积(mL)；

1.4——氧化钙与钙的换算系数。

第二节　白酒中氰化物含量的测定

测定白酒中的氰化物含量常用异烟酸-吡唑啉酮比色法。

1. 原理

同第二章第二节粮油及其制品中氰化物含量的测定。

2. 仪器与试剂

同第二章第二节粮油及其制品中氰化物含量的测定。

3. 操作步骤

（1）样品的处理　若样品无色透明，则直接吸取1mL样品置于10mL具塞比色管中，加入2g/L氢氧化钠溶液至5mL，放置10min。

若样品混浊有色，则取25mL样品置于250mL全玻璃蒸馏器中，加入2g/L氢氧化钠溶液5mL，碱解10min，加水50mL，以饱和酒石酸溶液调节溶液呈酸性，进行蒸馏，在50mL容量瓶中加2g/L氢氧化钠溶液10mL接受馏出液，收集馏出液约50mL，定容，摇匀。取2mL馏出液置于10mL具塞比色管中，加1g/L氢氧化钠溶液至5mL，摇匀。

（2）标准曲线的绘制　同第二章第二节粮油及其制品中氰化物含量的测定。

（3）测定　同第二章第二节粮油及其制品中氰化物含量的测定。

4. 结果计算

（1）无色样品的计算公式为

$$X = \frac{m \times 1000}{V \times 1000}$$

（2）浑浊有色样品的计算公式为

$$X = \frac{m \times 1000}{V \times \frac{2}{50} \times 1000}$$

式中　X——样品中氰化物的含量（以氢氰酸计）（mg/L）；

m——测定样品中氰化物的质量（以氢氰酸计）（μg）；

V——样品体积（mL）。

其中，“2/50”表示从50mL馏出液中取2mL进行测定。

5. 注意事项

1）氰化钾是剧毒品，取溶液时不可用口吸。比色后标准管的销毁方法是：在管中加入氢氧化钠和硫酸亚铁，使氰化钾生成亚铁氰酸盐而失去剧毒，反应式为

$$2OH^- + Fe^{2+} \longrightarrow Fe(OH)_2$$

$$Fe(OH)_2 + 6CN^- \longrightarrow [Fe(CN)_6]^{4-} + 2OH^-$$

2）氯胺T溶液不稳定，最好临用时现配。

第三节 白酒、果酒、黄酒中微量元素含量的测定

一、白酒中铅含量的测定

测定白酒中铅含量的方法有双硫腙比色法和原子吸收分光光度法。双硫腙比色法是经典方法，虽然操作繁杂，但是不需要高精仪器，一般实验室均可操作；原子吸收分光光度法快速准确，但原子吸收仪价格昂贵，可根据实验室具体情况选择检验方法。

1. 双硫腙比色法

（1）原理　同第二章第四节中铅含量的测定方法1。

（2）仪器与试剂　同第二章第四节中铅含量的测定方法1。

（3）操作步骤。

1）样品的处理

① 干法处理酒样：吸取25.0mL酒样置于瓷蒸发皿中，于水浴上蒸干，加盐酸溶液(1+1)10mL将残渣溶解，再于水浴上蒸干，移入电阻炉中于500℃灰化至白灰，难灰化的酒样可加入100g/L硝酸镁溶液2mL或1g氧化镁作助灰剂。若样品在电阻炉中不易烧成灰白色，则可在冷却后于坩埚中加硝酸数滴使残渣湿润，蒸干后再行灼烧，直至烧至灰白色。加盐酸溶液(1+9)5mL分三次溶解残渣，分次移入25mL容量瓶中，用热水洗涤蒸发皿三次，将洗液并入容量瓶中，并稀释至刻度，摇匀。

② 湿法处理酒样：吸取25.0mL酒样，将其置于250mL定氮瓶中，加数粒玻璃珠或瓷环，先用小火缓缓加热除去乙醇，再加入5~10mL硝酸，混合均匀后，沿瓶壁慢慢加入硫酸5，放置片刻，先用小火加热，待作用缓和后放冷，沿瓶壁再加入硫酸5，再加热，至瓶中液体刚开始变成棕色时，不断沿瓶壁滴加硝酸至有机质分解完全，然后加大火力，至产生白烟，溶液应澄明无色或微带黄色，放冷。

加20mL水煮沸，除去残余的硝酸至产生白烟为止，如此处理两次，放冷。将冷后的溶液移入50mL容量瓶中，用水洗涤定氮瓶，将洗液并入容量瓶中，放冷，加水至刻度，混合均匀。定容后的溶液每10mL相当于5mL样品，相当于加入硫酸量1mL。

取与消化样品相同量的硝酸、硫酸，按同样方法做试剂空白试验。

2）测定：同第二章第四节中铅含量的测定方法1。

（4）结果计算　同第二章第四节中铅含量的测定方法1。

（5）注意事项。

1）本书湿法消化方法采用国标规定的方法，对高糖、高脂肪含量的样品更为适用。白酒中的有机物主要是乙醇，其他物质很少，可采用盐酸消化。此方法操作简便，试剂用量少，准确度也较好。

2）氰化钾为剧毒品，使用时应特别小心，用后要洗手。废氰化钾溶液不能乱倒，不可与酸接触，以免产生氰化氢气体而使人中毒。处理时可加氢氧化钠和硫酸亚铁，使之生成亚铁氰化钾，以降低毒性。

3）加入氰化钾可使许多金属元素形成稳定配位化合物而被掩蔽，加入柠檬酸铵以防止碱性条件下碱土金属沉淀，加入盐酸羟胺防止三价铁氧化双硫腙。

4）测定铅所用的蒸馏水、各种试剂和器皿都不应含铅。无铅水的制备方法是：在普通蒸馏水中加浓硫酸（每升水中加约2mL浓硫酸），用硬质玻璃蒸馏器进行重蒸馏，或采用离子交换法制备。所用试剂应事先检查是否含有铅。玻璃器皿在使用前用10%～20%（体积分数）的硝酸浸泡24h以上，用自来水反复冲洗，再用无铅蒸馏水冲洗干净。

5）双硫腙在空气中容易氧化而失去配位化合能力，应进行精制。精制方法是：称取1g双硫腙，溶于50～75mL氯仿中（若有不溶物，则用滤纸过滤），然后转入250mL分液漏斗中，用100mL氨水（1+99）提取双硫腙（分3～4次提取），使双硫腙全部溶入氨水中，弃去氯仿层，以脱脂棉过滤，将滤液转入另一大分液漏斗中，用盐酸（1+9）（GR级）酸化，双硫腙被沉淀。将沉淀出的双硫腙用氯仿提取2～3次，每次约20mL，将氯仿提取液置入分液漏斗中，用水洗涤2～3次。将氯仿层置入蒸发皿中，于70℃水浴中蒸去氯仿。将精制的双硫腙放入浓硫酸干燥器中干燥，备用。

6）氨水的检查方法：取浓氨水3mL，置于瓷蒸发皿中蒸干，用盐酸溶液（1+99）将瓷蒸发皿中残渣洗入比色管中，加1mL 100g/L氰化钾溶液和5mL双硫腙氯仿溶液，振摇后氯仿层应呈绿色。

处理方法：将浓氨水置入干燥器磁板下，在磁板上面放置盛有无铅水的烧杯，使其自然吸收，24h后取出备用。

7）酚红指示剂变色范围为：当pH值在6.8～8.0时，由黄色变为红色，在酸性条件下酚红也呈红色。因样品管为酸性，加酚红指示液后呈红色，故需用氨水调至由红变黄，再由黄变红为止。

8）酒样的取样量视铅含量而定，对上述测定条件来说，当酒样含铅量为1mg/L左右时取样5mL；当酒样含铅量为0.5mg/L左右时取样10mL；当酒样含铅量为0.1mg/L左右时取样25mL。

2. 原子吸收分光光度法

（1）原理　同第二章第四节中铅含量的测定方法2。

（2）仪器与试剂　同第二章第四节中铅含量的测定方法2。

（3）操作步骤

1）样品处理：取均匀样品10~20g（精确到0.01g）置于烧杯中，先在水浴上蒸去酒精，于电热板上蒸发至一定体积后，加入混合酸消化完全，然后转移、定容于50mL容量瓶中。

2）测定：同第二章第四节中铅含量的测定方法2。

（4）结果计算　同第二章第四节中铅含量的测定方法2。

二、白酒中锰含量的测定

测定白酒中锰含量的主要方法是过碘酸钾法和原子吸收分光光度法，其中以过碘酸钾法最为常用，适用于工厂化验室。

1. 原理

样品经干法或湿法消化后，在酸性介质中，样品中的二价锰被氧化剂过碘酸钾氧化成七价锰而呈紫红色，其颜色深浅与锰含量成正比，与标准比较即可进行定量。

2. 仪器与试剂

（1）仪器　可见分光光度计。

（2）试剂

1）硫酸。

2）磷酸。

3）过碘酸钾。

4）硝酸。

5）锰标准储备溶液（1mg/mL）：称取0.2746g经400~650℃灼烧至质量恒定的硫酸锰，或精密称取0.3073g含一分子水的硫酸锰（$MnSO_4 \cdot H_2O$），加水溶解后移入100mL容量瓶中，加入3滴硫酸，再加水稀释至刻度，摇匀（此溶液每毫升含1mg锰）。

6）锰标准使用液（10μg/mL）：吸取1.0mL锰标准贮备溶液置于100mL容量瓶中，加水稀释至刻度，摇匀。此溶液每毫升含10μg锰，需临用现配制。

3. 操作步骤

（1）样品的处理　湿法处理同铅测定中的双硫腙比色法。

干法处理时，当蒸发皿内样品剩1mL左右时，加硝酸溶液（1+9）0.5mL，继续蒸发至干，用热蒸馏水多次洗入25mL容量瓶中，定容。

（2）测定　吸取10.0mL样品消化液置于100mL烧杯中，添加适量浓硫酸至样品消化液中含2mL硫酸液，加水至总体积为20mL，混匀。

吸取0.00mL、1.00mL、2.00mL、3.00mL、4.00mL、5.00mL锰标准使用液

（相当于含锰 0.0μg、10.0μg、20.0μg、30.0μg、40.0μg、50.0μg），分别置于 100mL 烧杯中，再加 2mL 硫酸，加水至总体积为 20mL，混匀。

向样品消化液及标准使用液中分别加入 1.5mL 磷酸及 0.3g 过碘酸钾，混匀，在小火上煮沸 5min，然后移入 25mL 比色管中，以少量水洗涤烧杯，将洗液一并移入比色管中，加水至刻度，混匀。在波长 530nm 处，用 3cm 比色杯，以标准零管调节零点，测定吸光度，绘制标准曲线进行比较定量，或与标准系列目视比色定量。

4. 结果计算

$$X = \frac{m_1 V_1 \times 1000}{V V_2 \times 1000}$$

式中 X——样品中锰（以 Mn 计）的含量（mg/L）；

m_1——测定用样品消化液中锰的质量（μg）；

V_1——样品消化液总体积（mL）；

V_2——测定用样品消化液的体积（mL）；

V——取样体积（mL）。

三、葡萄酒中铁含量的测定

葡萄酒中铁的测定方法较多，其中以比色法最为常用。常用的显色剂有邻菲啰啉、磺基水杨酸、硫氰酸钾和三吡啶均三嗪等，此外还有原子吸收分光光度法，其中三吡啶均三嗪比色法被 AOAC 列为正式法。邻菲啰啉比色法、磺基水杨酸比色法及三吡啶均三嗪比色法简单可靠，应用较多。原子吸收分光光度法快速，准确度也可满足要求，但需配备原子吸收分光光度仪。可根据实验室具体情况选择检验方法。

1. 邻菲啰啉比色法

（1）原理 样品经消化后，以盐酸羟胺为还原剂，将样品中的三价铁还原为二价铁。当 pH 值为 4 ~5 时，二价铁与邻菲啰啉反应生成橙红色配位化合物。用分光光度计或目视比色。测定亚铁时，不加盐酸羟胺溶液，以免将 Fe^{3+} 还原为 Fe^{2+} 而使结果增高。

（2）仪器与试剂。

1）仪器

① 可见分光光度计。

② 成套比色管（50mL）。

2）试剂

① 2.5g/L 邻菲啰啉溶液：称取 0.25g 邻菲啰啉，加 10mL 95%（体积分数）乙醇溶解，用水稀释至 100mL，摇匀。

② 氨水(1+1)。

③ 10mg/L 铁标准溶液：精确称取0.7024g 硫酸亚铁铵［$FeSO_4 \cdot (NH_4)_2SO_4 \cdot 6H_2O$］，溶解于水，转移至1000mL 容量瓶中，加3~4滴浓硫酸，然后用水定容至刻度，摇匀。此液为含铁 100mg/L 的标准储备液。

吸取储备液 10.0mL，用水稀释至 100.0mL，摇匀。

④ 2mol/L 乙酸钠溶液：称取乙酸钠($CH_3COONa \cdot 3H_2O$)272g，用水溶解并稀释至 1000mL，摇匀。

⑤ 200g/L 盐酸羟胺溶液：称取 20g 盐酸羟胺，用水溶解并稀释至 100mL，摇匀，于棕色瓶低温处储存。

⑥ 30%(体积分数)过氧化氢。

⑦ 浓硫酸。

(3) 操作步骤。

1) 样品的处理：吸取酒样 1.00mL 置于 10mL 凯氏烧瓶内，然后置电炉上小心缓慢蒸发至干(此时另取一支凯氏烧瓶,用同样的操作做空白试验)，取下稍冷后，加浓硫酸 1mL(可根据含糖量的高低增减酸的用量,含糖量高时可适当多加酸)，于通风橱内加热至干固物完全消化为止。取出，沿瓶壁缓慢加入 30%(体积分数)过氧化氢 0.5~1mL(或过氯酸 4 滴)，继续置电炉上消化至无色透明。若仍有色，则可再加几滴过氧化氢(或过氯酸)直至无色透明为止。

2) 标准曲线的绘制：用刻度吸管精确吸取 10mg/L 的铁标准溶液 0.00mL、0.20mL、0.40mL、0.60mL、1.00mL、1.40mL 分别置于 50mL 比色管中，加水 5mL，摇匀，加盐酸羟胺 0.5mL，摇匀，放置 5min 后，再加邻菲啰啉溶液 1mL，摇匀，加水至 25mL，放置 30min，在分光光度计上于 480nm 波长处，用 1cm 比色杯测定吸光度，以测得的吸光度为纵坐标，铁含量为横坐标，绘制标准曲线。

3) 测定：样品与空白消化液分别用氨水或乙酸钠溶液调整 pH 值为 4~5，小心地将此液移入 25mL 比色管中，以少量水洗涤凯氏烧瓶多次，将洗液并入同一比色管中，加盐酸羟胺 0.5mL，摇匀，放置 5min 后，再加 1mL 邻菲啰啉溶液，摇匀，用水定容，放置 30min，在分光光度计上于 480nm 波长处，用 1cm 比色杯测定其吸光度，在标准曲线上查出铁的含量。

(4) 结果计算　样品中铁含量的计算公式为

$$X = A - B$$

式中　X——样品中铁的含量(mg/L)；

A——从标准曲线中查出的样品的铁含量(mg/L)；

B——空白试液中铁的含量(mg/L)。

保留一位小数报告检验结果。

(5) 注意事项

1）试液的 pH 值对显色影响较大，必须严格控制 pH 值在 4～5 时再加显色剂。

2）铁标准溶液不宜放置太长的时间。

2. 磺基水杨酸比色法

（1）原理 在弱碱性条件下，Fe^{2+} 能被迅速氧化为 Fe^{3+}，并能与磺基水杨酸结合生成黄色配位化合物，其呈色强度与铁含量成正比。

（2）仪器与试剂。

1）仪器：可见分光光度计。

2）试剂

① 氨水(1+9)。

② 10mg/L 铁标准溶液(同邻菲啰啉比色法)。

③ 100g/L 磺基水杨酸溶液：称取 10g 磺基水杨酸，溶于 100mL 水中，摇匀。

（3）操作步骤。

1）样品的消化(同邻菲啰啉比色法)。

2）标准曲线的绘制：准确吸取铁标准溶液 0.00mL、0.40mL、0.80mL、1.20mL、1.60mL、2.00mL，分别置于 50mL 比色管中，然后各依次加入 100g/L 磺基水杨酸溶液 5mL、氨水(1+9)5mL，用蒸馏水稀释至刻度，摇匀，于 465nm 波长处，用 1cm 比色杯测吸光度，以吸光度为纵坐标，以铁含量为横坐标，绘制标准曲线。

3）测定：将消化液倾入 50mL 比色管中，用蒸馏水冲洗数次至 10mL，然后依次加入 100g/L 磺基水杨酸溶液 5mL，用浓氨水中和至溶液呈黄色，冷却，用蒸馏水稀释至刻度，与标准管目视比色或用分光光度计测定吸光度。

（4）结果计算 样品中铁含量的计算公式为

$$X = \frac{m}{V} \times 1000$$

式中 X——样品中总铁的含量(mg/L)；

m——与样品颜色相同的标准管含铁的质量(mg)；

V——取样量(mL)。

（5）注意事项。

1）Fe^{3+} 离子能与磺基水杨酸作用生成数种配位化合物，当 pH 值为 1.8～2.5 时，形成紫褐色的配位阳离子；当 pH 值为 4～8 时，形成褐色的配位阴离子；当 pH 值为 8～11.5 时，形成黄色的配位阴离子；当 pH 值大于 12 时，铁被破坏，生成氢氧化铁沉淀，所以应特别注意调节溶液的酸碱度。

2）铜离子也能与磺基水杨酸配位化合而干扰测定，生成物是无色的，但也能消耗一定量的磺基水杨酸，故加入过量的磺基水杨酸溶液，以消除铜离子的干扰。

3. 三吡啶均三嗪比色法(AOAC 法)

(1) 原理　用维生素 C 作还原剂将 Fe^{3+} 还原为 Fe^{2+}，Fe^{2+} 与 2,4,6-三吡啶均三嗪生成有色配位化合物，在波长 593nm 处测定该配位化合物的吸光度，用标准曲线法定量。

(2) 仪器与试剂。

1) 仪器:可见分光光度计。

2) 试剂(用无铁水和无铁试剂配制)。

① 0.001mol/L 2,4,6-三吡啶均三嗪(TPTZ)溶液：向 250mL 容量瓶中加 100mL 水及 5 滴盐酸，再加入 0.078g TPTZ，稀释至刻度，摇匀，然后用玻璃漏斗过滤，储存于无铁玻璃瓶中。

② 400g/L 乙酸钠溶液：称取 40g 无水乙酸钠，用水溶解并稀释至 100mL，摇匀。

③ 抗坏血酸-乙酸钠缓冲溶液：称取 2.5g 抗坏血酸溶于 20mL 水中，加 5mL 400g/L 乙酸钠溶液，用乙醇稀释至 50mL，摇匀。使用时当天配制。

④ 10mg/L 铁标准溶液(同邻菲啰啉比色法)。

⑤ 50g/L 抗坏血酸溶液：称取 5g 抗坏血酸，溶于 100mL 水中。

(3) 操作步骤。

1) 绘制标准曲线：吸取铁标准溶液 0.00mL、0.50mL、1.00mL、2.00mL、3.00mL、4.00mL，分别置于 100mL 容量瓶中，各加 2.0mL 抗坏血酸-乙酸钠缓冲溶液及 2.0mL TPTZ 溶液，摇匀，然后置于约 60℃ 的水浴中加热 15min，冷却至室温后，在分光光度计上用与酒样酒精度相近的乙醇溶液调节零点，在波长 593nm 处，用 1cm 比色杯测定各溶液的吸光度。

用从每一标准测得的吸光度减去空白试液的吸光度，然后用吸光度对铁的含量作图，绘制标准曲线(在此含量范围内应为直线)。

2) 测定：将 2 份按邻菲啰啉法消化好的样品分别置于两个 100mL 容量瓶中，各加 2.0mL 50g/L 抗坏血酸溶液，然后向一个容量瓶中加入 2.0mL TPTZ 溶液，向另一个容量瓶中加 2.0mL 水(作空白)。在 60℃ 水浴中加热 15min，冷却至室温后，在与绘制标准曲线相同的条件下测定各溶液的吸光度，用测得的样品吸光度减去试剂空白吸光度和样品空白吸光度，用校正后的吸光度从标准曲线中查得样品中铁的含量。

4. 原子吸收法

(1) 原理　酒样在空气-乙炔火焰中直接喷雾，使铁元素原子化，然后在铁的最灵敏线 248.3nm 处测定吸光度，吸光度的大小与铁离子的含量成正比，由标准曲线法定量。

（2）仪器与试剂。

1）仪器：原子吸收分光光度计(具有铁空心阴极灯)。

2）试剂：用无铁试剂、无铁水和无铁乙醇配制试剂(玻璃器皿使用前应用盐酸和水冲洗)。

① 10mg/L 铁标准溶液(同邻菲啰啉比色法)。

② 1mol/L 盐酸溶液：量取浓盐酸 17mL，加水稀释至 200mL，摇匀。

（3）操作步骤　按仪器说明书调节原子吸收分光光度计，点燃空气-乙炔火焰，装上空心阴极灯，将波长调节至 248.3nm，喷入空白溶液，调节吸光度为零。准确吸取 10mg/L 铁标准溶液 0.50mL、1.00mL、2.00mL、3.00mL、4.00mL、5.00mL，分别移入 50mL 容量瓶中，用 1mol/L HCl 溶液定容至刻度，摇匀，依次将铁标准溶液喷入火焰，测定吸光度。在每次测定前用水喷雾，清洗燃烧器，再用空白试液调节吸光度至零。以吸光度对铁的含量作图，绘制标准曲线。

将被测样品喷入火焰，测定吸光度。从标准曲线查得样品中铁的含量。

（4）结果计算　同磺基水杨酸比色法。

（5）注意事项　若样品中铁含量低，则将检测器的灵敏度提高 2 倍再测。

第四节　白酒、果酒、黄酒检验技能训练

训练 1　黄酒中氧化钙含量的测定

1. 试剂的准备

高锰酸钾标准溶液[$c(1/5KMnO_4)=0.05$mol/L]、5g/L 甲基橙指示液、硫酸溶液(1+3)、氢氧化铵溶液(1+10)、氢氧化铵溶液（1+500）浓盐酸、10g/L 硝酸银溶液、饱和草酸铵溶液。

2. 操作步骤

准确吸取酒样 25mL 置于 400mL 烧杯中，以 50mL 蒸馏水稀释，加 3 滴甲基橙指示液及 2mL 浓盐酸，再加入饱和草酸铵溶液 30mL 并将溶液煮沸，搅动，逐渐加入氢氧化铵溶液(1+10)至甲基橙变为黄色，然后将烧杯放于温热处 2h，过滤后用氢氧化铵溶液(1+500)洗涤沉淀至无氯离子反应(硝酸酸化后用硝酸银检验无白色沉淀为止)。将洗净的沉淀及滤纸小心取下，置于烧杯中，加入沸蒸馏水 100mL、硫酸溶液（1+3）25mL，保持溶液温度在 60～80℃，用 $c(1/5KMnO_4)=0.05$mol/L 的高锰酸钾标准溶液滴定至微红色为终点。

平行测定两次，两次测定的结果之差不得超过平均值的10%。

3. 数据记录及处理

$c(1/5KMnO_4)=$________mol/L，M(1/2CaO)＝28.04g/mol

测定次数	1	2	空　白
吸取样品的体积/mL			—
滴定管初读数/mL			
滴定管终读数/mL			
消耗高锰酸钾标准溶液的体积/mL			
样品中氧化钙的含量/(g/100mL)			
样品中氧化钙含量的平均值/(g/mL)			—

样品中钙含量的计算公式为

$$CaO(g/100mL)=\frac{(V_1-V_0)\times c(1/5KMnO_4)\times M(1/2CaO)\times 10^{-3}}{V_{样品}}\times 100$$

式中　V_1——测定样品溶液消耗高锰酸钾标准溶液的体积(mL)；

V_0——测定空白溶液消耗高锰酸钾标准溶液的体积(mL)；

$V_{样品}$——样品的体积(mL)。

● 训练2　葡萄酒中铁含量的测定

1. 仪器与试剂的准备

(1) 仪器　可见分光光度计、50mL成套比色管。

(2) 试剂　2.5g/L邻菲啰啉溶液、氨水(1+1)、10mg/L铁标准溶液、2mol/L乙酸钠溶液、200g/L盐酸羟胺溶液、体积分数为30%的过氧化氢、浓硫酸。

2. 操作步骤

吸取酒样1.00mL置于10mL凯氏烧瓶内，然后置电炉上小心缓慢蒸发至干(此时另取一支凯氏烧瓶，用同样的操作做空白试验)，取下稍冷后，加浓硫酸1mL(可根据含糖量的高低增减酸的用量，含糖量高时可适当多加酸)，于通风橱内加热至干固物完全消化为止。将凯氏烧瓶取出，沿瓶壁缓慢加入体积分数为30%的过氧化氢0.5~1mL(或过氯酸4滴)，继续置电炉上消化至无色透明。若仍有色，则可再加几滴过氧化氢(或过氯酸)直至无色透明为止。

用刻度吸管精确吸取10mg/L的铁标准溶液0.00mL、0.20mL、0.40mL、0.60mL、1.00mL、1.40mL分别置于50mL比色管中，加水5mL，摇匀，加盐酸羟胺0.5mL，摇匀，放置5min后，再加邻菲啰啉溶液1mL，摇匀，加水至25mL，放置30min，在分光光度计上于480nm波长处，用1cm比色杯测定吸光度，以测得的吸光度为纵坐标，以铁含量为横坐标，绘制标准曲线。

样品与空白消化液分别用氨水或乙酸钠溶液调整pH值为4～5，小心地将此液移入25mL比色管中，以少量水洗涤凯氏烧瓶多次，将洗液并入同一比色管中，加盐酸羟胺0.5mL，摇匀，放置5min后，再加1mL邻菲啰啉溶液，摇匀，用水定容，放置30min，在分光光度计上于480nm波长处，用1cm比色杯测定其吸光度，在标准曲线上查出铁的含量。

平行测定两次，两次测定的结果之差不得超过平均值的10%。

3. 数据记录及处理

（1）数据记录

	标准溶液						样品溶液		空白溶液
吸取样品的体积/mL	—						1.0	1.0	—
吸取铁标准溶液的体积/mL	0.00	0.20	0.40	0.60	1.00	1.40	—	—	—
配制各显色液的体积/mL	25						25		25
各显色液中铁的质量/μg	0.0	2.0	4.0	6.0	10.0	14.0			
测得各显色液的吸光度 A									

（2）结果计算　样品中铁含量的计算公式为

$$X_{Fe}=\frac{(m_{显色液}-m_{空白})}{V_{样品}}$$

式中　X_{Fe}——样品中铁的含量（μg/mL）；

$m_{显色液}$——从标准曲线上查出样品显色液中铁的质量(μg)；

$m_{空白}$——从标准曲线上查出空白溶液中铁的质量(μg)；

$V_{样品}$——样品溶液的体积(mL)。

计算平行测定结果的平均值和两次测定结果之差与平均值的百分比。

复习思考题

1. 黄酒中氧化钙含量的测定常采用哪两种方法？其测定原理是什么？在测定过程中应注意哪些问题？

2. 白酒中铅的来源有哪些途径？应如何防止？

3. 测定白酒中铅的含量时，干法处理为什么要控制温度？用化学试剂测定时，所加试剂各起什么作用？

4. 在测定白酒中氰化物的含量时，应注意哪些问题？

5. 用邻菲啰啉比色法测定葡萄酒中铁的含量时，需加哪些试剂？所加试剂各起什么作用？

6. 有一铁标准溶液，质量浓度为6μg/mL，吸光度为0.304。有一葡萄酒样品，经消化处理后，在同一条件下测得的吸光度为0.501，试求样品中铁的含量是多少？

第六章

啤酒检验

培训学习目标 了解啤酒中苦味质、重金属含量测定的原理以及测定的注意事项；结合技能训练，熟练掌握试剂的配制方法和啤酒中苦味质、重金属含量测定的操作方法。

第一节 啤酒中苦味质含量的测定

啤酒中苦味质的主要成分是异 α-酸，来自啤酒花中的 α-酸。α-酸是啤酒花中最主要的苦味成分，也是啤酒花的最有效成分。在啤酒花煮沸过程中，部分 α-酸溶出并异构化生成异 α-酸。苦味使啤酒呈现特殊的风味，是啤酒质量的重要指标。异 α-酸含量的测定方法有重量法、旋光法、电位滴定法、电导法、层析法（纸上层析、薄层层析、气相色谱法等）以及紫外分光光度法。紫外分光光度法准确、快速，是欧啤协推荐的方法，也是我国前轻工部部颁标准规定的方法。

1. 紫外分光光度法

（1）原理　麦芽汁、发酵液和啤酒苦味质的主要成分是异 α-酸。将样品酸化后用异辛烷萃取其中的苦味质，在 275nm 波长下测定吸光度，用以测定其相对含量。

（2）仪器与试剂

1）仪器

① 紫外分光光度计（配有 10mm 石英比色皿）。

② 离心机（转速为 3000r/min）。

③ 离心试管。

④ 电动振荡器(振幅为 20 ~ 30mm)。

⑤ 移液管：0.5mL、10mL 和 20mL 大肚管。

⑥ 碘量瓶(250mL)。

2）试剂

① 重蒸馏水：将普通蒸馏水在全玻璃蒸馏装置中重新蒸馏。

② 异辛烷：分析纯，其吸光度必须接近重蒸馏水(在 275nm 波长下)。

③ 6mol/L 盐酸溶液：量取 100mL 浓盐酸，用重蒸馏水稀释至 200mL，摇匀。

（3）操作步骤　吸取已经处理好的样品(在进行样品处理时不能损失泡沫) 10.0mL 置于 250mL 碘量瓶中，加 6mol/L 盐酸溶液 0.5mL、异辛烷 20.0mL，放入 2 ~ 3 个小玻璃珠，加塞，用电动振荡器振摇，直至异辛烷提取液呈乳状(约需 15min)，然后移入离心试管中，以 3000r/min 的转速离心 10min，取上层清液置于 10mm 石英比色皿中，在 275nm 波长下，以异辛烷为空白，测定其吸光度。

（4）结果计算　样品中苦味质含量的计算公式为

$$X = A \times 50$$

式中　X——样品中的苦味质(BU)；

A——在 275nm 波长下，用 10mm 石英比色皿测得的吸光度；

50——吸光度与苦味质的换算系数。

计算结果取整数，标准偏差为 ±2.4。

（5）注意事项

1）测定麦芽汁时，取样量为 5.0mL，计算结果应乘以 2。

2）若无电动振荡器，则可用手持碘量瓶振荡，连续振荡 20min。也可用分液漏斗萃取：吸取 10.0mL 样品注入 125mL 分液漏斗中，加 0.50mL 6mol/L 盐酸溶液和 20.0mL 异辛烷，盖塞，先对准气孔轻摇两下，放气，再盖塞，用手指压紧塞和放液旋塞，振摇直至异辛烷萃取液呈乳状(约 10min)，静置分层后，弃去水相，将有机相转入离心试管，离心并测吸光度。

3）使用后的异辛烷，可加入质量分数为 4% 的活性炭处理，过滤后回收，或加固体氢氧化钠，放置过夜，在全玻璃蒸馏装置上蒸馏。其透光率接近重蒸蒸馏水(在 275nm 波长下)方可重复使用。

4）啤酒样品的处理方法。样品处理的目的是除去本身溶解的二氧化碳，以便于分析操作。一般的处理方法有以下三种：

① 反复流注法：在室温 25℃ 以下时，取温度为 10 ~ 15℃ 的样品 500 ~ 700mL 置于清洁、干燥的 1000mL 搪瓷杯中，以细流注入同样体积的另一搪瓷杯中，注入时两搪瓷杯之间距离应为 20 ~ 30cm，反复流注 50 次(一个反复为一次)，以充分除去酒液中的二氧化碳，然后注入具塞瓶中备用。

② 过滤法：取约 300mL 啤酒样品，以快速滤纸过滤至具塞瓶中，加塞备

用。

③ 摇瓶法：取约300mL啤酒样品，置于500mL碘量瓶中，用手堵住瓶口摇动约30s，并不时松开排气几次，静置，加塞备用。

上述三种处理方法中，第一种方法操作最为繁杂，且结果易受条件的影响；第二种方法和第三种方法操作简单，且稳定性好，尤其是第三种方法，操作十分简单，可靠性较高，被国内外普遍采用。

2. 重量法

（1）原理　利用苦味质溶于三氯甲烷等有机溶剂的性质，以有机溶剂萃取，蒸去溶剂，称取残渣质量，计算苦味质的含量。

（2）仪器与试剂

1）仪器

① 具塞磨口锥形瓶：100～150mL和750～1000mL两种。

② 分液漏斗：80～100mL和750～1000mL两种。

③ 圆底烧瓶(75mL)。

④ 机械振荡器。

⑤ 离心机及离心管。

⑥ 水浴：温度控制在65～70℃，最好为真空水浴。

⑦ 烘箱：温度控制在70℃，最好为真空干燥箱。

2）试剂

① 三氯甲烷。

② 稀硫酸：将54mL浓硫酸与400mL水混合制成。

③ 无水硫酸钠。

（3）操作步骤　量取酒样500mL，倒入带磨口塞的750mL锥形瓶中，加5mL稀硫酸和50mL三氯甲烷，放在振荡器上或用手摇动30min，然后移入750mL分液漏斗中，静置数小时，待三氯甲烷和啤酒分层，三氯甲烷成为白色乳状体。为了破坏其乳化状态，可把乳状液体分装在离心管中，离心10～15min（转速为2000～3000r/min），使管内液体分成三层：上层为澄清的酒液，将之倾出；中层为乳状的白色三氯甲烷乳液；下层为亮清的三氯甲烷浸出液。用吸管将亮清液吸出，放入100mL分液漏斗中，静置5～10min，澄清，把下面的澄清液倒入100mL的带磨口塞锥形瓶中。锥形瓶中已预先放好15g无水硫酸钠，用以干燥三氯甲烷浸出液，摇动5～15min，使其混合，然后用干燥滤纸过滤。

用吸管吸取滤液25mL，放入预先干燥称量过的圆底烧瓶中，然后在65～70℃水浴中（最好用真空水浴或通二氧化碳气流）去除三氯甲烷，其残渣放在70℃以下的烘箱中干燥1h，置于干燥器内冷却至室温后称重，或在真空干燥器内干燥1h后称重。

（4）结果计算 样品中苦味质含量的计算公式为

$$X = \frac{m \times 50 \times 1000}{25 \times 500} = 4m$$

式中 X——样品中苦味质的含量(mg/L)；

m——烘干后残渣质量(mg)；

500——取酒样量(mL)；

50——三氯甲烷加入量(mL)；

25——三氯甲烷浸出液用于烘干处理的量(mL)；

1000——换算成1L酒样所乘的倍数。

第二节 啤酒中重金属含量的测定

一、铜含量的测定

1. 原理

二乙基二硫代氨基甲酸钠(简称NaDDC，又称铜锌灵)，在氨性条件下，与铜离子生成配位化合物，生成的配位化合物用四氯化碳或三氯甲烷等有机溶剂萃取为棕黄色溶液，用比色法测定。

2. 试剂

同第三章第二节中铜含量的测定方法1。

3. 操作步骤

（1）样品的处理 吸取20mL除气啤酒，置入磁蒸发皿中，先用小火炭化至无烟，然后移入高温炉中，于550℃下灰化1h。在灰化后的磁蒸发皿中，加2mL盐酸(1+1)，置于水浴上温热溶解，加5~10mL水，再加氢氧化铵溶液(1+1)使其呈碱性。继续在水浴上加热，蒸去大部分氨，过滤，将滤液收集于125mL分液漏斗中，用20mL水分数次洗涤，将洗涤液合并于分液漏斗中，用盐酸溶液(1+1)调节至呈酸性。

（2）测定 另取125mL分液漏斗6只，各加25mL水，然后分别加入10μg/mL铜标准溶液0.0mL、0.2mL、0.4mL、0.6mL、0.8mL、1.0mL，用盐酸溶液(1+1)调节至呈酸性。

在上述分液漏斗中，各加10mL 200g/L柠檬酸铵溶液、2滴酚红指示剂，用氢氧化铵溶液(1+1)调节至呈粉红色(pH值为9.0~9.2)。加1mL 0.1%(质量分数)二乙基二硫代氨基甲酸钠溶液，摇匀，加10mL四氯化碳，摇1min，静置分层，放置20min，取四氯化碳层比色，于440nm波长下测吸光度，绘制标准曲线。

4. 结果计算

$$铜的含量(\mu g/mL)=\frac{样品溶液中相当的标准铜质量(\mu g)}{样品体积(mL)}$$

5. 注意事项

二乙基二硫代氨基甲酸钠能与许多金属生成配位化合物，其中铋、钴、镍、铁等的配位化合物均有颜色，干扰测定。但一般样品中的主要干扰元素为铁，故可加入柠檬酸铵(或酒石酸钾钠)与铁配位化合，排除干扰。

二、铅含量的测定

在此仅介绍火焰原子吸收分光光度法。

1. 原理

同第二章第四节中铅含量的测定方法2。

2. 仪器与试剂

同第二章第四节中铅含量的测定方法2。

3. 操作步骤

(1) 样品的处理　取均匀酒样10.0～20.0g置于烧杯中，先在水浴上蒸去酒精，再于电热板上蒸发至一定体积，加硝酸-高氯酸(4+1)消化完全后，转移、定容于50mL容量瓶中。

(2) 萃取分离　同第二章第四节中铅含量的测定方法2。

(3) 测定　同第二章第四节中铅含量的测定方法2。

4. 结果计算

同第二章第四节中铅含量的测定方法2。

第三节　啤酒检验技能训练

训练　啤酒中苦味质含量的测定

1. 试剂与仪器的准备

(1) 仪器　紫外分光光度计(配有10mm石英比色皿)、离心机(转速为3000r/min)、离心试管、电动振荡器(振幅为20～30mm)、移液管、碘量瓶。

(2) 试剂　重蒸馏水、异辛烷(在275nm波长下,其吸光度必须接近重蒸馏水)、6mol/L盐酸溶液。

2. 操作步骤

吸取已经处理好的样品(在进行样品处理时不能损失泡沫)10.0mL 置于250mL 碘量瓶中，加入 6mol/L 盐酸溶液 0.5mL、异辛烷 20.0mL，放入 2～3 个小玻璃珠，加塞，用电动振荡器振摇，直至异辛烷提取液呈乳状(约需 15min)，然后移入离心试管中，以 3000r/min 的转速离心 10min，取上层清液置于 10mm 石英比色皿中，在 275nm 波长下，以异辛烷为空白，测定其吸光度。

平行测定两次，标准偏差为 ±2.4，计算结果取整数。

3. 数据记录及处理

测定次数	1	2
吸取样品的体积/mL	10.0	10.0
测得的吸光度 A		
样品中苦味质的含量/BU		

样品中苦味质含量的计算公式为

$$X = A \times 50$$

式中　A——在 275nm 波长下，用 10mm 石英比色皿测得的吸光度；

X——样品中苦味质的含量（BU）；

50——吸光度与苦味质的换算系数。

复习思考题

1. 啤酒样品的处理方法有哪几种？
2. 简述紫外分光光度法测定啤酒苦味质含量的步骤。
3. 在测定啤酒苦味质含量的过程，在进行样品处理时，为什么不能损失泡沫？
4. 在测定啤酒中铜含量的过程中，加入柠檬酸铵的作用是什么？
5. 简述啤酒中铁含量测定的基本原理。

第七章

饮料检验

培训学习目标 学习饮料中果汁含量、维生素C含量、茶多酚含量、咖啡因含量以及微量元素含量的检验方法与原理，掌握检验饮料中果汁含量、维生素C含量、茶多酚含量、咖啡因含量以及微量元素含量的操作方法和技能。

第一节 饮料中果汁含量的测定

饮料中果汁的含量采用饮料中钾、总磷、氨基酸态氮、L-脯氨酸、总D-异柠檬酸、总黄酮6种组分的实测值进行计算的方法来测定。此法适用于测定果汁含量不低于2.5%（质量分数）的饮料。

1. 原理

将饮料中钾、总磷、氨基酸态氮、L-脯氨酸、总D-异柠檬酸、总黄酮6种组分的实测值与各自标准值的比值合理修正后，乘以相应的修正权值，逐项相加求得样品中的果汁含量。

标准值是指根据不同品种、不同产区、不同采收期、不同加工工艺、不同储存期果汁及其浓缩汁复原的果汁中可溶性固形物含量和钾、总磷、氨基酸态氮、L-脯氨酸、总D-异柠檬酸、总黄酮6种组分实测值的分布状态，经数理统计确定的合理值。

权值是指根据钾、总磷、氨基酸态氮、L-脯氨酸、总D-异柠檬酸、总黄酮6种组分实测值变异系数的大小而确定的某种组分在总体中所占的比例。

6种组分的标准值和权值见表7-1。

2. 仪器与试剂

表 7-1 6 种组分的标准值和权值

组分	标准值			权值		
	橙汁	柑、橘汁	混合果汁	橙汁	柑、橘汁	混合果汁
钾/(mg/kg)	1370	1250	1300	0.18	0.16	0.18
总磷/(mg/kg)	135	130	135	0.20	0.19	0.19
氨基酸态氮/(mg/kg)	290	305	300	0.19	0.19	0.19
L-脯氨酸/(mg/kg)	760	685	695	0.14	0.14	0.14
总 D-异柠檬酸/(mg/kg)	80	140	115	0.15	0.17	0.15
总黄酮/(mg/kg)	1185	1100	1105	0.14	0.15	0.15

（1）仪器

1）原子吸收分光光度计(带钾空心阴极灯)。

2）紫外分光光度计(带 1cm 石英比色皿)。

3）可见分光光度计(带 1cm 比色皿)。

4）酸度计(带 pH 玻璃电极和饱和甘汞电极)。

5）离心机：转速不低于 4000r/min，10mL 离心管和容积大于 80mL 的离心管。

6）微量可调移液管(0～1000mL)。

（2）试剂

1）硝酸。

2）硫酸。

3）10g/L 氯化钠溶液。

4）100mg/L 钾标准溶液。

5）钒-钼酸铵溶液：称取 20.0g 钼酸铵，溶解在约 400mL 温度为 50℃的热水中，冷却。称取 1.0g 偏钒酸铵，溶解在 300mL 温度为 50℃的热水中，冷却，边搅拌边加入 1mL 硫酸。将钼酸铵溶液缓慢加到偏钒酸铵溶液中，搅拌均匀后，转移到 1000mL 容量瓶中，用水定容至刻度。

6）100mg/L 磷标准溶液：称取 0.4394g 经(105±2)℃烘烤 2h 的磷酸二氢钾(精确至 0.0001g)，置于 50mL 烧杯中，加水溶解，转移至 1000mL 容量瓶中，用水定容至刻度，摇匀。

7）甲醛(体积分数为 36%)。

8）0.05mol/L 氢氧化钠标准溶液。

9）乙酸乙酯。

10）甲酸。

11）无过氧化物乙二醇独甲醚的制备：将数粒锌粒放入乙二醇独甲醚中，在暗处放置 2 天。

12）30g/L 茚三酮-乙二醇独甲醚溶液：称取 3.0g 水合茚三酮，溶解在

100mL无过氧化物的乙二醇独甲醚中，储存在棕色瓶中，置避光处。此溶液易氧化，应每周制备一次。

13）L-脯氨酸标准储备液（500mg/L）：称取0.0500g L-脯氨酸（精确至0.0001g），置于50mL烧杯中，加水溶解，转移至100mL容量瓶中，用水定容至刻度，摇匀，储存在约4℃冰箱内。

14）NADO溶液：将咪唑缓冲液（稳定剂）30mL（pH = 7.1）升温至20～25℃，倒入β-烟酰胺-腺嘌呤-双核苷酸-磷酸二钠45mg和硫酸锰10mg中，使其全部溶解，混合均匀。

15）异柠檬酸脱氢酶溶液：用1.8mL水溶解2mg异柠檬酸脱氢酶[5(U)个活力单位]，混合均匀。

16）300g/L氯化钡溶液：称取30g氯化钡，溶解在热水中，冷却后定容至100mL。

17）71g/L硫酸钠溶液：称取71g无水硫酸钠，溶解于水中，定容至1000mL。

18）缓冲溶液：称取2.4g三羟甲基氨基甲烷和0.035g乙二胺四乙酸二钠，用80mL水溶解，先用4mol/L氢氧化钠溶液调至pH值为7.2左右，再用1mol/L盐酸溶液调至pH = 7.0（用酸度计测定），用水定容至100mL。

19）洗涤溶液：量取150mL水，加入10mL氨水、100mL丙酮，混匀。

20）200g/L柠檬酸溶液：称取20g柠檬酸，加水溶解，定容至100mL。

21）二甘醇溶液（9 + 1）：量取90mL二甘醇，加10mL水，混匀。

22）试剂空白液：量取20mL 0.1mol/L氢氧化钠溶液置于50mL烧杯中，用200g/L柠檬酸溶液调至pH = 6，转移至100mL容量瓶中，用水稀释至刻度，摇匀。

23）200mg/L橙皮苷标准溶液：称取0.0250g橙皮苷（质量分数约为80%）（精确至0.0001g），置于50mL烧杯中，加20mL 0.1mol/L氢氧化钠溶液，用200g/L柠檬酸溶液调至pH = 6，转移至100mL容量瓶中，用水定容至刻度，摇匀。需当日配制。

3. 操作步骤

（1）钾含量的测定（同第四章第一节中钾含量的测定方法）。

（2）总磷含量的测定

1）样品溶液的制备（同钾的测定）。

2）测定：吸取0.00mL、1.00mL、2.00mL、3.00mL、4.00mL、5.00mL磷标准溶液，分别置于50mL容量瓶中，加10mL硫酸溶液（1 + 9），摇匀，加10mL钒-钼酸铵溶液，用水定容至刻度，摇匀，配制成0.0mg/L、2.0mg/L、4.0mg/L、6.0mg/L、8.0mg/L、10.0mg/L磷标准系列溶液，在室温下放置

10min，用1cm 比色皿，以0.0mg/L 磷标准溶液调零点，在波长400nm 处测定磷标准系列溶液的吸光度。以吸光度对磷含量绘制标准曲线或计算回归方程。

吸取5.0～10.0mL 样品溶液置于50mL 容量瓶中，加硫酸溶液(1+9)至10mL，以下按绘制标准曲线时的方法操作。根据测得的吸光度，从标准曲线上查出(或用回归方程计算出)样品溶液中磷的含量，同时测定试剂空白消化液中磷的含量。

3）结果计算

$$x_2 = \frac{(c_1 - c_0) \times 50}{m \times \frac{V}{50}} = \frac{(c_1 - c_0) \times 2500}{mV}$$

式中 x_2——样品中总磷的含量(mg/kg)；

c_1——从标准曲线上查出(或用回归方程计算出)样品溶液中磷的含量(mg/L)；

c_0——从标准曲线上查出(或用回归方程计算出)试剂空白液中磷的含量(mg/L)；

V——测定时吸取样品溶液的体积(mL)；

m——样品的质量(g)。

将计算结果精确到小数点后第一位。

同一样品的两次测定结果之差，不得超过平均值的5.0%。

（3）氨基酸态氮含量的测定

1）样品的测定：吸取5.0mL 样品，置于100mL 容量瓶中，加水至刻度，摇匀后吸取20.0mL，置于200mL 烧杯中，加60mL 水，开动磁力搅拌器，用0.05mol/L 氢氧化钠标准溶液滴定至酸度计指示pH=8.2，记下消耗氢氧化钠标准溶液的体积，以计算总酸度。

加入10.0mL 甲醛溶液，混匀，再用氢氧化钠溶液继续滴定至pH=9.2，记下此次消耗氢氧化钠标准溶液的体积。

同时取80mL 水，按上述样品测定方法做试剂空白试验。

2）结果计算

$$x_3 = \frac{(V_1 - V_0)c \times 14}{5 \times \frac{V}{100} \times 1000} \times 100$$

式中 x_3——样品中氨基酸态氮的含量(g/100mL)；

V_1——样品稀释液加入甲醛后消耗氢氧化钠标准溶液的体积(mL)；

V_0——空白试验加入甲醛后消耗氢氧化钠标准溶液的体积(mL)；

V——测定用样品稀释液的体积(mL)；

14——氮的摩尔质量（g/mol)；

c——氢氧化钠标准溶液的浓度(mol/L)。

（4）L-脯氨酸含量的测定

1）样品溶液的制备：称取一定量混合均匀的样品(浓缩汁1.00g，果汁5.00g，果汁饮料和果汁型碳酸饮料10.00～200.0g)置于200mL容量瓶中，用水定容至刻度，摇匀。

2）测定：吸取0.00mL、0.50mL、1.00mL、2.50mL、4.00mL、5.00mL L-脯氨酸标准溶液分别置于50mL容量瓶中，用水定容至刻度，摇匀，配制成0.0mg/L、5.0mg/L、10.0mg/L、25.0mg/L、40.0mg/L、50.0mg/L L-脯氨酸标准系列溶液。吸取此标准系列溶液各1.0mL，分别置于6支25mL具塞试管中，各加1mL甲酸，充分摇匀，再各加2mL茚三酮-乙二醇独甲醚溶液，摇匀。将6支试管同时置于1000mL烧杯的沸水中(水浴液面应高于试管液面)，待烧杯中的水沸腾后，精确计时15min，同时取出6支试管，置于20～22℃水浴中冷却10min。

在上述6支试管中各加10.0mL乙酸乙酯，盖塞，充分摇匀，使黄红色配位化合物萃取到乙酸乙酯层中。静置数分钟，将试管中的乙酸乙酯溶液分别倒入10mL具塞离心管中，盖塞，以2500r/min的转速离心5min。

将上层清液小心倒入1cm比色皿中，以试剂空白溶液调节零点，在波长509nm处测定各上层清液的吸光度，以吸光度对L-脯氨酸的含量绘制标准曲线或计算回归方程。

吸取1.0mL样品溶液置于25mL具塞试管中，按绘制标准曲线的步骤操作，从标准曲线上查出(或用回归方程计算出)样品溶液中L-脯氨酸的含量。

3）结果计算

$$x_4 = \frac{c \times 1.0}{\dfrac{m}{200}} = \frac{c \times 200}{m}$$

式中 x_4——样品中L-脯氨酸的含量(mg/kg)；

c——从标准曲线上查出(或用回归方程计算出)样品溶液中L-脯氨酸的含量(mg/L)；

m——样品的质量(g)。

将计算结果精确到小数点后第一位。同一样品的两次测定结果之差，不得超过平均值的5.0%。

（5）总D-异柠檬酸含量的测定

1）样品溶液的制备

① 果汁型碳酸饮料：称取500g样品置于1000mL烧杯中，加热煮沸，在微沸状态下保持5min，并不断搅拌，待二氧化碳基本除净后，冷却至室温称量，最后用水补足至加热前的质量。

② 浓缩果汁、果汁、果汁饮料、水果饮料：混匀后备用。

2）水解：按表 7-2 中规定的取样量称取样品溶液进行水解。

表 7-2 水解时的取样量

样品名称	水解时取样量/g	比色测定时吸取量/mL
浓缩果汁	2.00	0.4～0.8
果汁	10.00	0.8～1.2
含 40%（质量分数）果汁的果汁饮料	20.00	1.5～2.0
含 20%（质量分数）果汁的果汁饮料	25.00	2.0
含 10%（质量分数）果汁的果汁饮料	40.0	2.0
含 5%（质量分数）果汁的果汁饮料	60.0～80.0	2.0
含 2.5%（质量分数）果汁的果汁型碳酸饮料	100.0～150.0	2.0

① 浓缩果汁、果汁：称取样品溶液置于 50mL 烧杯中，加 5mL 4mol/L 氢氧化钠溶液，搅拌均匀，在室温下放置 10min，使之水解，然后将溶液移入离心管中，用 5mL 4mol/L 盐酸溶液和 10～20mL 水分数次洗涤烧杯，将洗液并入离心管中，使总体积约为 30mL，搅拌均匀。

② 果汁饮料、水果饮料、果汁型碳酸饮料：称取样品溶液置于离心管中，加 5mL 4mol/L 氢氧化钠溶液，搅拌均匀，在室温下放置 10min，使之水解，然后加 5mL 4mol/L 盐酸溶液，搅拌均匀。

3）沉淀

① 称样量小于或等于 25g 的样品溶液：在盛有水解物的离心管中依次加入 2mL 氨水、3mL 氯化钡溶液、20mL 丙酮，用玻璃棒搅拌均匀，取出玻璃棒，按顺序放在棒架上，将离心管在室温放置 10min，然后以 3000r/min 的转速离心 5～10min，小心倾去上层溶液，保留离心管底部的沉淀物。

② 称样量大于 25g 的样品溶液：按上述步骤分别制备 2～6 份沉淀物，然后用约 50mL 洗涤溶液将 2 只（或 3 只、4 只、6 只，视称样量而定）离心管中的沉淀物合并到 1 只离心管中，在室温下放置 10min，然后以 3000r/min 的转速离心 5～10min，小心倾去上层溶液，保留离心管底部的沉淀物。

4）溶解：将玻璃棒按顺序放回原离心管中，向离心管中加入 20mL 硫酸钠溶液，然后将离心管置于微沸水浴中加热 10min，同时用玻璃棒不断搅拌，趁热用缓冲溶液将离心管中的溶液转移到 50mL 容量瓶中，冷却至室温后，用缓冲溶液稀释至刻度，摇匀，用滤纸过滤，弃去最初滤液，保留滤液备用。

5）测定：按表 7-3 中规定的程序和溶液的加入量，用微量可调移液管依次将各种溶液加入比色皿中，立即用玻璃棒上下搅拌，使比色皿中的溶液充分混匀。加异柠檬酸脱氢酶溶液后的最终体积为 3.05mL。

上述步骤完成后计算 ΔA 为

$$\Delta A = \Delta A_{样品} - \Delta A_{空白} = (A_{2样品} - A_{1样品}) - (A_{2空白} - A_{1空白})$$

为了得到精确的测定结果，ΔA 必须大于0.100。若 ΔA 小于0.100，则应增加水解时的取样量或增加比色时的吸取量。

6）结果计算

$$x_5 = \frac{V_1 \times 3.05 \times 192.1}{mV_2 \times 6.3 \times 1} \times \Delta A$$

式中 x_5——样品中总D-异柠檬酸的含量(mg/kg)；

V_1——样品溶液的定容体积(mL)；

V_2——比色测定时吸取滤液的体积(mL)；

m——样品的质量(g)；

3.05——比色皿中溶液的最终体积(mL)；

192.1——D-异柠檬酸的摩尔质量(g/mol)；

1——比色皿的光程(cm)；

6.3——反应产物NADPH在340nm的吸光系数[L/(mmol·cm)]。

同一样品的两次测定结果之差，不得超过平均值的5.0%。

表7-3 总D-异柠檬酸含量的测定法

加入比色皿中的溶液	空 白	样 品
NADP溶液/mL 重蒸馏水/mL 样品溶液/mL	1.00 2.00 —	1.00 $2.00 - V_2$ V_2
混匀，约3min后分别测定空白吸光度($A_{1空白}$)和样品吸光度($A_{1样品}$)		
异柠檬酸脱氢酶溶液/mL	0.05	0.05

混匀，约10min后达到反应终点，出现恒定的吸光度，分别记录空白吸光度($A_{2空白}$)和样品吸光度($A_{2样品}$)。若10min后未达到反应终点，则每2min测定一次吸光度，待吸光度恒定增加时，分别记录空白和样品吸光度开始恒定增加时的吸光度($A_{2样品}$和$A_{2空白}$)。

（6）总黄酮含量的测定

1）样品溶液的制备：称取一定量混合均匀的样品(浓缩汁2.00～5.00g，果汁10.0g，果汁饮料、水果饮料和果汁型碳酸饮料50.0g)置于100mL烧杯中，加入10mL 0.1mol/L氢氧化钠溶液，调至pH=12，静置30min后，再用200g/L柠檬酸溶液调至pH=6，转移至100mL容量瓶中，用水定容至刻度，用滤纸过滤，收集澄清滤液。

2）测定：吸取0.00mL、1.00mL、2.00mL、3.00mL、4.00mL、5.00mL橙皮苷标准溶液置于6支25mL具塞试管中，分别依次加入5.00mL、4.00mL、3.00mL、2.00mL、1.00mL、0.00mL试剂空白溶液，摇匀，再各加5.0mL二甘

醇溶液、0.1mL 0.1mol/L 氢氧化钠溶液，摇匀，配制成 0.0mg/L、20.0mg/L、40.0mg/L、60.0mg/L、80.0mg/L、100.0mg/L 总黄酮标准系列溶液。

将6支试管同时置于40℃水浴中保温10min，然后取出，在冷水浴中冷却5min，用1cm 比色皿，以0.0mg/L 标准溶液调节零点，在波长420nm 处测定各溶液的吸光度，以吸光度对总黄酮的含量绘制标准曲线或计算回归方程。

吸取1～5mL 样品溶液置于具塞试管中，加5.0mL 二甘醇溶液，摇匀后加0.1mol/L 氢氧化钠溶液，用试剂空白溶液补加至10mL，摇匀。同时吸取一份等量的样品溶液，按上述步骤不加氢氧化钠溶液，作为空白调零。以下按上述绘制标准曲线的步骤操作。从标准曲线上查出(或用回归方程计算出)样品溶液中总黄酮的含量。

3）结果计算

$$x_6 = \frac{c \times 10}{m \times \frac{V}{100}} = \frac{c \times 1000}{mV}$$

式中 x_6——样品中总黄酮的含量(mg/kg)；

c——从标准曲线上查出(或用回归方程计算出)样品溶液中总黄酮的含量(mg/L)；

V——测定时吸取样品溶液的体积(mL)；

m——样品的质量(g)。

同一样品的两次测定结果之差，不得超过平均值的5.0%。

4. 结果计算

饮料中果汁含量的计算公式为

$$w = \sum_{i=1}^{6}\left(\frac{x_i}{X_i} \times R_i\right) \times 100\%$$

式中 w——果汁的质量分数；

x_i——样品中相应的钾、总磷、氨基酸态氮、L-脯氨酸、总D-异柠檬酸、总黄酮含量的实测值(mg/kg)；

X_i——相应的钾、总磷、氨基酸态氮、L-脯氨酸、总D-异柠檬酸、总黄酮的标准值(mg/kg)；

R_i——相应的钾、总磷、氨基酸态氮、L-脯氨酸、总D-异柠檬酸、总黄酮的权值。

5. 异常数据的修正

1）当$\frac{x_i}{X_i}(i=1,2,3,4,5,6)>1.25$，或$\frac{x_i}{X_i}(i=1,2,3,4,6)>\frac{x_5}{X_5}\times 2$，或$\frac{x_i}{X_i}$（$i=1，2，3，4，6$）$<\frac{x_5}{X_5}\times 0.35$时，必须将其组分项删去，相应的权值按比例分

配给剩余组分项。修正后果汁含量的计算公式为

$$y' = \frac{y'_i}{1 - \sum R_i}$$

式中 y'——修正后果汁的质量分数；

y'_i——删去异常数据后果汁质量分数的计算值；

R_i——被删去组分项的权值。

2）当$\frac{x_5}{X_5} > 1.25$时，按1.25计算。

3）当同时修正3种组分时(总D-异柠檬酸除外)，果汁含量的计算公式为

$$y'' = \frac{x_5}{X_5} \times 100\%$$

式中 y''——用总D-异柠檬酸组分计算出的果汁质量分数。

第二节 饮料中维生素C含量的测定

维生素C即抗坏血酸，具有酸性和强还原性，是水溶性维生素。抗坏血酸共有四种异构体，天然存在的是L-抗坏血酸，效价最高。D-异抗坏血酸的效价是L-抗坏血酸的1/20。其余两种异构体均无活性。所以通常所说的维生素C是指L-抗坏血酸。

L-抗坏血酸极易氧化为L-脱氢抗坏血酸，仍具有生物活性，若继续氧化为二酮古洛糖酸，则将失去生物活性，成为无效维生素C。

测定饮料中维生素C含量的方法有碘量法、乙醚萃取法、比色法、荧光比色法、气相色谱法和高效液相色谱法等。乙醚萃取法是测定果蔬汁中L-抗坏血酸的标准方法；荧光比色法是测定出口饮料中维生素C的标准方法。

1. 乙醚萃取法

（1）原理 2,6-二氯靛酚能被L-抗坏血酸还原为无色体，微过量的2,6-二氯靛酚用乙醚萃取，然后由乙醚层中的玫瑰红色来确定终点。到达终点时，稍过量的2,6-二氯靛酚在酸性介质中呈浅红色。

（2）试剂

1）丙酮(分析纯)。

2）乙醚(分析纯)。

3）100g/L硫酸铜溶液。

4）20g/L草酸溶液。

5）0.1mol/L $1/2I_2$标准溶液：称取13g碘和35g碘化钾，溶于100mL水中，

转移至1000mL容量瓶中，加水稀释至刻度，摇匀，储存于棕色具塞瓶中。

标定：称取0.15g在硫酸干燥器中已干燥至恒重的基准三氧化二砷（称准至0.0002g），置于碘量瓶中，加4mL 1mol/L氢氧化钠溶液、50mL水和2滴10g/L酚酞指示剂，用2mol/L硫酸溶液中和，加3g碳酸氢钠和3mL 5g/L淀粉指示剂，用0.1mol/L($1/2I_2$)标准溶液滴定至溶液呈蓝色。同时做空白试验。

$$c_{1/2I_2}=\frac{m}{\frac{(V_1-V_2)}{1000}\times 49.46}$$

式中 $c_{1/2I_2}$——碘标准溶液的浓度（mol/L）；

V_1——滴定三氧化二砷时消耗碘溶液的体积（mL）；

V_2——空白试验时消耗碘溶液的体积（mL）；

m——三氧化二砷的质量（g）；

49.46——1mol/L($1/2I_2$)碘标准溶液相当于三氧化二砷的滴定度（g/mol）。

6）0.01mol/L($1/2I_2$)碘标准溶液：在使用时，将25mL 0.1mol/L($1/2I_2$)碘标准溶液稀释至250mL。

7）0.88mg/mL L-抗坏血酸标准溶液：称取0.22g L-抗坏血酸，用20g/L草酸溶液溶解并稀释至250mL。临用时配制。

标定：吸取L-抗坏血酸标准溶液20.00mL，加5g/L淀粉指示剂1mL，用0.01($1/2I_2$)碘标准溶液滴定至微蓝色。

$$c=\frac{c_{1/2I_2}\cdot V}{20}\times 88$$

式中 c——L-抗坏血酸溶液的质量浓度（mg/mL）；

$c_{1/2I_2}$——碘标准溶液的浓度（mol/L）；

V——标定时消耗碘标准溶液的体积（mL）；

88——1mol/L($1/2I_2$)碘标准溶液相当于L-抗坏血酸的滴定度（g/mol）。

8）0.088mg/mL L-抗坏血酸标准溶液：吸取0.88mg/mL L-抗坏血酸标准溶液25.00mL，用20g/L草酸溶液稀释至250mL。

9）2,6-二氯靛酚标准溶液：称取0.2g 2,6-二氯靛酚，用少量热的重蒸馏水湿润，再慢慢加入热的重蒸馏水，搅拌溶解，过滤，冷却后，将滤液用重蒸馏水稀释至1L，保存于冰箱中，一周至少标定一次。

标定：吸取10.00mL 0.088mg/mL的L-抗坏血酸标准溶液，置于50mL比色管中，按测定样品的步骤标定2,6-二氯靛酚溶液的滴定度。

$$T=\frac{m}{V}$$

式中 T——2,6-二氯靛酚溶液相当于L-抗坏血酸的滴定度（mg/mL）；

m——10.00mL 0.088mg/mL 的 L-抗坏血酸标准溶液中含 L-抗坏血酸的质量(mg)；

V——标定时消耗 2,6-二氯靛酚溶液的体积(mL)。

10）5g/L 淀粉指示剂：称取 0.5g 可溶性淀粉，用 5mL 冷水调匀后，在搅拌下缓缓注入 100mL 沸水中，再煮沸 2～3min，直至溶液透明，加 0.1g 碘化汞作保存剂。

（3）操作步骤

1）样品溶液的制备

① 原汁：称取含 L-抗坏血酸 4～10mg 有代表性的样品(准确至 0.001g)，用 20g/L 草酸溶液稀释至 200mL，混匀。

② 浓缩汁：在浓缩汁中加入与浓缩过程中失去的水分等量的水，使其成为原汁，然后按原汁一样制备样品溶液。

③ 果汁饮料、果蔬汁水：对于 L-抗坏血酸含量在 0.05mg/mL 以下的样品，混匀后直接取样测定；对于 L-抗坏血酸含量在 0.05mg/mL 以上的样品，称取含 L-抗坏血酸 4～10mg 有代表性的样品(准确至 0.001g)，用 20g/L 草酸溶液稀释至 200mL，混匀。

④ 果蔬汁碳酸饮料：先将样品旋摇至基本无气泡后，按果汁饮料方法制备样品溶液。

⑤ 固体饮料：称取含 L-抗坏血酸 4～10mg 有代表性的样品(准确至 0.001g)，用 20g/L 草酸溶液溶解并稀释至 200mL，混匀。

⑥ 乙醚萃取处理：对于高度乳化或样品溶液颜色较深且易被乙醚萃取的样品，取样后置于分液漏斗中，加 30mL 乙醚，充分振摇，静置分层后，将下层样液放入 200mL 容量瓶中，然后向分液漏斗中加入 20mL 20g/L 草酸溶液，振摇，待分层后，将下层水溶液与 200mL 容量瓶中的样液合并。如此反复操作 4 次，每次均将下层水溶液与样液合并，最后用 20g/L 草酸溶液稀释至刻度，摇匀。

2）空白试液的制备：按样品处理中所确定的取样量称取同一样品(准确至 0.001g)，置于 250mL 锥形瓶中，加入 20mL 100g/L 硫酸铜溶液，加水使总体积约为 100mL，然后小心加热至沸腾并保持微沸 15min，冷却至室温。将此溶液转移至 200mL 容量瓶中，用水稀释至刻度，摇匀。

3）测定

① 样品溶液的测定：取 10～15 支 50mL 比色管，在每支比色管中均加入 10.00mL 样品溶液和 2.5mL 丙酮，放置 3min 后，在第一支比色管中加入 1mL 2,6-二氯靛酚溶液，充分混匀，精确控制 40s 后，加入 2mL 乙醚，充分振摇，放置几分钟，待乙醚与水溶液分层后，观察乙醚层有无出现玫瑰红色。若乙醚层出现淡玫瑰红色，则表明已到测定的暂定终点；若乙醚层无色，则在第二支比色

管中加入 1.5mL 2,6-二氯靛酚溶液。若乙醚层还不显红色，则在其余比色管中逐一加入 2.0mL、2.5mL、3.0mL、3.5mL、4.0mL、4.5mL、5.0mL 2,6-二氯靛酚溶液，直至乙醚层出现玫瑰红色为止，即达到暂定终点。达到暂定终点时，2,6-二氯靛酚溶液常常过量，需要进一步试验，以确定精确终点。

若加 2,6-二氯靛酚溶液到 3.0mL 时乙醚层出现红色，则在剩余比色管中分别加入 2.6mL、2.7mL、2.8mL、2.9mL 2,6-二氯靛酚溶液，直至乙醚层出现淡玫瑰红色为止。若加 2,6-二氯靛酚溶液到 2.9mL 时乙醚层刚好显红色，则 2.9mL 为精确终点。若加 2,6-二氯靛酚溶液到 2.9mL 时乙醚层仍不显红色，则 3.0mL 为精确终点。

对于 L-抗坏血酸含量低于 2mg/100g 的样品，应用 100mL 比色管直接加倍取样测定。丙酮和乙醚的量也要相应加倍，操作同上。

② 空白试液的测定：吸取空白试液 10.00mL，置于 50mL 比色管中，加 2.5mL 丙酮，按样品溶液测定的方法，逐一加入不同量的 2,6-二氯靛酚溶液，直至乙醚层出现玫瑰红色为止，测得所需 2,6-二氯靛酚溶液的量。

（4）结果计算　样品中维生素 C 含量的计算公式为

$$X_{VC}=\frac{(V_a-V_b)T}{m\times\frac{10}{V}}\times 100$$

式中　X_{VC}——100g(mL) 样品中所含维生素 C 的量(mg/100g 或 mg/100mL)；

V_a——测定样品溶液时所需的 2,6-二氯靛酚溶液的体积(mL)；

V_b——测定空白试液时所需的 2,6-二氯靛酚溶液的体积(mL)；

T——2,6-二氯靛酚溶液相当于 L-抗坏血酸的滴定度(mg/mL)；

m——取样品的量(g 或 mL)；

10——测量时取样品的量（mL）；

V——取样后配制的样品溶液的体积（mL）。

（5）注意事项

1）处理样品时采用 20g/L 草酸，可防止维生素 C 的氧化损失。

2）同一样品三次测定结果允许的相对偏差：L-抗坏血酸含量大于或等于 10mg/100g 的样品应小于 2%，L-抗坏血酸含量小于 10mg/100g 的样品应小于 5%。

2. 荧光比色法

（1）原理　样品中的维生素 C 用草酸萃取后，用 2,6-二氯靛酚氧化成脱氢维生素 C，再与邻苯二胺反应生成具有紫蓝色荧光的喹啉衍生物。在激发波长 365nm，荧光波长 430nm 处测定其荧光强度，与标准比较定量。

（2）仪器与试剂

1）仪器：荧光分光光度计。

2）试剂

① 10g/L草酸溶液。

② 500g/L乙酸钠溶液。

③ 硼酸-乙酸钠溶液：将3g硼酸溶于500g/L乙酸钠溶液中并稀释到100mL。

④ 0.2g/L邻苯二胺溶液：称取20mg邻苯二胺，溶于100mL水中。

⑤ 2,6-二氯靛酚溶液：称取50mg 2,6-二氯靛酚和50mg碳酸氢钠，溶于50mL水中。

⑥ 20g/L硫脲溶液：将2g硫脲溶于50%（体积分数）乙醇溶液中并稀释到100mL。临用前配制。

⑦ 0.2mg/mL抗坏血酸标准溶液：精确称取抗坏血酸20mg，用10g/L草酸溶液溶解，置于100mL棕色容量瓶中，用10g/L草酸溶液稀释至刻度，摇匀，置于冰箱中保存。

⑧ 0.1mg/mL抗坏血酸标准使用液：吸取25.00mL 0.2mg/mL抗坏血酸标准溶液，置于50mL棕色容量瓶中，用10g/L草酸溶液稀释至刻度，摇匀。

⑨ 硫酸喹啉标准溶液：准确称取10.0mg喹啉，用0.05mol/L硫酸溶液溶解后，移入1000mL容量瓶中，再用0.05mol/L硫酸溶液稀释至刻度，摇匀（此溶液每毫升相当于10μg喹啉）。使用时，用0.05mol/L硫酸溶液配制成每毫升相当于0.1μg喹啉的溶液，此溶液用于校正荧光光度计的灵敏度。

（3）操作步骤

1）样品的处理：吸取*V*mL样品，用10g/L草酸溶液稀释至50mL，使L-抗坏血酸的质量浓度控制在10～100μg/mL，摇匀。

2）测定：吸取5.00mL抗坏血酸标准使用液（0.1mg/mL），置于50mL容量瓶中。另吸取5.00mL样品溶液，移入另一50mL容量瓶中。在两容量瓶中分别逐滴加入2,6-二氯靛酚溶液至溶液恰好呈微红色，再分别加入2～3滴20g/L硫脲溶液使红色刚好褪去，加水稀释至刻度，摇匀。

取两支20mL试管，各加入2.0mL样品溶液，在一支试管中加入硼酸-乙酸钠溶液1.0mL，摇匀，放置15min，此管作为样品空白溶液；在另一支试管中加入乙酸钠溶液1.0mL，摇匀，此管作为样品溶液。另取两支20mL试管，分别加入L-抗坏血酸标准溶液2.0mL，在一支试管中加入硼酸-乙酸钠溶液1.0mL，摇匀，放置15min，此管作为标准空白溶液；在另一支试管中加入乙酸钠溶液1.0mL，摇匀，此管作为标准溶液。

在四支试管中各加入邻苯二胺溶液6.0mL，摇匀后在暗处放置30min，然后置于荧光分光光度计中，以激发波长365nm选择灵敏度（每次用硫酸喹啉标准溶液校正仪器的灵敏度），用发射波长430nm测定标准溶液和样品溶液的荧光强度。

(4) 结果计算 样品中VC含量的计算公式为

$$X_{VC}=\frac{I_1-I_0}{Q_1-Q_0}c\frac{V}{V_1}\times 100$$

式中 X_{VC}——样品中VC的含量(mg/100mL);

I_1——样品溶液的荧光强度;

I_0——样品空白溶液的荧光强度;

Q_1——标准溶液的荧光强度;

Q_0——标准空白溶液的荧光强度;

c——L-抗坏血酸标准溶液的质量浓度(mg/mL);

V——吸取样品溶液的体积(mL);

V_1——样品稀释混合液的总体积(mL)。

第三节 饮料中茶多酚含量的测定

茶多酚又叫儿茶酸和茶单宁，属于多酚类化合物，是茶中最重要的一种化学物质，在茶叶中的质量分数为10%~25%，茶的水色、滋味和香气都与它有关。茶多酚主要由L-表没食子儿茶素(简称L-EGC)、D,L-没食子儿茶素(简称D,L-GC)、L-表儿茶素(简称L-EC)、D,L-儿茶素(简称D,L-C)、L-表没食子儿茶素没食子酸酯(简称L-EGCG)和L-表儿茶素没食子酸酯(简称L-ECG)6种儿茶素组成，其中L-EGCG占10%~12%(质量分数)。

茶多酚含量的测定，长期以来采用高锰酸钾氧化法，但操作比较繁琐，终点不易判断，测定结果偏低。没食子酸乙酯比色法操作简便，准确度高，本节对此方法做一详细介绍。

1. 原理

样品中的茶多酚能与酒石酸亚铁作用显紫蓝色，然后与没食子酸乙酯的检量线进行比色定量。

2. 仪器与试剂

(1) 仪器 恒温水浴锅、分光光度计。

(2) 试剂

1) 酒石酸亚铁溶液：称取100mg硫酸亚铁($FeSO_4\cdot 7H_2O$)和500mg酒石酸钾钠，用水溶解并定容至100mL。溶液应避光、低温保存，有效期为一个月。

2) pH=7.5的磷酸盐缓冲液

① 磷酸氢二钠(1/15mol/L)：称取23.377g磷酸氢二钠，加水溶解后定容至

1L。

② 磷酸二氢钾(1/15mol/L)：称取9.078g磷酸二氢钾，加水溶解后定容至1L。

取85mL磷酸氢二钠溶液(1/15mol/L)和15mL磷酸二氢钾溶液(1/15mol/L)，将这两种溶液混合均匀。

3）没食子酸乙酯标准溶液：准确称取用水重结晶并在100℃下干燥1h的没食子酸乙酯0.5g，加水溶解后，置于100mL容量瓶中稀释定容，充分摇匀。此溶液1mL含有5mg没食子酸乙酯。

3. 操作步骤

（1）标准曲线的绘制　吸取没食子酸乙酯标准溶液0.0mL、1.0mL、2.0mL、3.0mL、4.0mL、5.0mL，分别置于25mL容量瓶中，均加水至5.0mL，再各加入5.0mL酒石酸亚铁溶液，用磷酸盐缓冲溶液定容，充分摇匀，放置15min。在540nm处用分光光度计分别测定它们的吸光度。以没食子酸乙酯标准溶液的含量为横坐标，以测得的吸光度为纵坐标，绘制标准曲线。

（2）样品的测定　准确吸取10~20mL样品，置于100mL容量瓶中，加水至刻度，摇匀，用干滤纸过滤，弃去最初约20mL的滤液。吸取5mL滤液，移入25mL容量瓶中，以下按标准曲线绘制中的步骤进行操作。由测得的样品溶液吸光度从标准曲线上查出相应的没食子酸乙酯的含量。

4. 结果计算

样品中茶多酚含量的计算公式为

$$X=\frac{m\times 1.5}{V}\times 100$$

式中 X——样品中茶多酚的含量(g/100mL)；

m——从标准曲线上查出的没食子酸乙酯的质量(g)；

V——5mL滤液相当于样品的量(mL)。

5. 注意事项

1）由于只用了5%（体积分数）的提取液进行比色，即使稍有差错，也会产生很大的误差。所以样品和没食子酸乙酯的量必须准确。

2）如果改变磷酸盐缓冲溶液的浓度，那么显色后溶液的吸光度也会发生变化，因此必须避免改变磷酸盐缓冲溶液的浓度。

3）为了测得茶多酚的准确含量，就需要用茶多酚纯品作比色标准，但由于不同茶多酚的显色不同，且茶多酚不易买到，所以本方法用纯度高、稳定、易得的没食子酸乙酯作为比色标准。

第四节 饮料中咖啡因含量的测定

测定饮料中咖啡因含量的方法主要有紫外分光光度法(UV)和高效液相色谱法(HPLC)。这两种测定方法简单、快速、稳定、准确、灵敏度高、排除干扰能力强。

1. 紫外分光光度法

(1) 原理 咖啡因的三氯甲烷溶液对波长为276.5nm的光有最大吸收，其吸收值的大小与咖啡因的含量成正比。

(2) 仪器与试剂

1) 仪器：紫外分光光度计。

2) 试剂

① 无水硫酸钠。

② 三氯甲烷(使用前重新蒸馏)。

③ 15g/L高锰酸钾溶液：称取1.5g高锰酸钾，加水溶解并稀释至100mL。

④ 亚硫酸钠和硫氰酸钾混合溶液：称取10g无水亚硫酸钠，加水溶解并稀释至100mL。另取10g硫氰酸钾，加水溶解并稀释至100mL。将这两种溶液均匀混合。

⑤ 磷酸溶液(3+17)：吸取15mL磷酸置于100mL容量瓶中，加水稀释至刻度，混匀。

⑥ 200g/L氢氧化钠溶液：称取20g氢氧化钠，加水溶解，冷却后稀释至100mL。

⑦ 200g/L乙酸锌溶液：称取20g乙酸锌[$Zn(CH_3COO)_2$]，加入3mL冰乙酸，用水溶解并稀释至100mL。

⑧ 100g/L亚铁氰化钾溶液：称取10g亚铁氰化钾[$K_4Fe(CN)_6$]，加水溶解并稀释至100mL。

⑨ 咖啡因标准品(质量分数在98%以上)。

⑩ 咖啡因标准溶液：根据咖啡因标准品的含量，用重蒸三氯甲烷配制成每毫升相当于0.5mg咖啡因的溶液，置于冰箱中保存。

(3) 操作步骤

1) 样品的处理

① 可乐型饮料：向250mL分液漏斗中，准确移入10.0~20.0mL经超声脱气后的均匀可乐型饮料样品，加入15g/L高锰酸钾溶液5mL，摇匀，静置5min，然后加入10mL亚硫酸钠和硫氰酸钾混合溶液、1mL磷酸溶液(3+17)、1mL

200g/L 氢氧化钠溶液和 50mL 重蒸三氯甲烷，振摇 100 次，静置分层，收集三氯甲烷。水层再加 40mL 重蒸三氯甲烷，振摇 100 次，静置分层。合并两次三氯甲烷萃取液，用重蒸三氯甲烷稀释至 100mL，摇匀。

② 咖啡、茶叶及其固体制成品：准确称取 0.5～2.0g 已粉碎成低于 30 目（0.6mm）的均匀样品，置于 100mL 烧杯中，加入 80mL 沸水，加盖摇匀，浸泡 2h，将浸出液全部移入 100mL 容量瓶中，加入 200g/L 乙酸锌溶液 2mL、100g/L 亚铁氰化钾溶液 2mL，摇匀，加水定容至 100mL，摇匀，静置沉淀，过滤。准确吸取 5.0～20.0mL 滤液，按①中操作进行，制成 100mL 三氯甲烷溶液。

③ 咖啡、茶叶的液体制成品：向 100mL 容量瓶中，准确移入 10.0～20.0mL 均匀样品，加入 200g/L 乙酸锌溶液 2mL、100g/L 亚铁氰化钾溶液 2mL，摇匀，加水定容至 100mL，摇匀，静置沉淀，过滤。准确吸取 5.0～20.0mL 滤液，按①中操作进行，制成 100mL 三氯甲烷溶液。

2）标准曲线的绘制：吸取 0.5mg/mL 咖啡因标准溶液，用重蒸三氯甲烷配制成质量浓度分别为 0.0μg/mL、5.0μg/mL、10.0μg/mL、15.0μg/mL、20.0μg/mL 的标准系列溶液。以质量浓度为 0.0μg/mL 的标准溶液作参比调节零点，用 1cm 吸收池于 276.5nm 处测量其余各溶液的吸光度，绘制吸光度-咖啡因质量浓度的标准曲线或求出线性回归方程。

3）样品的测定：在 25mL 具塞试管中，加入 5g 无水硫酸钠，吸取 20.00mL 样品的三氯甲烷溶液置于其中，摇匀，静置。将澄清的三氯甲烷溶液用 1cm 吸收池于 276.5nm 处测量吸光度，根据标准曲线或线性回归方程求出样品的吸光度相当于咖啡因的质量浓度。同时用重蒸三氯甲烷做试剂空白。

（4）结果计算　样品中咖啡因含量的计算公式为

$$\text{可乐型饮料中咖啡因含量(mg/L)} = \frac{(c - c_0) \times 100}{V} \times \frac{1000}{1000}$$

$$\begin{array}{c}\text{咖啡、茶叶及其固体制成}\\ \text{品中咖啡因含量(mg/100g)}\end{array} = \frac{(c - c_0) \times 100 \times 100 \times 100}{V_1 \times m \times 1000}$$

$$\begin{array}{c}\text{咖啡、茶叶的液体制成}\\ \text{品中咖啡因含量(mg/100mL)}\end{array} = \frac{(c - c_0) \times 100 \times 100 \times 100}{V_1 \times V \times 1000}$$

式中　c——样品吸光度相当于咖啡因的质量浓度(μg/mL)；

c_0——试剂空白吸光度相当于咖啡因的质量浓度(μg/mL)；

m——称取样品的质量(g)；

V——移取样品的体积(mL)；

V_1——移取样品处理液的体积(mL)。

（5）注意事项

1）本方法仪器检出限为 0.2μg。方法检出限：可乐型饮料为 3mg/L，咖啡、茶叶及其固体制成品为5mg/100g，咖啡、茶叶的液体制成品为5mg/L。标准曲线线性范围为0.0～30.0μg/mL。相对标准偏差小于4.0%。

2）平行测定结果的相对偏差：可乐型饮料为10%，咖啡、茶叶及其制成品为15%。

2. 高效液相色谱法

（1）原理　咖啡因的甲醇溶液在286nm波长处有最大吸收，其吸收值的大小与咖啡因的含量成正比。

（2）仪器与试剂

1）仪器

① 高效液相色谱仪。

② 色谱柱：Bondapak™C18(30cm×3.9mm id)。

③ 预柱：RESAVE™C18。

④ 超声清洗器(CQ250)。

⑤ 混纤微孔滤膜。

2）试剂

① 甲醇：HPLC试剂。

② 乙腈：HPLC试剂。

③ 三氯甲烷：分析纯(必要时需重蒸)。

④ 超纯水(18.2MΩ)。

⑤ 无水硫酸钠(分析纯)。

⑥ 氯化钠(分析纯)。

⑦ 咖啡因标准品(质量分数大于98%)。

（3）操作步骤

1）样品的处理

① 可乐型饮料：样品先用超声清洗器在40℃下超声脱气5min，然后吸取10.0mL经脱气的样品，用混纤微孔滤膜过滤，弃去最初的5mL，保留剩余的5mL备用。

② 咖啡、茶叶及其制成品：在150mL烧杯中，称取2g已粉碎成粒径低于30目（0.6mm）的均匀样品或液体样品，加入2～3mL超纯水，再加50mL三氯甲烷，摇匀，在超声处理机上萃取1min(分两次，每次30s)，静置30min，分层，将萃取液倾入另一150mL烧杯中。在样品中再加入50mL三氯甲烷，重复上述萃取操作步骤，弃去样品。合并两次萃取液，加入少许无水硫酸钠和5mL饱和氯化钠溶液，过滤，将滤液移入100mL容量瓶中，用三氯甲烷定容。最后取10mL滤液，用混纤微孔滤膜过滤，弃去最初的5mL，保留剩余的5mL备用。

2）色谱条件

流动相：甲醇:乙腈:水 = 57∶29∶14（体积比），每升流动相中加入0.8mol/L乙酸溶液50mL。

流动相流速：1.5mL/min。

进样量：可乐型饮料为10μL，茶叶、咖啡及其制成品为5～20μL。

3）标准曲线的绘制：用甲醇配制成咖啡因质量浓度分别为0μg/mL、20μg/mL、50μg/mL、100μg/mL、150μg/mL的标准系列溶液，分别进样10μL，于286nm处测量峰面积，绘制峰面积-咖啡因质量浓度的标准曲线或求出线性回归方程。

4）样品的测定：吸取10μL可乐型饮料样品或5μL咖啡、茶叶及其制成品样品，进样，于286nm处测量其峰面积，根据标准曲线或线性回归方程求出样品的峰面积相当于咖啡因的质量浓度。同时做试剂空白试验。

（4）结果计算

可乐型饮料中咖啡因含量(mg/L) = c

咖啡、茶叶及其制成品样品咖啡因含量(mg/100g) = $\frac{10c}{F}$

式中 c——从标准曲线上查出（或由线性回归方程求出）的可乐型饮料中咖啡因的含量(mg/L)；

F——进样量，应为5μL的倍数。

（5）注意事项

1）本方法仪器检出限为0.72μg/mL。方法检出限：可乐型饮料为0.72mg/L，咖啡、茶叶及其制成品为1.8mg/100g。标准曲线线性范围为0.0～150.0μg/mL。相对标准偏差小于2.0%。

2）平行测定结果的相对偏差：可乐型饮料为5%，咖啡、茶叶及其制成品为10%。

第五节 饮料中微量元素含量的测定

一、锌、钾、钠、钙、镁、锡、铜含量的测定

饮料中锌、钾、钠、钙、镁、铜、锡含量的测定方法同第四章第一节中锌、钾、钠、钙、镁、铜、锡含量的测定。

二、铅含量的测定

饮料中铅含量的测定方法主要有双硫腙比色法和原子吸收分光光度法。饮

用天然矿泉水中铅的测定方法规定采用原子吸收分光光度法。

1. 双硫腙比色法

同第二章第四节中铅含量的测定方法 1。

2. 原子吸收分光光度法

（1）原理　同第二章第四节中铅含量的测定方法 2。

（2）仪器与试剂　同第二章第四节中铅含量的测定方法 2。

（3）操作步骤

1）样品的处理：取均匀样品 10～20g（精确到 0.01g）置于烧杯中，于电热板上先蒸发至一定体积后，加入混合酸消化完全，然后转移、定容于 50mL 容量瓶中。

2）测定(同第二章第四节中铅含量的测定方法 2)。

（4）结果计算　同第二章第四节中铅含量的测定方法 2。

三、砷含量的测定

饮料中砷含量的测定方法有多种，现行国家标准采用的是银盐法和砷斑法。

1. 砷斑法

（1）原理　同第二章第四节中砷含量的测定方法 1。

（2）仪器与试剂　同第二章第四节中砷含量的测定方法 1。

（3）操作步骤

1）样品的处理：吸取 10mL 样品置于瓷坩埚中，加入 2g 氧化镁、10mL 100g/L 硝酸镁溶液，在水浴上蒸干，用小火炭化后，在 550℃ 高温炉中灰化至白色灰烬，冷却，加入 10mL 浓盐酸溶解残渣，用水移入 100mL 容量瓶中，稀释至刻度，摇匀。同时做试剂空白试验。

2）测定(同第二章第四节中砷含量的测定方法 1)。

（4）结果计算　同第二章第四节中砷含量的测定方法 1。

2. 银盐法

（1）原理　样品经消化后，用碘化钾、氯化亚锡将五价砷还原为三价砷，然后与锌和酸作用产生的新生态氢反应生成砷化氢，经银盐溶液吸收后，形成红色胶态物，再与标准系列比较定量。

（2）仪器与试剂　同第二章第四节中砷的测定方法 2。

（3）操作步骤

1）样品的处理：吸取 10.0mL 或 20.0mL 均匀样品，置于 250 或 500mL 定氮瓶中，加数粒玻璃珠(对于含酒精或二氧化碳的饮料,先用小火加热,除去乙醇或二氧化碳)，再加 5mL 或 10mL 硝酸-高氯酸混合液，放置片刻，用小火缓缓加热，待作用缓和后，放置冷却，然后沿瓶壁加入 5mL 或 10mL 硫酸，加热，至瓶中液体开始变成棕色时，不断沿瓶壁滴加硝酸-高氯酸混合液，至有机物分解完全，高温加热，至产生白烟，溶液应无色或微黄色澄清透明，放置冷却。在操作过程中应注意防止爆炸。

在上述溶液中加20mL水，煮沸，除去残余的硝酸，至产生白烟为止。如此处理2次，放置冷却，然后移入50mL或100mL容量瓶中，用水洗涤定氮瓶，将洗液并入容量瓶中，冷却后加水稀释至刻度，摇匀。此溶液10mL相当于2mL样品，相当于加入1mL硫酸。

取与消化样品用量相同的硝酸-高氯酸混合液、硫酸，按同一方法做试剂空白试验。

2）测定：吸取一定量的样品消化溶液（相当于5g样品）及同量的空白溶液，分别置于150mL锥形瓶中，补加硫酸至总量为5mL，加水至50~55mL。

吸取0.0mL、2.0mL、4.0mL、6.0mL、8.0mL、10.0mL砷标准使用液（相当于0.0μg、2.0μg、4.0μg、6.0μg、8.0μg、10.0μg砷），分别置于150mL锥形瓶中，加水至40mL，再加10mL硫酸(1+1)。

在样品消化液、空白溶液和砷标准使用液中各加3mL 150g/L碘化钾溶液和0.5mL酸性氯化亚锡溶液，混匀，静置15min，然后各加3g锌粒，立即分别塞上装有乙酸铅棉花的导气管，使管尖端插入盛有4mL银盐溶液的离心管的液面下，在常温下反应45min后，取下离心管，加三氯甲烷补足4mL。用1cm比色皿，以零管调节零点，于520nm处测定其吸光度，绘制标准曲线进行比较定量。

（4）结果计算　同第二章第四节中砷含量的测定方法2。

第六节　饮料检验技能训练

训练1　果汁饮料中维生素C含量的测定

1. 试剂的准备

丙酮、乙醚、100g/L硫酸铜溶液、20g/L草酸溶液、0.1mol/L($1/2I_2$)碘标准溶液、0.01mol/L($1/2I_2$)碘标准溶液、0.88mg/mL L-抗坏血酸标准溶液、2,6-二氯靛酚标准溶液、5g/L淀粉指示剂。

2. 操作步骤

称取含L-抗坏血酸4~10mg有代表性的样品（准确至0.001g），用20g/L草酸溶液稀释至200mL，混匀，然后取10~15支50mL比色管，在每支比色管中均加入10.00mL样品溶液和2.5mL丙酮，放置3min后，在第一支比色管中加入1mL 2,6-二氯靛酚溶液，充分混匀，精确控制40s后，加入2mL乙醚，充分振摇，放置几分钟，待乙醚与水溶液分层后，观察乙醚层有无出现玫瑰红色。若乙醚层出现淡玫瑰红色，则表明已到测定的暂定终点；若乙醚层无色，则在第二支比色管中加入1.5mL 2,6-二氯靛酚溶液。若乙醚层还不显红色，则在其余比色管中逐一加入2.0mL、2.5mL、3.0mL、3.5mL、4.0mL、4.5mL、5.0mL 2,6-二氯靛酚溶液，直至乙醚层出现玫瑰红色为止，即达到暂定终点。达到暂定终点时，2,6-二氯靛酚溶液常常过量，需要进一步试验，以确定精确终点。若加2,6-二氯靛酚溶液到3.0mL时乙醚层出现红色，则从剩余比色管中开始分别加入2.6mL、2.7mL、2.8mL、2.9mL 2,6-二氯靛酚溶液，直至乙醚层出现淡玫瑰红色为止。若加2,6-二氯靛酚溶液到2.9mL时乙醚层刚好显红色，则2.9mL为精确终点。若加2,6-二氯靛酚溶液到2.9mL时乙醚层仍不显红色，则3.0mL为精确终点。

按样品处理中所确定的取样量称取同一样品(准确至0.001g)，置于250mL锥形瓶中，加入20mL 100g/L硫酸铜溶液，加水使总体积约为100mL，然后小心加热至沸腾并保持微沸15min，冷却至室温。将此溶液转移至200mL容量瓶中，用水稀释至刻度，摇匀。吸取空白试液10.00mL，置于50mL比色管中，加2.5mL丙酮，按样品溶液测定方法，逐一加入不同量的2,6-二氯靛酚溶液，直至乙醚层出现玫瑰红色为止，测得所需的2,6-二氯靛酚溶液的量。

平行测定三次，三次测定结果允许的相对偏差：L-抗坏血酸含量大于或等于10mg/100g的样品应小于2%；L-抗坏血酸含量小于10mg/100g的样品应小于5%。

3. 数据记录及处理

测定次数	1	2	3	空白
样品的质量/g				
配制样品溶液的体积/mL		200		200
吸取样品溶液的体积/mL		10		10
精确终点时加入2,6-二氯靛酚溶液的体积/mL				
$T_{\text{L-抗坏血酸/2,6-二氯靛酚}}$/(mg/mL)				
样品中L-抗坏血酸的含量/(mg/100g)				
测定结果的相对偏差（%）				

样品中维生素C含量的计算公式为

$$X_{VC}=\frac{(V_1-V_0)\times T}{m\times\frac{10}{200}}\times 100$$

式中 X_{VC}——样品中所含维生素C的量(mg/100g)；

V_1——测定样品溶液时所需的2,6-二氯靛酚溶液的体积(mL)；

V_0——测定空白试液时所需的2,6-二氯靛酚溶液的体积(mL)；

T——2,6-二氯靛酚溶液相当于L-抗坏血酸的滴定度(mg/mL)；

m——称取样品的质量(g)。

• 训练2 咖啡中咖啡因含量的测定

1. 仪器与试剂的准备

（1）仪器 紫外分光光度计。

（2）试剂 无水硫酸钠、三氯甲烷、15g/L高锰酸钾溶液、亚硫酸钠和硫氰酸钾混合溶液、磷酸溶液(3+17)、200g/L氢氧化钠溶液、200g/L乙酸锌溶液、100g/L亚铁氰化钾溶液、咖啡因标准品(质量分数在98%以上)、咖啡因标准溶液(每毫升相当于0.5mg咖啡因)。

2. 操作步骤

准确称取0.5~2.0g已粉碎成低于30目（0.6mm）的均匀样品，置于100mL烧杯中，加入80mL沸水，加盖摇匀，浸泡2h，将浸出液全部移入100mL容量瓶中，加入200g/L乙酸锌溶液2mL、100g/L亚铁氰化钾溶液2mL，摇匀，加水定容至100mL，摇匀，静置沉淀，过滤。准确吸取5.0~20.0mL滤液，加入15g/L高锰酸钾溶液5mL，摇匀，静置5min，然后加入10mL亚硫酸钠和硫氰酸钾混合溶液、1mL磷酸溶液(3+17)、1mL 200g/L氢氧化钠溶液和50mL重蒸三氯甲烷，振摇100次，静置分层，收集三氯甲烷。水层再加40mL重蒸三氯甲烷，振摇100次，静置分层。合并两次三氯甲烷萃取液，用重蒸三氯甲烷稀释至100mL，摇匀。

吸取0.5mg/mL咖啡因标准溶液，用重蒸三氯甲烷配制成质量浓度分别为0.0μg/mL、5.0μg/mL、10.0μg/mL、15.0μg/mL、20.0μg/mL的标准系列。以质量浓度为0.0μg/mL标准溶液作参比，调节零点，用1cm吸收池于276.5nm处测量其余各溶液的吸光度，绘制吸光度-咖啡因质量浓度的标准曲线或求出线性回归方程。

在25mL具塞试管中，加入5g无水硫酸钠，吸取20.00mL样品的三氯甲烷溶液倒入其中，摇匀，静置。将澄清的三氯甲烷溶液用1cm吸收池于276.5nm处测量吸光度，根据标准曲线或线性回归方程求出样品的吸光度相当于咖啡因的质量浓度。同时用重蒸三氯甲烷做试剂空白。

平行测定两次，两次测定的结果之差不得超过平均值的15%。

3. 数据记录及处理

（1）数据记录

	标准溶液	样品溶液		空白溶液
样品的质量/g	—			—
配制样品溶液的体积/mL	—	100		—

（续）

	标准溶液					样品溶液		空白溶液
吸取样品溶液的体积/mL	—							—
三氯甲烷萃取液的体积/mL	—					100		100
各测定液中咖啡因的含量/(μg/mL)	0.0	5.0	10.0	15.0	20.0			
测得各测定液的吸光度 A								

（2）结果计算

$$\text{咖啡因的含量(mg/100g)} = \frac{(c_{\text{测定液}} - c_{\text{空白}}) \times 100 \times 100}{m_{\text{样品}} \times V_1 \times 1000} \times 100$$

式中 $c_{\text{测定液}}$——从标准曲线上查出样品测定液中咖啡因的含量(μg/mL)；

$c_{\text{空白}}$——从标准曲线上查出空白溶液中咖啡因的含量(μg/mL)；

V_1——吸取样品溶液的体积(mL)；

$m_{\text{样品}}$——样品的质量(g)。

计算平行测定结果的平均值和两次测定结果之差与平均值的百分比。

• 训练3 苹果汁中锌含量的测定

同第四章第三节训练2中锌含量的测定方法。

• 训练4 胡萝卜汁饮料中镁含量的测定

同第四章第三节训练5中镁含量的测定方法。

• 训练5 鲜橙汁饮料中铜含量的测定

同第四章第三节训练7中铜含量的测定方法。

复习思考题

1. 简述乙醚萃取法测定维生素C含量的原理。
2. 简述饮料中咖啡因含量的测定方法。
3. 测砷时常用的样品处理方法有哪些？要注意些什么问题？
4. 叙述砷、铅、铜含量的测定原理。
5. 以二乙基二硫代氨基甲酸银比色法测定饮料中砷的含量。吸取10.0mL均匀样品，以硝酸-高氯酸混合液消化，将消化液定容至100mL。吸取50.0mL消化液及相同量的试剂空白液按相同的方法操作，测定吸光度。查标准曲线，得到50mL消化液中砷的质量为3.4μg，50mL试剂空白液中砷的质量为1.0μg，求此饮料中砷的含量。

第八章

罐头食品检验

培训学习目标 学习罐头食品中铁、锡、铜、铅、汞、砷含量的测定原理和操作方法；学会原子吸收分光光度计的使用方法及测量条件的选择方法；学会罐头食品中商业无菌的检验方法、原理和程序。

第一节 罐头食品中微量元素含量的测定

一、铁含量的测定

罐头食品中铁含量的测定方法有邻菲啰啉比色法和原子吸收分光光度法。本节仅介绍原子吸收分光光度法。

1. 原理

样品经灰化后制成稀盐酸溶液，直接喷入火焰进行原子化，在248.3nm处测定吸光度，其吸光度与铁的含量成正比，与标准系列比较即可测定铁的含量。

2. 仪器与试剂

（1）仪器 原子吸收分光光度计。

（2）试剂

1）铁标准储备液：准确称取1.0000g金属铁（质量分数大于或等于99.99%），加少量硝酸溶解，移入1000mL容量瓶中，用0.5mol/L硝酸溶液稀释至刻度，摇匀。此溶液中铁的质量浓度为1.0mg/mL。

2）100μg/mL铁标准工作液：吸取铁标准储备液10.00mL放入100mL容量瓶中，加水稀释至刻度，摇匀。

3. 操作步骤

（1）样品的处理 将有代表性的样品倒入组织捣碎机内，充分捣碎、搅匀。

称取均匀样品3～5g（精确至0.001g）置于坩埚中，于（130±10）℃下烘2～4h，使样品脱水，然后将坩埚缓慢加热使样品炭化，开始时用小火细心加热，以防止样品溅出，待大烟冒过后，提高温度使样品完全炭化，直至不冒烟为止。将炭化好的样品放入高温炉中，于（550±20）℃下灰化4h。灰化好的样品应是灰白色，若灰分中有黑色颗粒，则应取出坩埚，放至室温后，加水或稀盐酸湿润，在电烘箱中烘干后，再于（550±20）℃高温炉中灰化，直至灰分呈灰白色。将灰分用2.5mL盐酸（1+1）溶解，然后转移到50mL容量瓶中，加水稀释至刻度，摇匀。

（2）标准系列溶液的配制　吸取铁标准工作液0.0mL、1.0mL、2.0mL、3.0mL、4.0mL、5.0mL分别置于50mL容量瓶中，加盐酸（1+1）2.5mL，用水稀释至刻度，混匀。此时容量瓶中铁的质量浓度分别为0.0μg/mL、2.0μg/mL、4.0μg/mL、6.0μg/mL、8.0μg/mL、10.0μg/mL。

（3）测定　将标准系列溶液、样品消化液和空白消化液分别喷入火焰中，测其吸光度。

测定条件：灯电流为15.0mA，波长为248.3nm，狭缝宽度为0.2nm，空气流量为9.5L/min，乙炔流量为2.3L/min，燃烧器高度为7.5mm（可根据仪器型号调至最佳条件）。

以铁的质量浓度对应吸光度绘制标准曲线，根据样品溶液的吸光度从标准曲线上查出溶液中铁的质量浓度。同一样品进行两次测定，并做空白试验。

4. 结果计算

样品中铁含量的计算公式为

$$X=\frac{50\times(c_1-c_0)\times 1000}{m\times 1000}$$

式中　X——样品中铁的含量（mg/kg）；

m——样品的质量（g）；

c_1——从标准曲线上查出的样品溶液中铁的质量浓度（μg/mL）；

c_0——从标准曲线上查出的空白消化液中铁的质量浓度（μg/mL）。

当符合允许差所规定的要求时，取两次测定结果的算术平均值作为结果，精确到0.01mg/kg。同一分析者同时或相继进行的两次测定结果之差，不得超过平均值的20%。

二、锡含量的测定

罐头食品中锡含量的测定方法普遍采用苯芴酮比色法和原子吸收分光光度法。

1. 苯芴酮比色法

（1）原理　同第四章第一节中锡含量的测定方法1。

（2）仪器与试剂

1）仪器：分光光度计、组织捣碎机。

2）试剂：同第四章第一节中锡含量的测定方法1。

（3）操作步骤

1）样品的消化：将有代表性的样品倒入组织捣碎机内，充分捣碎、搅匀。

① 湿消解法：称取10.0g均匀样品，置于250~500mL定氮瓶中，加数粒玻璃珠，再加入5~10mL硝酸-高氯酸混合液，放置片刻，用小火缓缓加热，待作用缓和后，放置冷却，沿瓶壁加入10mL硫酸，加热，至瓶中液体开始变成棕色时，不断沿瓶壁滴加硝酸-高氯酸混合液至有机物分解完全，然后高温加热，至产生白烟，溶液应无色或微黄色澄清透明，放置冷却。在操作过程中应注意防止爆炸。

在上述溶液中加20mL水，煮沸，除去残余的硝酸，至产生白烟为止。如此处理2次，放置冷却，移入100mL容量瓶中，用水洗涤定氮瓶，将洗液并入容量瓶中，冷却后加水稀释至刻度，摇匀。此溶液10mL相当于1g样品，相当于加入硫酸量1mL。

取与消化样品用量相同的混合酸、硫酸，按同一方法做试剂空白试验。

② 灰化法：称取5.0g均匀样品，置于蒸发皿中，先在水浴上蒸干，加热至炭化，然后移入高温炉中，于500℃灰化3h，放冷，取出坩埚，加1mL硝酸，润湿灰分，用小火蒸干，于500℃灼烧1h，放冷，取出坩埚，加1mL硝酸(1+1)，加热，使灰分溶解，移入50mL容量瓶中，用水洗涤坩埚，将洗液并入容量瓶中，加水至刻度，混匀备用。按此方法同时做试剂空白试验。

2）测定：同第四章第一节中锡含量的测定方法1。

（4）结果计算　样品中锡含量的计算公式为

$$X=\frac{(m_1-m_0)\times 1000}{m\dfrac{V_1}{V_0}\times 1000}$$

式中　X——样品中锡的含量(mg/kg)；

m_1——测定用样品消化液中锡的质量(μg)；

m_0——试剂空白液中锡的质量(μg)；

m——样品的质量(g)；

V_0——样品消化液的总体积(mL)；

V_1——测定用样品消化液的体积(mL)。

2. 原子吸收分光光度法

（1）原理　同第四章第一节中锡含量的测定方法2。

（2）仪器与试剂

1）仪器：原子吸收分光光度计（附石墨炉及锡空心阴极灯）、组织捣碎机。

2）试剂：同第四章第一节中锡含量的测定方法2。

（3）操作步骤

1）样品的消化：同方法1。

2）测定：同第四章第一节中锡含量的测定方法2。

（4）结果计算　同第四章第一节中锡含量的测定方法2。

三、铜含量的测定

罐头食品中铜含量的测定可用二乙基二硫代氨基甲酸钠法和原子吸收分光光度法。前者操作简单，后者快速简便。

1. 二乙基二硫代氨基甲酸钠法

（1）原理　同第三章第二节中铜含量的测定方法1。

（2）仪器与试剂　同第三章第二节中铜含量的测定方法1。

（3）操作步骤

1）样品的消化：将有代表性的样品倒入组织捣碎机内，充分捣碎、搅匀，从中称取5.0～10.0g样品置于50mL瓷坩埚中，加5mL硝酸，放置0.5h，用小火蒸干，继续加热炭化，然后移入高温炉中，于(500±25)℃灰化1h后，取出坩埚，放冷后再加1mL硝酸，用小火蒸干，再移入高温炉中，于500℃灰化0.5h，冷却后取出，加1mL硝酸(1+4)溶解残渣4次，将溶液移入10mL容量瓶中，加水稀释至刻度，混匀备用。

取与处理样品用量相同的硝酸，按同一操作方法做试剂空白试验。

2）测定：同第三章第二节中铜含量的测定方法1。

（4）结果计算　同第三章第二节中铜含量的测定方法1。

2. 原子吸收分光光度法

（1）原理　同第三章第二节中铜含量的测定方法2。

（2）仪器与试剂　同第三章第二节中铜含量的测定方法2。

（3）操作步骤

1）样品的处理：同方法1。

2）测定：同第三章第二节中铜含量的测定方法2。

（4）结果计算　同第三章第二节中铜含量的测定方法2。

四、铅含量的测定

罐头食品中铅含量的测定方法主要有双硫腙比色法和原子吸收分光光度法。

1. 双硫腙比色法

（1）原理　同第二章第四节中铅含量的测定方法1。

（2）仪器与试剂　同第二章第四节中铅含量的测定方法1。

（3）操作步骤

1）样品的处理：将有代表性的样品倒入组织捣碎机内，充分捣碎、搅匀，从中称取5.0g样品，置于坩埚中，加热至炭化，然后移入高温炉中，于500℃灰化3h，放冷，取出坩埚，加1mL硝酸，润湿灰分，用小火蒸干，于500℃灼烧1h，放冷，取出坩埚，加1mL(1+1)硝酸，加热，使灰分溶解，将溶液移入50mL容量瓶中，用水洗涤坩埚，将洗液并入容量瓶中，加水至刻度，混匀备用。

2）测定：同第二章第四节中铅含量的测定方法1。

（4）结果计算　同第二章第四节中铅含量的测定方法1。

（5）注意事项　同第二章第四节中铅含量的测定方法1。

2. 原子吸收分光光度法

（1）原理　同第二章第四节中铅含量的测定方法2。

（2）仪器与试剂　同第二章第四节中铅含量的测定方法2。

（3）操作步骤

1）样品的处理：将有代表性的样品倒入组织捣碎机内，充分捣碎、搅匀，从中准确称取1.0~5.0g样品，置于石英坩埚或瓷坩埚中，加5mL硝酸，放置0.5h，用小火蒸干，继续加热炭化，移入高温炉中，于500℃灰化1h，取出放冷，再加1mL硝酸浸湿灰分，再用小火蒸干，然后称取2g过硫酸铵，覆盖灰分，一并移入高温炉中，于800℃灰化20min，冷却后取出，以硝酸溶液(1+199)少量多次将其洗入10mL容量瓶中，并稀释至刻度，备用。

取与消化样品用量相同的硝酸、过硫酸铵，按同一方法做试剂空白试验。

2）测定：同第二章第四节中铅含量的测定方法2。

（4）结果计算　样品中铅含量的计算公式为

$$X=\frac{(m-m_0)\times 1000}{m\frac{V_2}{V_1}\times 1000\times 1000}$$

式中　X——样品中铅的含量(mg/kg)；

m——测定用样品中铅的质量(ng)；

m_0——试剂空白液中铅的质量(ng)；

V_1——样品处理后的总体积(mL)；

V_2——测定用样液的体积(mL)；

m——样品的质量(g)。

五、汞含量的测定

测定罐头食品中汞含量的方法有双硫腙比色法和原子吸收分光光度法。

1. 双硫腙比色法

（1）原理　同第二章第四节中汞含量的测定方法1。

（2）仪器与试剂　同第二章第四节中汞含量的测定方法1。

（3）操作步骤

1）样品的处理：称取10g捣碎、混匀的样品，置于消化装置锥形瓶中，加数粒玻璃珠及45mL硝酸、10mL硫酸，转动锥形瓶，防止局部炭化，装上冷凝管，用小火加热，待开始发泡即停止加热，发泡停止后加热回流2h。若加热过程中溶液变棕色，则再加5mL硝酸，继续回流2h，放冷，用适量水洗涤冷凝管，将洗液并入消化液中，取下锥形瓶，加水至总体积为150mL。

取与消化样品用量相同的硝酸、硫酸按同一方法做试剂空白试验。

2）测定：同第二章第四节中汞含量的测定方法1。

（4）结果计算　同第二章第四节中汞含量的测定方法1。

2. 原子吸收分光光度法

（1）原理　同第二章第四节中汞含量的测定方法2。

（2）仪器与试剂　同第二章第四节中汞含量的测定方法2。

（3）操作步骤

1）样品的处理：称取10g捣碎混匀的样品，置于消化装置锥形瓶中，加数粒玻璃珠，再加入30mL硝酸和5mL硫酸，转动锥形瓶防止局部炭化，然后装上冷凝管，用小火加热，待开始发泡即停止加热，发泡停止后，加热回流2h。若加热过程中溶液变棕色，则再加5mL硝酸，继续回流2h，放冷后从冷凝管上端小心加20mL水，继续加热回流10min，放冷，用适量水冲洗冷凝管，将洗液并入消化液中，然后将消化液经玻璃棉过滤于100mL容量瓶内，用少量水洗锥形瓶、滤器，将洗液并入容量瓶内，加水至刻度，混匀。

取与消化样品用量相同的硝酸、硫酸，按同一方法做试剂空白试验。

2）测定：同第二章第四节中汞含量的测定方法2。

（4）结果计算　同第二章第四节中汞含量的测定方法2。

（5）注意事项　同第二章第四节中汞含量的测定方法2。

六、砷含量的测定

罐头食品中砷含量的测定方法有多种，现行国家标准采用的是银盐法和砷斑法。

1. 砷斑法

（1）原理　同第二章第四节中砷含量的测定方法1。

（2）仪器与试剂　同第二章第四节中砷含量的测定方法1。

（3）操作步骤

1）样品的处理：将有代表性的样品倒入组织捣碎机内，充分捣碎、搅匀，从中准确称取10g均匀样品置于瓷坩埚中，加入2g氧化镁、10mL 100g/L硝酸镁溶液，在水浴上蒸干，用小火炭化后，于550℃高温炉中灰化至白色灰烬，冷却后加入10mL浓盐酸溶解残渣，并用水移入100mL容量瓶中，稀释至刻度，摇匀。同时做试剂空白试验。

2）测定：同第二章第四节中砷含量的测定方法1。

（4）结果计算　同第二章第四节中砷含量的测定方法1。

2. 银盐法

（1）原理　同第二章第四节中砷含量的测定方法2。

（2）仪器与试剂　同第二章第四节中砷含量的测定方法2。

（3）操作步骤

1）样品的处理：将有代表性的样品倒入组织捣碎机内，充分捣碎、搅匀，从中准确称取10.0g或20.0g均匀样品，置于250～500mL定氮瓶中，加少许水使之润湿，加数粒玻璃珠和5～10mL硝酸-高氯酸混合液，放置片刻，用小火缓缓加热，待作用缓和后，放置冷却，然后沿瓶壁加入5mL或10mL硫酸，加热至瓶中液体开始变成棕色时，不断沿瓶壁滴加硝酸-高氯酸混合液，至有机物分解完全，再用高温加热，至产生白烟，溶液应无色或微黄色澄清透明，放置冷却。在操作过程中应注意防止爆炸。

在上述溶液中加20mL水，煮沸，除去残余的硝酸，至产生白烟为止。如此处理2次，放置冷却，然后移入50mL或100mL容量瓶中，用水洗涤定氮瓶，将洗液并入容量瓶中，冷却后加水稀释至刻度，摇匀。此溶液10mL相当于2g样品，相当于加入硫酸1mL。

取与消化样品用量相同的硝酸-高氯酸混合液、硫酸，按同一方法做试剂空白试验。

2）测定：吸取一定量的样品消化溶液（相当于5g样品）及同量的空白溶液，分别置于150mL锥形瓶中，补加硫酸至总量为5mL，加水至50～55mL。

吸取0.0mL、2.0mL、4.0mL、6.0mL、8.0mL、10.0mL砷标准使用液（相当于0.0μg、2.0μg、4.0μg、6.0μg、8.0μg、10.0μg砷），分别置于150mL锥形瓶中，加水至40mL，再加10mL硫酸（1+1）。

在样品消化液、空白溶液和砷标准使用液中各加3mL 150g/L碘化钾溶液和0.5mL酸性氯化亚锡溶液，混匀，静置15min，然后各加3g锌粒，立即分别塞上装有乙酸铅棉花的导气管，使管尖端插入盛有4mL银盐溶液的离心管的液面下。在常温下反应45min后，取下离心管，加三氯甲烷补足4mL。用1cm比色皿，以零管调节零点，于520nm处测定其吸光度，绘制标准曲线比较定量。

（4）结果计算　同第二章第四节中砷含量的测定方法2。

第二节 罐头食品的商业无菌检验

1. 术语解释

(1) 罐头食品的商业无菌 罐头食品经适度的热杀菌后，不含致病性微生物，也不含常温下能在其中繁殖的非致病性微生物的状态。

(2) 密封 食品经密闭后，能阻止微生物进入的状态。

(3) 胖听 由于罐头内微生物活动或化学作用产生气体，形成正压，使罐头一端或两端外凸的现象。

(4) 泄漏 由于罐头密封结构有缺陷，或因撞击而破坏密封，或因罐壁腐蚀而穿孔，致使微生物侵入的现象。

(5) 低酸性罐头食品 除酒精饮料外，杀菌后平衡 pH 值大于 4.6、水活性值大于 0.85 的罐头食品。原来是低酸性的水果、蔬菜或蔬菜制品，为了加热杀菌而加酸降低 pH 值的，属于酸化的低酸性罐头食品。

(6) 酸性罐头食品 杀菌后平衡 pH 值小于或等于 4.6 的罐头食品。pH 值小于 4.7 的番茄、梨和菠萝及其制成的汁，以及 pH 值小于 4.9 的无花果都算作酸性食品。

2. 设备

所用设备包括：超净工作台、冰箱(4℃)、恒温箱(30℃ ±1℃、36℃ ±1℃、55℃ ±1℃)、显微镜、接种环、卫生开罐刀或罐头打孔器、pH 计和酒精灯。

3. 培养基与试剂

所用培养基与试剂包括：革兰氏染色液、疱肉培养基、溴甲酚紫葡萄糖肉汤、酸性肉汤、麦芽浸膏汤、锰盐营养琼脂、血琼脂、卵黄琼脂、酒精溶液(3+4)。

4. 操作步骤

(1) 审查生产操作记录

1) 杀菌记录：包括自动记录仪的记录纸和相关的人工记录。记录纸上要标明产品名称、规格、生产日期和杀菌锅号。每一项图表记录都必须由杀菌锅操作者亲自记录和签字，由车间专人审核签字，最后由工厂检验部门审定后签字。

2) 杀菌后冷却水有效氯含量测定的记录。

3) 罐头密封性检验记录。

(2) 抽样方法

1) 按杀菌锅抽样：对于低酸性食品罐头，在杀菌冷却后，每杀菌锅抽样 2 罐(对于 3kg 以上的大罐，每锅抽样 1 罐)；对于酸性食品罐头，每锅抽样 1 罐。

一般一个班的产品组成一个检验批，将各锅的样罐组成一个样批送检，每批每个品种取样基数不得少于3罐。产品若按锅划分堆放，则在遇到由于杀菌操作不当而引起的问题时，也可以按锅处理。

2）按生产班(批)次抽样：取样数为1/6000，尾数超过2000的增取1罐，每班(批)每个品种取样不得少于3罐。

对于某些班产量较大的产品，以30000罐为基数，低于30000罐的，其取样数为1/6000；超过30000罐的，其取样数为1/20000，尾数超过4000罐的增取1罐。

对于个别产量过大的产品，相同品种、相同规格的可合并班次为一批来取样，但合并总数应不超过5000罐，每个批次取样数不得少于3罐。

（3）称重　用电子秤或台天平称重，1kg及以下的罐头精确到1g，1kg以上的罐头精确到2g。各罐头的质量减去空罐的平均质量，即为该罐头的净重。称重前应对样品进行记录、编号。

（4）保温　将全部样罐在规定温度下按规定时间进行保温(见表8-1)。保温过程中应每天检查，若有胖听或泄漏等现象，则立即剔出并做开罐检查。

表8-1　各种罐头样品的保温要求

罐头种类	温度/℃	时间/天
低酸性罐头食品	36±1	10
酸性罐头食品	30±1	10
预定要输送到热带地区(40℃以上)的低酸性罐头食品	55±1	5~7

（5）开罐　取保温过的全部罐头，冷却到室温后，按无菌操作开罐检验。

将样罐用温水和洗涤剂洗刷干净，用自来水冲洗后擦干，放入无菌室，用紫外线杀菌灯照射30min。

将杀菌后的样罐置于超净工作台上，用酒精(3+4)棉球擦拭无代号端，并点燃灭菌(胖听罐不能燃烧)。用灭菌的卫生开罐刀或罐头打孔器开启(对于带汤汁的罐头,开罐前要适当振摇)，开罐时不能伤及卷边结构。

（6）留样　开罐后，用灭菌吸管或其他工具按无菌操作取出罐中产品10~20mL(g)，置于灭菌容器内，保存于冰箱中，待该批罐头食品检验得出结论后再弃去。

（7）pH值的测定　取样用pH计测定pH值，并与同批中的正常罐头相比，观察是否有显著差异。

（8）感官检查　在光线充足、空气清新的检验室中，将罐头中的产品倒入白色搪瓷盘内，观察产品的外观、色泽和状态，闻产品的气味。用餐具按压产品或戴薄指套进行触摸，鉴别产品是否腐败变质。

（9）涂片染色镜检

1）涂片：感官检查和 pH 值测定结果可疑的以及腐败时 pH 值反应不灵敏的（如肉、禽、鱼类等）罐头样品，应进行涂片染色镜检。

对于带汤汁的罐头样品，应用接种环挑取汤汁涂于载玻片上。对于固态食品，可直接涂片，或用少量灭菌生理盐水稀释后涂片，待自然干燥后用火焰固定。油脂性食品涂片后，应进行自然干燥并用火焰固定，再用二甲苯流洗，然后进行自然干燥。

2）染色镜检：用革兰氏染色法染色镜检，至少观察 5 个视野，记录细菌的染色反应、形态特征及每个视野的菌数，并与同批正常样品对比，判断有无明显的微生物增殖现象。

（10）接种培养　对于保温期间出现胖听、泄漏现象，或开罐检查时发现 pH 值、感官质量异常以及腐败变质，进一步镜检时又发现有异常数量细菌的样罐，均应及时进行微生物接种培养。

对于需要接种培养的样罐，用灭菌的工具取出 1mL(g) 样品，分别接种培养，接种量约为培养基的 1/10，在培养基管中于 55℃下培养。接种前应在 55℃水浴中预热至该温度，接种后立即放入 55℃恒温箱中进行培养。

1）低酸性罐头食品接种培养基、管数和培养条件见表 8-2。

2）酸性罐头食品接种培养基、管数和培养条件见表 8-3。

表 8-2　低酸性罐头食品接种培养基、管数和培养条件

培　养　基	管数	培养条件/℃	时间/h
疱肉培养基	2	36±1(厌氧)	96~120
疱肉培养基	2	55±1(厌氧)	24~72
溴甲酚紫葡萄糖肉汤(带倒管)	2	36±1(需氧)	96~120
溴甲酚紫葡萄糖肉汤(带倒管)	2	55±1(需氧)	24~72

表 8-3　酸性罐头食品接种培养基、管数和培养条件

培　养　基	管数	培养条件/℃	时间/h
酸性肉汤	2	55±1(需氧)	48
酸性肉汤	2	30±1(需氧)	96
麦芽浸膏汤	2	30±1(需氧)	96

（11）微生物培养检验程序及判定

1）将接种的培养基管分别置于规定温度的恒温箱培养，每天观察培养生长情况。对于在36℃培养有菌生长的溴甲酚紫肉汤培养基管，应观察其产酸产气情况，并涂片染色进行镜检。若是含有杆菌的混合培养物或球菌、酵母菌、霉菌的纯培养物，则不再往下检验；若是仅含有芽孢杆菌，则判定为嗜温性需氧芽孢杆菌；若是仅含有杆菌而无芽孢，则判定为嗜温性需氧杆菌，当需进一步检验其是否为芽孢杆菌时，可将其转接在锰盐营养琼脂平板上，在36℃下培养后再作判定。

对于在55℃培养有菌生长的溴甲酚紫肉汤培养基管，则观察其产酸产气情况，并涂片染色进行镜检。若是仅含有芽孢杆菌，则判定为嗜热性需氧芽孢杆菌；若是仅含有杆菌而无芽孢，则判定为嗜热性需氧杆菌，当需进一步检验其是否为芽孢杆菌时，可将其转接在锰盐营养琼脂平板上，在55℃下培养后再作判定。

对于在36℃培养有菌生长的疱肉培养基管，应涂片染色进行镜检。若是不含杆菌的混合菌相，则不再往下检验；若是含有杆菌，则不论有无芽孢杆菌，都要转接在两个血琼脂平板或卵黄琼脂平板上，在36℃下分别进行需氧和厌氧培养。在需氧平板上若有芽孢生长，则为嗜温性兼性厌氧芽孢杆菌。在厌氧平板上生长的若为一般芽孢，则为嗜温性厌氧芽孢杆菌；若为梭状芽孢杆菌，则要用疱肉培养基原培养液进行肉毒梭菌及肉毒毒素的检验。

对于在55℃培养有菌生长的疱肉培养基管，应涂片染色进行镜检。若是有芽孢，则判定为嗜热性厌氧芽孢杆菌或硫化腐败性芽孢杆菌。在55℃下厌氧培养时，若是有芽孢，则判定为嗜热性厌氧芽孢杆菌；若无芽孢，则判定为嗜热性厌氧杆菌。

2）对有微生物生长的酸性肉汤和麦芽浸膏汤培养基管进行观察，并涂片染色进行镜检，按所发现的微生物类型判定。

（12）罐头密封性检验　对于确定有微生物繁殖的样罐，均应进行密封性检验，以判定该样罐是否泄漏。

检验时应先将洗净的空罐在35℃烘干，再进行减压或加压试漏。

1）减压试漏：向烘干的空罐内小心注入清水至八九成满，将带有橡胶圈的有机玻璃板妥当安放在罐头开启端的卷边上，使其能保持密封。起动真空泵，关闭放气阀，用手按住盖板，控制抽气，使真空表指针从0MPa指到-0.068MPa所需的时间在1min以上，并保持此真空度1min以上。倾侧空罐，仔细观察罐内底盖卷边及焊缝处有无气泡产生，凡是同一部位连续产生气泡的，均应判定为泄漏。记录漏气的时间和真空度，并在漏气部位做上记号。

2）加压试漏：用橡胶塞将空罐的开孔塞紧，开动空气压缩机，慢慢开启阀门，使罐内压力逐渐加大，同时将空罐浸没在水中，仔细观察罐外底盖卷边及焊缝处有无气泡产生，凡是同一部位连续产生气泡的，均应判定为泄漏。记录漏气的时间和压力，并在漏气的部位做上记号。

5. 结果判定

1）若该锅（批）罐头食品生产记录审查结果属于正常；抽取样品经保温试验，未发生胖听或泄漏现象；保温后开罐经感官检查、pH 值测定及涂片镜检或接种培养，确证无微生物增殖现象，则判定为商业无菌。

2）若该锅（批）罐头食品在审查生产记录时未发现问题；抽取样品经保温试验，有 1 罐及 1 罐以上发生胖听或泄漏现象；或保温后开罐经感官检查、pH 值测定或涂片镜检和接种培养，确证有微生物增殖现象，则判定为非商业无菌。

第三节　罐头食品检验技能训练

训练 1　肉类罐头中铁含量的测定

1. 仪器与试剂的准备

（1）仪器　原子吸收分光光度计。

测定条件：灯电流为 15.0mA，波长为 248.3nm，狭缝宽度为 0.2nm，空气流量为 9.5L/min，乙炔流量为 2.3L/min，燃烧器高度为 7.5mm（可根据仪器型号调至最佳条件）。

（2）试剂　1.0mg/mL 铁标准储备液、100μg/mL 铁标准工作液。

2. 操作步骤

称取捣碎、均匀的样品 3～5g（精确至 0.001g）置于坩埚中，在（130±10）℃下烘 2～4h，使样品脱水。将坩埚缓慢加热使样品炭化，开始时用小火细心加热，以防止样品溅出，待大烟冒过后，提高温度使样品完全炭化，直至不冒烟为止。将炭化好的样品放入高温炉中，在（550±20）℃下灰化 4h。灰化好的样品应是灰白色，若灰分中有黑色颗粒，则应取出坩埚，放至室温后，加水或稀盐酸湿润，在电烘箱中烘干后，再在（550±20）℃高温炉中灰化，直至灰分呈灰白色。将灰分用 2.5mL 盐酸（1+1）溶解，然后转移到 50mL 容量瓶中，加水稀释至刻度，摇匀。同时按此方法制作空白消化液。

吸取铁标准工作溶液 0.0mL、1.0mL、2.0mL、3.0mL、4.0mL、5.0mL 分别置于 50mL 容量瓶中，加盐酸（1+1）2.5mL，用水稀释至刻度，混匀。此时容量瓶中铁的质量浓度分别为 0.0μg/mL、2.0μg/mL、4.0μg/mL、6.0μg/mL、8.0μg/mL、10.0μg/mL。

将标准系列溶液、样品消化液和空白消化液分别喷入火焰中，测其吸光度。以铁质量浓度对应吸光度绘制标准曲线，根据样品溶液的吸光度从标准曲线上查出溶液中铁的质量浓度。同一样品进行两次测定，并做空白试验。

平行测定两次，两次测定的结果之差不得超过平均值的20%。

3. 数据记录及处理

（1）数据记录

	标准溶液						样品溶液		空白溶液
样品的质量/g	—								—
吸取铁标准溶液的体积/mL	0.0	1.0	2.0	3.0	4.0	5.0	—	—	—
配制各测定液的体积/mL	50						50		50
各测定液中铁的含量/(μg/mL)	0.0	2.0	4.0	6.0	8.0	10.0			
测得各测定液的吸光度A									

（2）结果计算

$$X_{Fe}=\frac{(c_{测定液}-c_{空白})\times 50\times 1000}{m_{样品}\times 1000}$$

式中 X_{Fe}——样品中铁的含量（mg/kg）；

$c_{测定液}$——从标准曲线上查出样品测定液中铁的含量(μg/mL)；

$c_{空白}$——从标准曲线上查出空白溶液中铁的含量(μg/mL)；

$m_{样品}$——样品的质量(g)。

计算平行测定结果的平均值和两次测定结果之差与平均值的百分比。

● 训练2 鱼类罐头中锡含量的测定

1. 仪器与试剂的准备

（1）仪器 分光光度计。

（2）试剂 100g/L酒石酸水溶液、10g/L抗坏血酸溶液、5g/L动物胶溶液、酚酞指示剂(10g/L乙醇溶液)、氨水(1+1)、硫酸(1+9)、100mg/L苯芴酮溶液、锡标准溶液(每毫升相当于1.0mg锡)、锡标准使用液(每毫升相当于10μg锡)。

2. 操作步骤

称取5.0g捣碎、均匀的样品，置于蒸发皿中，先在水浴上蒸干，加热至炭化，然后移入高温炉中，于500℃灰化3h，放冷，取出坩埚，加1mL硝酸润湿灰分，用小火蒸干，于500℃灼烧1h，放冷，取出坩埚。加1mL硝酸(1+1)，加热，使灰分溶解，移入50mL容量瓶中，用水洗涤坩埚，将洗液并入容量瓶中，加水至刻度，混匀备用。同时按此方法制作空白消化液。

吸取1.0～5.0mL样品消化液和同量的空白消化液，分别置于25mL比色管中。吸取0.00mL、0.20mL、0.40mL、0.60mL、0.80mL、1.00mL锡标准使用液

(相当 0.0μg、2.0μg、4.0μg、6.0μg、8.0μg、10.0μg 锡)，分别置于 25mL 比色管中。向样品消化液、空白消化液及锡标准使用液中各加 0.5mL 100g/L 酒石酸水溶液及 1 滴酚酞指示液，混匀，再各加氨水(1+1)中和至淡红色，加 3mL 硫酸(1+9)、1mL 5g/L 动物胶溶液及 2.5mL 10g/L 抗坏血酸溶液，加水至 25mL，混匀，然后各加 2mL 100mg/L 苯芴酮溶液，混匀。1h 后，以零管调节零点，用 2cm 比色杯于波长 490nm 处测吸光度，以各标准测定液中锡的质量为横坐标，测得各标准测定液的吸光度 A 为纵坐标，绘制标准曲线进行比较。

平行测定两次，两次测定的结果之差不得超过平均值的 10%。

3. 数据记录及处理

(1) 数据记录

	标准溶液						样品溶液		空白溶液
样品的质量/g	—								—
配制样品溶液的体积/mL	—						50		50
吸取各溶液的体积/mL	0.00	0.20	0.40	0.60	0.80	1.00			
配制各测定液的体积/mL	25						25		25
各测定液中锡的质量/μg	0.0	2.0	4.0	6.0	8.0	10.0			
测得各测定液的吸光度 A									

(2) 结果计算

$$X_{Sn}=\frac{(m_{测定液}-m_{空白})\times\frac{50}{V}\times 1000}{m_{样品}\times 1000}$$

式中　X_{Sn}——样品中锡的含量 (mg/kg)；

$m_{测定液}$——从标准曲线上查出样品测定液中锡的质量(μg)；

$m_{空白}$——从标准曲线上查出空白溶液中锡的质量(μg)；

V——吸取样品溶液的体积(mL)；

$m_{样品}$——样品的质量(g)。

计算平行测定结果的平均值和两次测定结果之差与平均值的百分比。

复习思考题

1. 测砷的含量时，样品处理的常用方法有哪些？要注意些什么问题？

2. 叙述砷、铅、铜含量的测定原理。

3. 以二乙基二硫代氨基甲酸银比色法测定罐头食品中砷的含量。吸取 10.00g 捣碎、混匀的样品，以硝酸-高氯酸混合液消化，将消化液定容至 100mL。吸取 50.0mL 消化液及相同量的试剂空白液按同样的方法操作，测定吸光度。查标准曲线，得到50mL消化液中砷的质量为3.4μg，试剂空白液中砷的质量为1.0μg，求此罐头食品中砷的含量。

4. 欲测某罐头食品中铅的含量，称取5.000g均匀样品，用灰化法消化，最后转移至50mL容量瓶中并定容至刻度。吸取10.00mL消化液及等量的试剂空白消化液，用双硫腙比色法测定吸光度，从标准曲线上查得测定用样品消化液中铅的质量为3.2μg，试剂空白消化液中铅的质量为2.4μg，求此食品中铅的含量。

5. 在进行罐头类食品商业无菌检验中，在哪些情况下需做微生物接种培养？

第九章

肉、蛋及其制品检验

培训学习目标 学习肉、蛋及其制品中锌、钙、铜、铅、汞含量的测定原理和操作方法；学会原子吸收分光光度计的使用方法及操作条件的选择方法。

第一节 肉、蛋及其制品中微量元素含量的测定

一、锌、钙、铜含量的测定

采用原子吸收分光光度法测定，同第四章第一节中锌、钙、铜含量的测定方法。

二、铅含量的测定

肉、蛋及其制品中铅含量的测定方法主要有双硫腙比色法和原子吸收分光光度法。

1. 双硫腙比色法

同第八章第一节中铅含量的测定方法1。

2. 原子吸收分光光度法

同第八章第一节中铅含量的测定方法2。

三、汞含量的测定

肉、蛋及其制品中汞含量的测定方法有双硫腙比色法和原子吸收分光光度法。

1. 双硫腙比色法

同第八章第一节中汞含量的测定方法1。

2. 原子吸收分光光度法

同第八章第一节中汞含量的测定方法2。

第二节 肉、蛋及其制品检验技能训练

• 训练1 鲜蛋中锌含量的测定

同第四章第三节训练2中锌含量的测定方法。

• 训练2 鲜肉中铜含量的测定

同第四章第三节训练7中铜含量的测定方法。

• 训练3 皮蛋中铅含量的测定

1. 仪器与试剂的准备

（1）仪器 原子吸收分光光度计。所用玻璃仪器均以10%～20%（体积分数）硝酸浸泡24h以上，用水反复冲洗，最后用去离子水冲洗，晾干后方可使用。

测定条件：灯电流为7.5mA，波长为283.3nm，狭缝宽度为0.2nm。

石墨炉操作条件：于120℃干燥20s，于450℃灰化20s，于2300℃原子化5s（加基底改善剂后的石墨炉条件可以自行决定），氘灯背景校正（也可根据仪器型号，调至最佳条件）。

（2）试剂 硝酸、6mol/L硝酸、硝酸（1+199）、硝酸（1+9）、过硫酸铵、5g/L硫酸钠溶液、石油醚、铅标准储备液（每毫升相当于1mg铅）、铅标准使用液（每毫升相当于1μg铅）。

2. 操作步骤

准确称取1.0～5.0g捣碎、均匀的样品，置于石英或瓷坩埚中，加5mL硝酸，放置0.5h，用小火蒸干，继续加热炭化，然后移入高温炉中，于500℃灰化1h，取出放冷，再加1mL硝酸浸湿灰分，用小火蒸干。称取2g过硫酸铵，覆盖灰分，再移入高温炉中，于800℃灰化20min，冷却后取出，用硝酸溶液（1+199）将其少量多次洗入10mL容量瓶中，并稀释至刻度，备用。取与消化样品用量相同的硝酸、过硫酸铵，按同一方法制作试剂空白液。

吸取0.0mL、0.5mL、1.0mL、2.0mL、3.0mL、4.0mL铅标准使用液，分别

置于 100mL 容量瓶中，加硝酸(1 + 199)稀释至刻度，混匀，当从中各取 50μL 注入石墨炉时，其曲线各点的铅质量分别为 0.00ng、0.25ng、0.50ng、1.00ng、1.50ng、2.00ng。

将处理后的样液、试剂空白液和各容量瓶中铅标准稀释液分别导入火焰进行测定。以铅含量对测得的吸光度绘制标准曲线进行比较定量。

平行测定两次，两次测定的结果之差不得超过平均值的 20%。

3. 数据记录及处理

（1）数据记录

	标准溶液						样品溶液		空白溶液
样品质量/g	—								—
吸取铅标准溶液的体积/mL	0.0	0.5	1.0	2.0	3.0	4.0	—	—	—
配制各溶液的体积/mL	100						10		10
测定时各溶液进样量/μL	50						50		50
各测定液中铅的质量/ng	0.00	0.25	0.50	1.00	1.50	2.00			
测得测定液的吸光度 A									

（2）结果计算

$$X_{Pb}=\frac{(m_{溶液}-m_{空白})\times 1000}{m_{样品}\times\frac{50}{10000}\times 1000}$$

式中　X_{Pb}——样品中铅的含量(mg/kg)；

$m_{溶液}$——从标准曲线上查出样品测定液中铅的质量(ng)；

$m_{空白}$——从标准曲线上查出空白溶液中铅的质量(ng)；

$m_{样品}$——样品质量(g)。

计算平行测定结果的平均值和两次测定结果之差与平均值的百分比。

复习思考题

1. 在化学测定铜含量的过程中应注意哪些问题？

2. 在汞含量的测定中，为何不能采用干法消化？

3. 测定蛋制品中铜的含量。称取样品 10.0g，经处理后，将消化液定容至 50mL。吸取消化液 10.0mL，用铜试剂法测定，测得样品溶液的吸光度与含 1μg 铜的标准溶液相当，试剂空白液未检出铜，计算样品中铜的含量。

4. 测定皮蛋中汞的含量。称取样品 2.50g，经处理后，将消化液定容至 100mL。取 5.0mL 消化液进行原子吸收分光光度法测定，测得样品溶液的吸光度与含 0.02μg 汞的标准溶液相当，试剂空白液未检出汞，计算样品中的汞含量。

第十章

调味品、酱腌制品检验

培训学习目标 学会调味品、酱腌制品检验中样品处理、样品溶液制备以及所用试剂的配制方法等；掌握比色法和原子吸收分光光度法测定调味品、酱腌制品中微量元素（锌、铅、砷等）含量的方法和原理，学会可见分光光度计和原子吸收分光光度计的使用方法以及测量条件的选择方法。

第一节 调味品、酱腌制品中微量元素含量的测定

一、锌含量的测定

测定调味品、酱腌制品中微量锌含量的方法有双硫腙比色法和原子吸收分光光度法。

1. 双硫腙比色法

（1）原理 同第三章第二节中锌含量的测定方法1。

（2）仪器与试剂

1）仪器：可见分光光度计。

2）试剂

① 乙酸-乙酸盐缓冲液（同第三章第二节中锌含量的测定方法1）。

② 250g/L 硫代硫酸钠溶液（同第三章第二节中锌含量的测定方法1）。

③ 0.1g/L 双硫腙-四氯化碳溶液。

④ 1g/L 甲基橙指示液：称取0.1g甲基橙，溶于100mL乙醇。

⑤ 氨水。

⑥ 锌标准使用液(同第三章第二节中锌含量的测定方法1)。

其他试剂同第三章第二节中锌含量的测定方法1。

(3) 操作步骤

1) 样品的消化：称取10g或20g固体样品(或吸取10.0mL或20.0mL液体样品)，置于250或500mL定氮瓶中，加数粒玻璃珠，加入5~10mL硝酸，放置片刻，用小火缓缓加热，待作用缓和后，放置冷却，然后沿瓶壁加入5mL或10mL硫酸，加热至瓶中液体开始变成棕色时，不断沿瓶壁滴加硝酸至有机物分解完全，加大火力，至产生白烟，溶液应无色或微黄色澄清透明，放置冷却。

在上述溶液中加20mL水，煮沸，除去残余的硝酸，至产生白烟为止。如此处理2次，放置冷却，然后移入50mL或100mL容量瓶中，用水洗涤定氮瓶，将洗液并入容量瓶中，冷却后加水稀释至刻度，摇匀。此溶液10mL相当于2g(或2mL)样品，相当于加入硫酸量1mL。

取与消化样品用量相同的硝酸、硫酸，按同一方法做试剂空白试验。

2) 测定：吸取5.0~10.0mL样品消化液和相同量的试剂空白液，分别置于125mL分液漏斗中，加水至10mL。

吸取0.0mL、1.0mL、2.0mL、3.0mL、4.0mL、5.0mL锌标准使用液(相当于0.0μg、1.0μg、2.0μg、3.0μg、4.0μg、5.0μg锌)，分别置于125mL分液漏斗中，各加水至10mL。

于样品消化液、试剂空白液及锌标准液中各加1滴甲基橙指示液，用氨水调至由红变黄，各加5mL乙酸-乙酸盐缓冲液及1mL 250g/L硫代硫酸钠溶液混匀后，再各加10.0mL 0.1g/L双硫腙-四氯化碳溶液，剧烈振摇4min，静置分层，收集四氯化碳层于1cm比色皿中，以零管调节零点，于530nm处测吸光度，绘制标准曲线比较。

(4) 结果计算　同第三章第二节中锌含量的测定方法1。

2. *原子吸收分光光度法*

同第三章第二节中锌含量的测定方法3。

二、铅含量的测定

测定调味品、酱腌制品中微量铅含量的方法有双硫腙比色法和原子吸收分光光度法。

1. *双硫腙比色法*

(1) 原理　样品经硝酸-硫酸消化后，铅被氧化成铅离子。当调节pH值至8.5~9.0时，铅离子可以与双硫腙生成红色的双硫腙铅配位化合物。用三氯甲烷将双硫腙铅配位化合物萃取出来，与标准系列溶液进行比较定量。

加柠檬酸铵是为了阻止其他金属的氢化物发生沉淀；加氰化钾是为了掩蔽

铜、锌的干扰，加盐酸羟胺是为了还原三价铁，以免其在碱性溶液中与氰化钾生成高铁氰化钾，使双硫腙被氧化。

（2）仪器与试剂 同第二章第四节中铅含量的测定方法1。

（3）操作步骤

1）样品的处理：同本节中锌含量的测定方法1。

2）测定：吸取10.0mL消化后的定容溶液和同量的试剂空白液，分别置于125mL分液漏斗中，各加水至20mL。另吸取0.00mL、1.00mL、2.00mL、3.00mL、4.00mL、5.00mL铅标准使用液，分别置于125mL分液漏斗中，各加水至20mL。

以下按第二章第四节中铅的测定方法1进行操作。

（4）结果计算 同第二章第四节中铅含量的测定方法1。

（5）注意事项 同第二章第四节中铅含量的测定方法1。

2. *原子吸收分光光度法*

（1）原理 同第二章第四节中铅含量的测定方法2。

（2）仪器与试剂 同第二章第四节中铅含量的测定方法2。

（3）操作步骤

1）样品的处理：取均匀试样10～20g（精确到0.01g）置于烧杯中，于电热板上先蒸发至一定体积，再加入混合酸消化完全，然后转移、定容于50mL容量瓶中。

2）萃取分离：同第二章第四节中铅含量的测定方法2。

3）测定：同第二章第四节中铅含量的测定方法2。

（4）结果计算 同第二章第四节中铅含量的测定方法2。

三、砷含量的测定

砷在调味品、酱腌制品中的含量是极少的，目前主要采用砷斑法和银盐法来测定。

1. *砷斑法*

（1）原理 样品经消化后，砷及各种砷化物都转化为五价砷或三价砷，将五价砷用碘化钾还原为亚砷酸，加入酸性氯化亚锡与析出的碘结合，并使五价砷还原为三价砷。亚砷酸与新生态氢原子作用生成的砷化氢，再与溴化汞作用生成黄色斑点。在测砷管上端填充乙酸铅棉花，以消除硫化氢的干扰。砷斑颜色的深浅与砷的含量成正比，与标准系列溶液比较定量。

（2）仪器与试剂 同第二章第四节中砷含量的测定方法1。

（3）操作步骤

1）样品的处理：

① 硝酸-硫酸消化法：同本节中锌含量的测定方法1。

② 灰化法：准确称取10g样品置于瓷坩埚中，加入1g氧化镁、10mL 100g/L硝酸镁溶液，混匀，浸泡4h，在水浴上蒸干，用小火炭化后，在550℃高温炉中灼烧3～4h，冷却后取出，加5mL水湿润灰分，用玻璃棒搅拌均匀，用少量水将附着在玻璃棒上的灰分洗至坩埚内，于水浴上蒸干后，移入550℃高温炉中灰化2h，冷却后取出。

加5mL水湿润灰分，再慢慢加入10mL盐酸(1+1)溶解残渣，用水移入50mL容量瓶中，稀释至刻度，摇匀(每10mL此溶液相当于2g样品，相当于加入盐酸1.0mL)。同时做试剂空白试验。

2）测定：准确吸取一定量的样品溶液和试剂空白液各20mL，分别移入砷斑测定器的锥形瓶中；另取数套砷斑测定器，于锥形瓶中分别加入砷标准溶液(1.0μg/L)0.0mL、1.0mL、2.0mL、3.0mL、4.0mL、5.0mL，向各瓶中加入5mL 200g/L碘化钾溶液、5滴400g/L氯化亚锡溶液和5mL盐酸(硝酸-硫酸消化液要减去样品中硫酸的体积;灰化法消化液要减去样品中盐酸的体积)，再各加水至35mL，放置10min，然后各加入3g锌粒，迅速装上已装入溴化汞试纸、乙酸铅棉花和乙酸铅试纸的测砷管，在25℃下避光放置1h。取出溴化汞试纸，将样品色斑和标准色斑比较，求出样品溶液和试剂空白液中砷的含量。

(4) 结果计算　样品中砷含量的计算公式为

$$X=\frac{(m_1-m_0)\times 1000}{m\frac{V_2}{V_1}\times 1000}$$

式中　X——样品中砷的含量(mg/kg)；

m_1——测定用样品消化液中砷的质量(μg)；

m_0——试剂空白液中砷的质量(μg)；

m——样品质量(g)；

V_1——样品消化液的总体积(mL)；

V_2——测定用样品消化液的体积(mL)。

2. 银盐法

(1) 原理　同第二章第四节中砷含量的测定方法2。

(2) 仪器与试剂　同第二章第四节中砷含量的测定方法2。

(3) 操作步骤

1）样品的处理：同方法1。

2）测定：同第二章第四节中砷含量的测定方法2。

(4) 结果计算　同方法1。

(5) 注意事项

1）样品中若含有锑盐，则它所生成的锑化氢也能与银盐作用生成红色化合物，对比色有干扰。

2）测砷装置各接口处不能漏气。

◈◈◈ 第二节 调味品、酱腌制品检验技能训练

• 训练1 味精中锌含量的测定

1. 仪器与试剂的准备

（1）仪器 可见分光光度计。

（2）试剂 乙酸-乙酸盐缓冲液、250g/L 硫代硫酸钠溶液、0.1g/L 双硫腙-四氯化碳溶液、1g/L 甲基橙指示液、氨水、锌标准使用液。

2. 操作步骤

称取10g或20g固体样品，置于250或500mL定氮瓶中，加数粒玻璃珠，加入5～10mL硝酸，放置片刻，用小火缓缓加热，待作用缓和后，放置冷却，沿瓶壁加入5mL或10mL硫酸，加热至瓶中液体开始变成棕色时，不断沿瓶壁滴加硝酸至有机物分解完全，加大火力，至产生白烟，溶液应无色或微黄色澄清透明，放置冷却。加20mL水，煮沸，除去残余的硝酸，至产生白烟为止。如此处理2次，放置冷却，然后移入50mL或100mL容量瓶中，用水洗涤定氮瓶，将洗液并入容量瓶中，冷却后加水稀释至刻度，摇匀。取与消化样品用量相同的硝酸、硫酸，按同一方法做试剂空白试验。

吸取5.0～10.0mL样品消化液和相同量的试剂空白液，分别置于125mL分液漏斗中，加水至10mL。

吸取0.0mL、1.0mL、2.0mL、3.0mL、4.0mL、5.0mL锌标准使用液（相当于0.0μg、1.0μg、2.0μg、3.0μg、4.0μg、5.0μg锌），分别置于125mL分液漏斗中，各加水至10mL。

于样品消化液、试剂空白液及锌标准液中各加1滴甲基橙指示液，用氨水调至由红变黄，再各加5mL乙酸-乙酸盐缓冲液及1mL 250g/L硫代硫酸钠溶液混匀，然后各加10.0mL 0.1g/L双硫腙-四氯化碳溶液，剧烈振摇4min，静置分层，收集四氯化碳层于1cm比色皿中，以零管调节零点，于530nm处测吸光度，以各标准溶液中锌的质量为横坐标，以测得各标准溶液的吸光度A为纵坐标，绘制标准曲线。根据空白溶液和各样品溶液的吸光度，从标准曲线上查出空白溶液和各样品溶液中锌的质量。

平行测定两次，两次测定的结果之差不得超过平均值的10%。

3. 数据记录及处理

(1) 数据记录

	标准溶液						样品溶液		空白溶液
样品质量/g	—								—
配制溶液的体积/mL	—								
吸取各溶液的体积/mL	0.0	1.0	2.0	3.0	4.0	5.0			
各溶液中锌的质量/μg	0.0	1.0	2.0	3.0	4.0	5.0			
测得各溶液的吸光度 A									

(2) 结果计算

$$X_{Zn}=\frac{(m_{溶液}-m_{空白})\times\dfrac{V_1}{V_2}\times 1000}{m_{样品}\times 1000}$$

式中　X_{Zn}——样品中锌的含量(mg/kg)；

$m_{溶液}$——从标准曲线上查出样品显色液中锌的质量(μg)；

$m_{空白}$——从标准曲线上查出空白溶液中锌的质量(μg)；

V_1——配制样品溶液的体积(mL)；

V_2——吸取样品溶液的体积(mL)；

$m_{样品}$——样品质量(g)。

计算平行测定结果的平均值和两次测定结果之差与平均值的百分比。

训练 2　食醋中铅含量的测定

1. 仪器及试剂的准备

(1) 仪器　原子吸收分光光度计。

仪器测量条件：空心阴极灯电流为 8 mA，共振线波长为 283.3 nm，狭缝宽度为 0.4 nm，空气流量为 8 L/min，燃烧器高度为 6 mm。

(2) 试剂　硝酸-高氯酸（9+1）、硫酸铵溶液（300 g/L）、柠檬酸铵溶液（250 g/L）、溴百里酚蓝水溶液（1 g/L）、二乙基二硫代氨基甲酸钠（DDTC）溶液（50 g/L）、氨水（1+1）、4-甲基-2-戊酮（MIBK）、10 μg/mL 铅标准使用溶液、盐酸（1+11）、磷酸溶液（1+10）。

2. 操作步骤

(1) 样品的处理　取均匀样品 10~20 g（精确到 0.01 g）置于烧杯中，于电热板上先蒸发至一定体积后，加入混合酸将样品消化完全，然后转移、定容于 50 mL 容量瓶中。

(2) 萃取分离　视样品情况，吸取 25.0~50.0 mL 上述制备的样液及试剂空白液，分别置于 125 mL 分液漏斗中，补加水至 60 mL，加 2 mL 柠檬酸铵溶液，溴百里酚蓝水溶液 3~5 滴，用氨水（1+1）调 pH 值至溶液由黄变蓝，加硫酸铵溶液10.0 mL，DDTC溶液10 mL，摇匀，放置5 min左右，加入10.0 mL MIBK，剧烈振摇提取1 min，静置分层后，弃去水层，将MIBK层放入10 mL带塞刻度管中，备用。分别吸取铅标准使用液0.00 mL、0.25 mL、0.50 mL、1.00 mL、1.50 mL、2.00 mL（相当0.0 μg、2.5 μg、5.0 μg、10.0 μg、15.0 μg、20.0 μg铅）置于125 mL分液漏斗中，用与样品相同的方法萃取。

（3）测定　萃取液进样，可适当减小乙炔气的流量。以各标准测定液中铅的质量为横坐标，以测得各标准测定液的吸光度 A 为纵坐标，绘制标准曲线。根据空白溶液和各样品测定液的吸光度，从标准曲线上查出空白溶液和各样品测定液中铅的质量。

平行测定两次，两次测定的结果之差不得超过平均值的20%。

3. 数据记录及处理

（1）数据记录

	标准溶液						样品溶液		空白溶液
吸取样品的质量/g	—								—
配制样品溶液的体积/mL	—								
吸取各溶液的体积/mL	0.00	0.25	0.50	1.00	1.50	2.00			
测定液中铅的质量/μg	0.0	2.5	5.0	10.0	15.0	20.0			
各测定液的吸光度 A									

（2）结果计算

$$X_{Pb}=\frac{(c_1-c_0)\times V_1\times 1000}{m\times\frac{V_3}{V_2}\times 1000}$$

式中　X_{Pb}——样品中铅的含量（mg/kg）；

c_1——测定用样品中铅的含量（μg/mL）；

c_0——试剂空白液中铅的含量（μg/mL）；

m——样品质量（g）；

V_1——样品萃取液体积（mL）；

V_2——样品处理液的总体积（mL）；

V_3——测定用样品处理液的总体积（mL）。

计算平行测定结果的平均值和两次测定结果之差与平均值的百分比。

复习思考题

1. 测定砷的含量时，砷斑法和银盐法的主要区别在哪里？
2. 用双硫腙比色法测定铅的含量时，溶液和废液应如何处理？

第十一章

茶叶检验

培训学习目标 掌握测定茶叶中咖啡因、茶多酚和游离氨基酸总量的原理和操作方法；掌握测定茶叶中铅和汞含量的方法、原理、仪器的使用方法以及测量条件的选择方法。

第一节 茶叶中咖啡因含量的测定

咖啡因是存在于咖啡、茶叶中的一种生物碱，属于嘌呤族。咖啡因的学名为1,3,7-三甲基黄嘌呤，是白色针状结晶，有苦味，能溶于热水，有兴奋中枢神经系统的作用，并能止痛、利尿。

咖啡因广泛分布于茶树体内，但在其各部位中的含量差异很大，在茶叶中的质量分数为2%~5%。

由于咖啡因分子对紫外光有特定的吸收，因此采用紫外分光光度法来测定茶叶中咖啡因的含量。

1. 原理

茶叶中的咖啡因易溶于水，除去干扰物质后，可用特定波长测定其含量。

2. 仪器试剂

（1）仪器

1）磨碎机：由不吸收水分的材料制成；死角尽可能小，以易于清理；能使磨碎的样品完全通过孔径为600~1000μm的筛子。

2）样品容器：可用玻璃样品瓶或金属样盒，应清洁、干燥、密闭，用不与样品起反应的材料制成，大小以能装满磨碎样品为宜。

3）恒温水浴。

4）紫外分光光度计。

5）分析天平(分度值为0.0001g)。

（2）试剂　所用试剂除另有规定外，均为分析纯(AR)；水为蒸馏水。

1）500g/L碱性乙酸铅溶液：称取50g碱性乙酸铅，加水100mL，静置过夜。

2）0.01mol/L盐酸：取0.9mL盐酸，用水稀释至1L，摇匀。

3）9mol/L硫酸：取硫酸250mL，用水稀释至1L，摇匀。

4）50mg/L咖啡因标准溶液：称取100mg咖啡因(质量分数不低于99%)溶于100mL水中，作为母液，从中准确吸取5mL，加水至100mL，作为标准溶液。

3. 操作步骤

（1）样品的制备

1）紧压茶以外的各类茶：先用磨碎机将少量样品磨碎，弃去，再磨碎其余部分。如果样品水分含量太高，那么就不能将样品磨碎到规定的细度，必须将样品预先干燥(烘干温度以不超过100℃为宜)，待样品冷却后，再进行磨碎。将磨碎的样品转入预先干燥的样品容器中，并立即密封。

2）紧压茶：在不同形状(砖、块、饼)的紧压茶表面，分别取不少于5处的采样点，用电钻或台钻钻洞取样，混匀，按上述规定制备样品。

（2）试液的制备　称取3g(准确至0.001g)磨碎的样品置于500mL锥形瓶中，加入热蒸馏水450mL，立即移入沸水浴中浸提45min(每隔10min摇动一次)，浸提完毕后，立即趁热减压过滤，将滤液移入500mL容量瓶中，用少量热蒸馏水将残渣洗涤2~3次，并将滤液滤入上述容量瓶中，冷却后，用蒸馏水稀释至刻度。

（3）测定　用移液管准确吸取试液20mL移入250mL容量瓶中，加入10mL 0.01mol/L盐酸和2mL 500g/L碱性乙酸铅溶液，用水准确稀释至刻度，充分混匀，静置澄清后过滤，准确吸取滤液50mL，注入100mL容量瓶中，加入0.2mL 9mol/L硫酸溶液，加水稀释至刻度，混匀，静置澄清后过滤。用10mm比色杯，在波长274nm处，以试剂空白溶液作参比，测定吸光度A。

分别吸取0.0mL、5.0mL、10.0mL、15.0mL、20.0mL、25.0mL、30.0mL咖啡因标准溶液(50mg/L)置于一组100mL容量瓶中，各加入4.0mL 0.01mol/L盐酸溶液，用水稀释至刻度，混匀，用10mm石英比色杯，在紫外分光光度仪上选择宽度为0.1~0.18nm的狭缝，在波长274nm处，以试剂空白溶液作参比，测定吸光度A。将测得的吸光度与对应的咖啡因含量绘制标准曲线。根据样品测定液的吸光度从标准曲线上查出样品测定液中咖啡因的含量。

4. 结果计算

茶叶中咖啡因含量(以干态质量分数表示)的计算公式为

$$X=\frac{\frac{C}{1000}\times 100\times \frac{250}{50}\times \frac{V}{20}}{M\times m}\times 100\%$$

式中　X——茶叶中咖啡因的质量分数；

C——根据样品测得的吸光度(A)，从咖啡因标准曲线上查得的咖啡因相应含量(mg/mL)；

V——试液总量(mL)；

M——样品用量(g)；

m——样品干态质量分数。

如果符合重复性的要求，那么取两次测定的算术平均值作为结果。

同一样品的两次测定值之差，每100g样品不得超过0.2g。

第二节　茶叶中茶多酚含量的测定

茶多酚是茶叶中酚类及其衍生物的总称，又称为茶鞣质、茶单宁。茶多酚可广泛地消除人体内的自由基，能起到抗衰老、防辐射损伤、抑制肿瘤、抗菌、杀菌和防治艾滋病等作用。

茶多酚的主要组分是黄烷醇类、羟基-4-黄烷醇类、花色苷类、黄酮醇类和黄酮类。这些化合物都具有2-苯基苯并吡喃的基本结构，故统称为类黄酮物质。茶叶中的绿原酸、鸡钠酸、咖啡酸等酚酸类化合物也是茶多酚的组分之一。

在茶多酚各组分中以黄烷醇类为主，黄烷醇类又以儿茶素类物质为主。儿茶素类约占茶多酚总量的70%(质量分数)。

茶叶中儿茶素类物质的质量分数一般为12%～24%，主要由6种儿茶素组成：L-表没食子儿茶素(简称L-EGC)、D,L-没食子儿茶素(简称D,L-GC)、L-表儿茶素(简称L-EC)、D,L-儿茶素(简称D,L-C)、L-表没食子儿茶素没食子酸酯(简称L-EGCG)和L-表儿茶素没食子酸酯(简称L-ECG)。最后2种儿茶素一般合称为酯型儿茶素、酯类儿茶素或复杂儿茶素；前4种儿茶素一般合称为非酯型儿茶素、游离儿茶素或简单儿茶素。茶多酚的含量受品种、季节、土壤及栽培措施等影响较大。

利用多酚类物质可以和亚铁离子生成有色化合物，从而可以用可见分光光度法测定茶叶中茶多酚的含量。

1. 原理

将茶叶磨碎后，用70%甲醇在70 ℃水浴上提取茶多酚，用福林酚试剂氧化茶多酚中的—OH并显色，最大吸收波长为765 nm，用没食子酸作校正标准定量茶多酚。

2. 仪器

1）分析天平：分度值为0.001 g。

2）水浴：温度为70 ℃ ±1 ℃。

3）离心机：转速3500 r/min。

4）分光光度计。

3. 试剂

1）乙腈：色谱纯。

2）甲醇。

3）碳酸钠（Na_2CO_3）。

4）甲醇水溶液（7+3）。

5）福林酚试剂。

6）10%（体积分数）福林酚试剂：将20 mL福林酚试剂转移至200 mL容量瓶中，用水定容并摇匀。现用现配。

7）75 g/L碳酸钠溶液：称取37.5 g±0.01 g碳酸钠，加适量水溶解，转移至500 mL容量瓶中，定容至刻度，摇匀，室温下可保存1个月。

8）没食子酸标准储备液（1 mg/mL）：称取0.110 g±0.001 g没食子酸（GA，相对分子质量为188.14），于100 mL容量瓶中溶解并定容至刻度，摇匀。现用现配。

9）没食子酸标准溶液：用移液管分别移取1.0 mL、2.0 mL、3.0 mL、4.0 mL、5.0 mL没食子酸标准储备液置于100 mL容量瓶中，分别用水定容至刻度，摇匀，质量浓度分别为10 μg/mL、20 μg/mL、30 μg/mL、40 μg/mL、50 μg/mL。

4. 操作步骤

（1）样品溶液的制备

1）母液：称取0.2 g（精确至0.0001 g）均匀磨碎的样品置于10 mL离心管中，加入在70 ℃水浴中预热过的70%甲醇溶液5 mL，用玻璃棒充分搅拌均匀，立即移入70 ℃水浴中，浸提10 min（隔5 min搅拌一次），浸提后冷却至室温，转入离心机，在3500 r/min转速下离心10 min，将上层清液转移至10 mL容量瓶。残渣再用5 mL的70%甲醇溶液提取一次，重复以上操作。合并提取液，定容至10 mL，摇匀，过0.45 μm膜，待用。该提取液在4 ℃下至多保存24 h。

2）测试液：移取母液1.0 mL置于100 mL容量瓶中，用水定容至刻度，摇匀，待测。

（2）测定 用移液管分别移取没食子酸标准溶液、水（作空白对照用）及测试液各1.0 mL置于刻度试管内，在每个试管内分别加入5.0 mL的10%（体积分数）福林酚试剂，摇匀，反应 3 ~ 8 min 后，加入 4.0 mL 75 g/L 碳酸钠溶液，加水定容至刻度，摇匀，室温下放置 60 min。用 1.0 cm 比色皿，在 765 nm 波长下用分光光度计测定吸光度 A。

根据没食子酸标准溶液的吸光度 A 与各标准溶液的没食子酸质量浓度，制作标准曲线。根据测试液的吸光度，从标准曲线上查出测试液中没食子酸的质量浓度。

5. 结果计算

比较测试液和标准溶液的吸光度，按下式计算

$$X = \frac{c \times V \times f}{m \times m_1 \times 10^6} \times 100\%$$

式中 V——样品提取液的体积（mL）；

f——稀释倍数；

c——从标准曲线上查得的没食子酸的质量浓度（μg/mL）；

m——样品干态质量分数；

m_1——样品质量（g）。

同一样品的两次测定值不超过 0.5%。结果取两次测定值的算术平均值，保留到小数点后一位。

6. 注意事项

样品吸光度应在没食子酸标准溶液的校准范围内，若样品吸光度高于 50 μg/mL 没食子酸标准溶液的吸光度，则应重新配制高质量浓度的没食子酸标准溶液进行校准。

第三节 茶叶中游离氨基酸总量的测定

茶叶中的游离氨基酸比较丰富，高档茶约为 5%（质量分数），低档茶一般为 2%（质量分数）左右。但由于茶叶原料和加工方法不同，其中游离氨基酸的含量差异很大。

利用氨基酸可以与茚三酮生成有色化合物，因而用可见分光光度法来测定茶叶中游离氨基酸的含量。

1. 原理

氨基酸在 pH = 8.0 的条件下与茚三酮共热，形成紫色配位化合物，用分光光度法在特定的波长下测定其含量。

2. 仪器与试剂

（1）仪器 分析天平（分度值为 0.0001g）、分光光度计。

（2）试剂

1）pH = 8.0 的磷酸盐缓冲液：按茶多酚测定中的规定，配制 1/15mol/L 磷酸氢二钠和 1/15mol/L 磷酸二氢钾溶液，然后取 95mL 磷酸氢二钠溶液和 5mL 磷酸二氢钾溶液混匀。

2）20g/L 茚三酮溶液：称取水合茚三酮（质量分数不低于 99%）2g，加 50mL 水和 80mg 氯化亚锡，搅拌均匀，分次加少量水溶解，放在暗处，静置一昼夜，过滤后加水定容至 100mL。

3）100mg/L 茶氨酸或谷氨酸标准溶液：称取 100mg 茶氨酸或谷氨酸（质量分数不低于 99%）溶于 100mL 水中，作为母液。准确吸取 5mL 母液，加水定容至 50mL，作为标准溶液。

3. 操作步骤

（1）样品的制备　按咖啡因含量测定中的规定制备样品。

（2）试液的制备　按咖啡因含量测定中的规定制备试液。

（3）测定　准确吸取试液 1mL，注入 25mL 容量瓶中，加 0.5mL pH = 8.0 的缓冲液和 0.5mL 20g/L 茚三酮溶液，在沸水浴中加热 15min，待冷却后，加水定容至 25mL，放置 10min 后，用 5mm 比色杯，在 570nm 处以试剂空白溶液作参比，测定吸光度 A。

分别吸取 0.0mL、1.0mL、1.5mL、2.0mL、2.5mL、3.0mL 氨基酸标准溶液（100mg/L）置于一组 25mL 容量瓶中，各加 4mL 水、0.5mL 20g/L 茚三酮溶液和 2mL pH = 8.0 的缓冲液，在沸水浴中加热 15min，冷却后，加水定容至 25mL，按上述操作测定吸光度 A。用测得的吸光度与对应的茶氨酸或谷氨酸的质量浓度绘制标准曲线。

注意：制作标准曲线时，所用的蒸馏水必须是二次蒸馏水。

4. 结果计算

茶叶中游离氨基酸含量（以干态质量分数表示）的计算公式为

$$X = \frac{\frac{m_1}{1000} \times \frac{V_1}{V_2}}{M \times m} \times 100\%$$

式中　X——茶叶中游离氨基酸的质量分数；

V_1——试液总体积（mL）；

L_2——测定用试液的体积（mL）；

M——样品质量（g）；

m_1——根据测得的吸光度从标准曲线上查得的茶氨酸的质量（mg）；

m——样品干态质量分数。

如果符合重复性的要求，那么取两次测定的算术平均值作为结果。

同一样品进行两次测定，测定值之差，每100g样品不得超过0.1g。

第四节　茶叶中有害元素含量的测定

一、铅含量的测定

目前测定茶叶中铅含量的方法有双硫腙比色法和原子吸收分光光度法。双硫腙比色法是经典方法，虽然操作繁杂，但是不需要高精密仪器，一般的实验室就可以操作。原子吸收分光光度法分析速度快，分析结果准确，但仪器价格昂贵，要求操作技术高。

1. 双硫腙比色法

（1）原理　同第二章第四节中铅含量的测定方法1。

（2）仪器与试剂　同第二章第四节中铅含量的测定方法1。

（3）操作步骤

1）样品的消化

① 硝酸-硫酸法：称取5.00g或10.00g粉碎样品，置于250或500mL定氮瓶中，先加少许水使其润湿，再加数粒玻璃珠和10～15mL硝酸-硫酸混合液，放置片刻，用小火缓慢加热，待作用缓和，放冷，沿瓶壁加入5mL或10mL硫酸，加热至瓶中液体开始变成棕色时，不断沿瓶壁滴加硝酸-硫酸混合液至有机质分解完全，然后加大火力至产生白烟，待瓶口白烟冒净后，瓶内液体再产生白烟，说明消化完全，此时溶液应澄明无色或微带黄色，放冷，加20mL水煮沸，除去残余的硝酸至产生白烟为止，如此处理两次，放冷，将冷后的溶液移入50mL或100mL容量瓶中，用水洗涤定氮瓶，将洗液并入容量瓶中，放冷，加水至刻度，混匀。定容后的溶液每10mL含有1g样品，相当于加入1mL硫酸。

取与消化样品用量相同的硝酸-硫酸混合液和硫酸，按同一方法做试剂空白试验。

② 灰化法：称取5.0g样品，置于坩埚中，加热至炭化，然后移入高温炉中，于500℃灰化3h，放冷，取出坩埚，加1mL硝酸(1+1)，润湿灰分，用小火蒸干，于500℃灼烧1h，放冷，取出坩埚，加1mL硝酸(1+1)，加热，使灰分溶解，移入50mL容量瓶中，用水洗涤坩埚，将洗液并入容量瓶中，加水至刻度，混匀备用。

2）测定：同第二章第四节中铅含量的测定方法1。

（4）结果计算　同第二章第四节中铅含量的测定方法1。

（5）注意事项　同第二章第四节中铅含量的测定方法1。

2. 原子吸收分光光度法

（1）原理　同第二章第四节中铅含量的测定方法2。

（2）仪器与试剂　同第二章第四节中铅含量的测定方法2。

（3）操作步骤

1）样品的处理：去除杂物，碾碎，混匀，从中称取5～10g样品（精确到0.01g），置于50mL瓷坩埚中，用小火炭化，然后移入电阻炉中，于500℃以下灰化16h后，取出坩埚，放冷后再加少量混合酸，用小火加热，不使其干涸，必要时再加少许混合酸，如此反复处理，直至残渣中无炭粒。待坩埚稍冷，加10mL盐酸（1+11），溶解残渣并将其移入50mL容量瓶中，再用水反复洗涤坩埚，将洗液并入容量瓶中，并稀释至刻度，混匀备用。取与样品用量相同的混合酸和盐酸（1+11），按同一操作方法做试剂空白试验。

2）萃取分离：同第二章第四节中铅含量的测定方法2。

3）测定：同第二章第四节中铅的测定方法2。

（4）结果计算　同第二章第四节中铅含量的测定方法2。

二、汞含量的测定

测定茶叶中汞含量的方法有双硫腙比色法和原子吸收分光光度法。双硫腙比色法是经典方法，虽然操作繁杂，但是不需要高精密仪器，一般的实验室就可以操作。原子吸收分光光度法分析速度快，分析结果准确，但仪器价格昂贵，要求操作技术高。

1. 双硫腙比色法

（1）原理　样品经消化后，汞离子在酸性溶液中可与双硫腙生成橙红色配位化合物，溶于三氯甲烷，与标准系列溶液比较定量。

（2）仪器与试剂

1）仪器：消化装置、分光光度计。

2）试剂：同第二章第四节中汞含量的测定方法1。

（3）操作步骤

1）样品的消化：称取20.00g样品，置于消化装置的锥形瓶中，加数粒玻璃珠及80mL硝酸、15mL硫酸，转动锥形瓶，防止局部炭化。装上冷凝管后，用小火加热，开始发泡时停止加热，发泡停止后加热回流2h。若加热过程中溶液变棕色，则再加5mL硝酸，继续回流2h，放冷，用适量水洗涤冷凝管，将洗液并入消化液中，取下锥形瓶，加水至总体积为150mL。取与消化样品用量相同的硝酸、硫酸，按同一方法做试剂空白试验。

2）测定：同第二章第四节中汞含量的测定方法1。

（4）结果计算　同第二章第四节中汞含量的测定方法1。

2. 原子吸收分光光度法

(1) 原理 汞蒸气对波长为253.7nm的共振线具有强烈的吸收作用。样品经过硝酸-硫酸消化使汞转为离子状态，再在强酸介质中用氯化亚锡将其还原成元素汞，以氮气或干燥、清洁的空气作为载气，将元素汞吹入汞测定仪，进行冷原子吸收测定，在一定浓度范围内其吸收值与汞含量成正比，与标准系列比较定量。

(2) 仪器与试剂

1) 仪器：同第二章第四节中汞含量的测定方法2。

2) 试剂

① 硝酸。

② 硫酸。

③ 300g/L氯化亚锡溶液：称取30g氯化亚锡，加少量水，再加2mL硫酸使之溶解，加水稀释至100mL，放置于冰箱中保存。

④ 无水氯化钙(干燥用)。

⑤ 混合酸(1+1+8)：量取10mL硫酸，再加10mL硝酸，慢慢倒入50mL水中，冷却后加水稀释至100mL。

⑥ 汞标准储备液：准确称取0.1354g于干燥器干燥过的氯化汞，加混合酸(1+1+8)溶解后移入100mL容量瓶中，并稀释至刻度，混匀(此溶液每毫升相当于1.0mg汞)。

⑦ 汞标准使用液：吸取1.0mL汞标准储备液，置于100mL容量瓶中，加混合酸(1+1+8)稀释至刻度(此溶液每毫升相当于10μg汞)。吸取此液1.0mL，置于100mL容量瓶中，加混合酸(1+1+8)稀释至刻度(此溶液每毫升相当于0.1μg汞)，临用时现配。

(3) 操作步骤

1) 样品的消化：称取10g样品，置于消化装置的锥形瓶中，加玻璃珠数粒，加45mL硝酸、10mL硫酸，转动锥形瓶防止局部炭化。装上冷凝管后，用小火加热，开始发泡时停止加热，发泡停止后，加热回流2h。若加热过程中溶液变棕色，则再加5mL硝酸，继续回流2h，放冷后从冷凝管上端小心加20mL水，继续加热回流10min，放冷，用适量水冲洗冷凝管，将洗液并入消化液中，将消化液经玻璃棉过滤于100mL容量瓶内，用少量水洗锥形瓶、过滤器，将洗液并入容量瓶中，加水至刻度，混匀。取与消化样品用量相同的硝酸、硫酸，按同一方法做试剂空白试验。

2) 测定：吸取10.0mL样品消化液，置于汞蒸气发生器中，连接抽气装置，沿壁迅速加入3mL 300g/L氯化亚锡溶液，立即通入流速为1.0L/min的氮气或经活性炭处理的空气，使汞蒸气经过氯化钙干燥管进入测汞仪中，读取测汞仪上的最大读数，同时做试剂空白试验。

吸取0.00mL、0.10mL、0.20mL、0.30mL、0.40mL、0.50mL汞标准使用液（相当0.00μg、0.01μg、0.02μg、0.03μg、0.04μg、0.05μg汞）置于试管中，各加10mL混合酸(1+1+8)，以下按上述方法操作，绘制标准曲线。

（4）结果计算　样品中汞含量的计算方法为

$$X=\frac{(m_1-m_0)\times 1000}{m(V_2/V_1)\times 1000}$$

式中　X——样品中汞的含量(mg/kg)；

m_1——测定用样品消化液中汞的质量(μg)；

m_0——试剂空白液中汞的质量(μg)；

m——样品的质量(g)；

V_1——样品消化液的总体积(mL)；

V_2——测定用样品消化液的体积(mL)。

第五节　茶叶检验技能训练

训练1　茶叶中茶多酚含量的测定

1. 试剂及仪器的准备

（1）仪器　分光光度计。

（2）试剂　乙腈、甲醇、碳酸钠、甲醇水溶液（7+3）、10%（体积分数）福林酚试剂、75 g/L碳酸钠溶液、没食子酸标准储备液（1mg/mL）、没食子酸标准溶液（质量浓度分别为10μg/mL、20μg/mL、30μg/mL、40μg/mL、50 μg/mL）。

2. 操作步骤

（1）样品溶液的制备

1）母液：称取0.2 g（精确至0.0001 g）均匀磨碎的样品置于10 mL离心管中，加入在70 ℃水浴中预热过的70%甲醇溶液5 mL，用玻璃棒充分搅拌均匀，立即移入70 ℃水浴中，浸提10 min（隔5 min搅拌一次），浸提后冷却至室温，转入离心机，在3500 r/min转速下离心10 min，将上层清液转移至10 mL容量瓶。残渣再用5 mL的70%甲醇溶液提取一次，重复以上操作。合并提取液，定容至10 mL，摇匀，过0.45 μm膜，待用。该提取液在4 ℃下至多保存24 h。

2）测试液：移取母液1.0 mL置于100 mL容量瓶中，用水定容至刻度，摇匀，待测。

（2）测定 用移液管分别移取没食子酸标准溶液、水（作空白对照用）及测试液各 1.0 mL 置于刻度试管内，在每个试管内分别加入 5.0 mL 的 10%（体积分数）福林酚试剂，摇匀。反应 3 ~ 8min 后，加入 4.0 mL 75 g/L 碳酸钠溶液，加水定容至刻度，摇匀，室温下放置 60 min。用 1.0 cm 比色皿，在 765 nm 波长下用分光光度计测定吸光度 A。

根据没食子酸标准溶液的吸光度 A 与各标准溶液的没食子酸质量浓度，制作标准曲线。根据测试液的吸光度，从标准曲线上查出测试中没食子酸的质量浓度。

平行测定两次，每 100g 样品两次测定的结果之差不得超过 0.5g。

3. 数据记录及处理

（1）数据记录

	没食子酸工作液					样品溶液	
样品的质量/g	—						
配制样品溶液的体积/mL	—	—	—	—	—		
吸取溶液的体积/mL	1.0	2.0	3.0	4.0	5.0		
配制显色液的体积/mL	100						
没食子酸的质量浓度/(μg/mL)或茶多酚的含量(%)	10.0	20.0	30.0	40.0	50.0		
各显色液吸光度 A							

（2）结果计算 样品中茶多酚含量（以干态质量百分率表示）的计算公式为

$$X = \frac{c \times V \times f}{m \times m_1 \times 10^6} \times 100\%$$

式中 V——样品提取液的体积（mL）；

f——稀释倍数；

c——从标准曲线上查得的没食子酸的质量浓度（μg/mL）；

m——样品干态质量分数；

m_1——样品质量（g）。

训练 2 茶叶中咖啡因含量的测定

1. 仪器与试剂的准备

（1）仪器 磨碎机、恒温水浴、紫外分光光度计（狭缝宽度为 0.1 ~ 0.18nm，波长为 274nm）。

（2）试剂 500g/L 碱性乙酸铅溶液、0.01mol/L 盐酸、9mol/L 硫酸、

50mg/L 咖啡因标准溶液。

2. 操作步骤

先用磨碎机将少量样品磨碎，弃去，再磨碎其余部分。如果样品水分含量太高，那么就不能将样品磨碎到规定的细度，必须将样品预先干燥(烘干温度以不超过100℃为宜)，待样品冷却后，再进行磨碎。将磨碎的样品转入预先干燥的样品容器中，并立即密封。

称取3g(准确至0.001g)磨碎的样品置于500mL锥形瓶中，加沸蒸馏水450mL，立即移入沸水浴中浸提45min(每隔10min摇动一次)，浸提完毕后，立即趁热减压过滤，将滤液移入500mL容量瓶中，用少量热蒸馏水将残渣洗涤2~3次，并将滤液滤入上述容量瓶中，冷却后，用蒸馏水稀释至刻度。

用移液管准确吸取试液20mL移入250mL容量瓶中，加入10mL 0.01mol/L盐酸和2mL 500g/L碱性乙酸铅溶液，用水准确稀释至刻度，充分混匀，静置澄清后过滤，准确吸取滤液50mL，注入100mL容量瓶中，加入0.2mL 9mol/L硫酸溶液，加水稀释至刻度，混匀，静置澄清后过滤。用10mm比色杯，在波长274nm处，以试剂空白溶液作参比，测定吸光度A。

分别吸取0.0mL、5.0mL、10.0mL、15.0mL、20.0mL、25.0mL、30.0mL咖啡因标准溶液(50mg/L)置于一组100mL容量瓶中，各加入4.0mL 0.01mol/L盐酸溶液，用水稀释至刻度，混匀，用10mm石英比色杯，在紫外分光光度仪上选择狭缝宽度为0.1~0.18nm，在波长274nm处，以试剂空白溶液作参比，测定吸光度A，用测得的吸光度与对应的咖啡因绘制标准曲线。根据样品测定液的吸光度，从标准曲线上查出样品测定液中咖啡因的含量。

平行测定两次，每100g样品两次测定的结果之差不得超过0.2g。

3. 数据记录及处理

（1）数据记录

	标准溶液							样品溶液	
样品的质量/g	—								
配制样品溶液的体积/mL	—							500	
吸取样品溶液的体积/mL	—							20	
配制样品稀释液的体积/mL	—							250	
吸取标准溶液和样品稀释液的体积/mL	0.0	5.0	10.0	15.0	20.0	25.0	30.0	50	
配制测定液的体积/mL	100							100	
各测定液中咖啡因的含量/(μg/mL)	0.0	2.5	5.0	7.5	10.0	12.5	15.0		
测得各测定液的吸光度A									

（2）结果计算

$$X_{咖啡因}=\frac{\frac{c_{测定液}}{1000}\times 100\times\frac{250}{50}\times\frac{500}{20}}{M_{样品}\times m}\times 100\%$$

式中　$X_{咖啡因}$——样品中咖啡因的质量分数；

$c_{测定液}$——从标准曲线上查出样品测定液中咖啡因的含量(mg/mL)；

$M_{样品}$——样品的质量(g)；

m——样品干态质量分数。

训练3　茶叶中游离氨基酸总量的测定

1. 仪器与试剂的准备

（1）仪器　分光光度仪。

（2）试剂　pH＝8.0的磷酸盐缓冲液、20g/L茚三酮溶液、100mg/L茶氨酸或谷氨酸标准溶液。

2. 操作步骤

先用磨碎机将少量样品磨碎，弃去，再磨碎其余部分。如果样品水分含量太高，那么就不能将样品磨碎到规定的细度，必须将样品预先干燥(烘干温度以不超过100℃为宜)，待样品冷却后，再进行磨碎。将磨碎的样品转入预先干燥的样品容器中，并立即密封。

称取3g(准确至0.001g)磨碎的样品置于500mL锥形瓶中，加入热蒸馏水450mL，立即移入沸水浴中浸提45min(每隔10min摇动一次)，浸提完毕后，立即趁热减压过滤，将滤液移入500mL容量瓶中，用少量热蒸馏水将残渣洗涤2～3次，并将滤液滤入上述容量瓶中，冷却后，用蒸馏水稀释至刻度。

准确吸取试液1mL，注入25mL容量瓶中，加0.5mL pH＝8.0的缓冲液和0.5mL 20g/L茚三酮溶液，在沸水浴中加热15min，待冷却后，加水定容至25mL，放置10min后，用5mm比色杯，在570nm处以试剂空白溶液作参比，测定吸光度A。

分别吸取0.0mL、1.0mL、1.5mL、2.0mL、2.5mL、3.0mL氨基酸标准液(100mg/L)置于一组25mL的容量瓶中，各加4mL水、0.5mL 20g/L茚三酮溶液和2mL pH＝8.0缓冲液，在沸水浴中加热15min，冷却后，加水定容至25mL，按上述操作测定吸光度A。用测得的吸光度与对应的茶氨酸或谷氨酸的质量浓度绘制标准曲线。根据样品测定液的吸光度，从标准曲线上查出样品测品测定液中游离氨基酸的含量。

平行测定两次，每100g样品两次测定的结果之差不得超过0.1g。

3. 数据记录及处理

（1）数据记录

	标准溶液						样品溶液	
样品的质量/g	—							
配制样品溶液的体积/mL	—						500	
吸取标准溶液和样品溶液的体积/mL	0.0	1.0	1.5	2.0	2.5	3.0	1.0	
配制测定液的体积/mL	25						25	
各测定液中游离氨基酸的含量/(μg/mL)	0.0	4.0	6.0	8.0	10.0	12.0		
测得各测定液的吸光度 A								

（2）结果计算

$$X_{游离氨基酸}=\frac{c_{测定液}\times 25\times\frac{500}{1.0}}{m_{样品}\times 1000}\times 100$$

式中 $X_{游离氨基酸}$——样品中游离氨基酸的含量（mg/100g）；

$c_{测定液}$——从标准曲线上查出样品测定液中游离氨基酸的含量(μg/mL)；

$m_{样品}$——样品的质量(g)。

复习思考题

1. 测定茶叶中咖啡因的含量时采用什么方法？如何处理样品？如何消除干扰？
2. 茶叶中茶多酚的主要成分是什么？具有什么样的基本结构？
3. 简述测定茶叶中茶多酚含量的方法、原理和步骤。
4. 如何测定茶叶中的氨基酸总量？
5. 简述双硫腙比色法测定茶叶中铅含量的原理及处理样品的方法。
6. 在用原子吸收分光光度法测定茶叶中铅的含量时，如何从样品中萃取分离出铅？
7. 在用双硫腙比色法测定茶叶中汞的含量时应在什么介质中进行？样品应如何处理？
8. 在用冷原子吸收法测定茶叶中汞的含量时，使用的载气是什么？如何产生元素汞？

试　题　库

知识要求试题

一、判断题(对的画√,错的画×)

1. 配制重铬酸钾标准溶液时，可直接配制而不用标定。　　（　）

2. 一个样品经过10次以上的测试，可以去掉一个最大值和最小值，然后求平均值。　　（　）

3. 由于仪器设备缺陷，操作者不按操作规程进行操作，以及环境等的影响均可引起系统误差。　　（　）

4. 滴定管读数时，应双手持管，保持与地面垂直。　　（　）

5. 用已知准确含量的标准样品代替试样，按照样品的分析步骤和条件进行分析的试验叫做对照试验。　　（　）

6. 称取某样品0.0250g进行分析，最后分析结果报告为96.24%(质量分数)是合理的。　　（　）

7. 为了使滴定分析时产生的误差小于0.1%，滴定时标准溶液的用量应大于20mL。　　（　）

8. 将HCl标准溶液装入滴定管前，没有用该HCl标准溶液荡洗滴定管，对分析结果不会产生影响。　　（　）

9. 标定$Na_2S_2O_3$溶液最常用的基准物是$K_2Cr_2O_7$。　　（　）

10. $K_2Cr_2O_7$标准溶液通常采用标定法配制。　　（　）

11. 硫代硫酸钠标准溶液通常用直接配制法配制。　　（　）

12. 用$Na_2C_2O_4$基准物标定$KMnO_4$溶液时，应将溶液加热至75~85℃后，再进行滴定。　　（　）

13. 所有物质的标准溶液都可以用直接法配制。（ ）

14. 用基准物质标定溶液浓度时，为了减少系统误差，一般要选用摩尔质量较小的基准物质。（ ）

15. 用标准溶液标定溶液浓度时，为了减少系统误差，消耗标准溶液的体积不能小于20mL。（ ）

16. 已标定过的 $KMnO_4$ 标准溶液应储存于白色磨口瓶中。（ ）

17. NaOH 标准溶液应储存于带橡胶塞的玻璃瓶或聚乙烯瓶中，在瓶口还应设有碱石灰干燥管，以防放出溶液时吸入 CO_2。（ ）

18. 4.030 + 0.46 - 1.8259 + 13.7 的计算结果应表示为16.4。（ ）

19. 在多次平行测定样品时，若发现某个数据与其他数据相差较大，则计算时就应将此数据立即舍去。（ ）

20. 记录原始数据时，要想修改错误数字，应在原数字上画一条横线表示消除，并由修改人签注。（ ）

21. 检验报告单可以由进修及代培人员填写，但必须有指导人员或室负责人的同意和签字，检验结果才能生效。（ ）

22. 原子吸收分光光度分析是一种良好的定性定量分析方法。（ ）

23. 原子吸收分光光度法可以同时测定多种元素。（ ）

24. 沙门氏菌的形态特征是革兰氏阳性杆菌，无芽孢，无荚膜，多数有动力，周生鞭毛。（ ）

25. 志贺氏菌的形态特征是革兰氏阴性杆菌，无芽孢，无荚膜，无鞭毛，运动，有菌毛。（ ）

26. 葡萄球菌属的形态特征是革兰氏阴性球菌，无芽孢，一般不形成荚膜，有鞭毛。（ ）

27. 链球菌的形态特征是革兰氏阳性，呈球形或卵圆形，不形成芽孢，无鞭毛，不运动。（ ）

28. 葡萄球菌的培养条件是营养要求较高，在普通培养基上生长不良。（ ）

29. 链球菌的培养条件是营养要求不高，在普通培养基上生长良好。（ ）

30. 志贺氏菌的培养特征是在普通培养基上形成中等大小半透明的光滑型菌落。（ ）

31. 沙门氏菌能发酵葡萄糖产酸产气，也能分解蔗糖、水杨素和乳糖。（ ）

32. 若从食物中毒标本中分离出葡萄球菌，则说明它一定是引起该食物中毒的病原菌。（ ）

33. M · R 试验时，甲基红指示剂呈红色，可判断为阴性反应；若呈黄色，

则可判断为阳性反应。 ( )

34. V·P 试验呈阳性反应的指示颜色是红色。 ( )

35. 硫氰酸钾法测定食品中铁含量的原理是在碱性条件下，二价铁与硫氰酸钾作用生成血红色的硫氰酸铁配位化合物，颜色深浅与铁离子浓度成正比。 ( )

36. 普通光学显微镜的工作性能主要取决于放大率，放大率越高，显微镜性能就越好。 ( )

37. 紫外线灭菌只适用于空气、水及物体表面的灭菌。 ( )

38. 干热灭菌不仅适用于玻璃仪器的灭菌，而且适用于金属用具的灭菌。 ( )

39. 在细菌革兰氏染色过程中，脱色最为关键，若脱色过轻，则可能会造成假阴性的结果。 ( )

40. 一般说来，平板分离法包括划线平板法和倾倒平板法，它们适用于厌氧微生物的分离培养。 ( )

41. 标准曲线法仅适用于组成简单或无共存元素干扰的样品，分析同类大批量样品时简单、快速，但对基体影响较大。 ( )

42. 标准加入法不仅可以消除基体干扰，而且能消除背景吸收的影响和其他干扰。 ( )

43. 为了提高测定低含量组分时的灵敏度，通常选用待测元素的共振线作为分析线。但当待测元素的共振线受到其他谱线干扰时，则选用其他无干扰的较灵敏谱线作为分析线。 ( )

44. 原子吸收分光光度计的检出极限数值越小，仪器的噪声就越小，灵敏度也就越高。 ( )

45. 丙酸钙用于面包及糕点中可起到防腐作用，pH 值越高，其防腐效力越高。 ( )

46. 用没食子酸乙酯比色法测定饮料中茶多酚的含量时，如果改变磷酸盐缓冲溶液的浓度，那么显色后溶液的吸光度也会发生变化。 ( )

47. 用没食子酸乙酯比色法测定饮料中茶多酚的含量时，用没食子酸乙酯作为比色标准。 ( )

48. 用邻菲啰啉比色法测定铁的含量时，加入盐酸羟胺是为了防止 Fe^{2+} 氧化成 Fe^{3+}。 ( )

49. 用邻菲啰啉比色法测定铁的含量时，应该先加盐酸羟胺和乙酸钠，后加邻菲啰啉。 ( )

50. 用苯芴酮比色法测定锡的含量时，在弱酸性溶液中四价锡离子与苯芴酮形成微溶性的橙红色配位化合物，应在保护性胶体存在的情况下与标准系列比

较定量。 ( )

51. 测砷的含量时，测砷瓶各连接处都不能漏气，否则结果不准确。 ( )

52. 用砷斑法测砷的含量时，砷斑在空气中易褪色，没法保存。 ( )

53. 用双硫腙比色法测定铅的含量时，用普通蒸馏水就能满足试验要求。 ( )

54. 用双硫腙比色法测定铅含量时的灵敏度高，故所用的试剂及溶剂均需检查是否含有铅，必要时需经纯化处理。 ( )

55. 双硫腙是测定铅的专一试剂，测定时没有其他金属离子的干扰。 ( )

56. 用双硫腙比色法测定锌的含量时，加入硫代硫酸钠是为了消除其他金属离子的干扰。 ( )

57. 在汞含量的测定中，样品消解可采用干灰化法或湿消解法。 ( )

58. 天然矿泉水中钾的含量并不多，所以常规分析很少单独测定钾，通常都是以 K^+ 和 Na^+ 的总量来代表。 ( )

59. 用火焰光度法分别测定 K^+ 和 Na^+ 的含量，可以得到较好的测定结果。 ( )

60. 测定饮料中咖啡因的含量时，在样品干过滤时弃去前过滤液，对试验结果有影响。 ( )

61. 沙门氏菌属革兰氏染色呈阳性。 ( )

62. 志贺氏菌属革兰氏染色呈阴性。 ( )

63. 葡萄球菌属革兰氏染色呈阴性。 ( )

64. 链球菌属革兰氏染色呈阳性。 ( )

65. 用硝酸-硫酸消化法处理样品时，应先加硫酸后加硝酸。 ( )

66. 测砷的含量时，由于锌粒的大小影响反应速度，所以所用锌粒应大小一致。 ( )

67. 测砷的含量时，导气管中塞有乙酸铅棉花是为了吸收砷化氢气体。 ( )

68. 用二乙基二硫代氨基甲酸钠法测定铜的含量时，一般样品中存在的主要干扰元素是铁。 ( )

69. 在汞含量的测定中，不能采用干灰化法处理样品，因为会引入较多的杂质。 ( )

70. 用高锰酸钾滴定法测定钙的含量是在酸性溶液中进行的。 ( )

71. 用双硫腙比色法测定锌的含量是在碱性条件下进行的，加入硫代硫酸钠、盐酸羟胺是为了防止铜、汞、铅等其他金属离子的干扰。 ( )

72. 用二乙基二硫代氨基甲酸钠光度法测定铜的含量是在酸性条件下进行的，而用吡啶偶氮间苯二酚比色法测定铜的含量则是在碱性溶液中进行的。（ ）

73. 用双硫腙比色法测定铅的含量是在酸性溶液中进行的，加入柠檬酸铵、氰化钾等是为了消除铁、铜、锌等离子的干扰。（ ）

74. 用双硫腙比色法测定汞的含量是在碱性介质中进行的，低价汞及有机汞被氧化成高价汞，双硫腙与高价汞生成橙红色的双硫腙汞配位化合盐。（ ）

75. 用 EDTA 配位滴定法测定黄酒中氧化钙的含量是在碱性条件下进行的，且 pH 值大于 12，是为了避免镁的干扰，而三乙醇胺则需在酸性溶液中添加。（ ）

76. 用过碘酸钾法测定白酒中锰含量的原理是：样品经干法或湿法消化后，在碱性介质中，样品中的二价锰被氧化剂（过碘酸钾）氧化成七价锰而呈紫红色，其呈色深浅与锰的含量成正比，与标准比较定量。（ ）

77. 用磺基水杨酸比色法测定葡萄酒中铁的含量时，加入过量的磺基水杨酸溶液是为了消除铜离子的干扰。（ ）

78. 用磺基水杨酸比色法测定葡萄酒中铁的含量时，因 Fe^{2+} 能与磺基水杨酸作用生成数种配位化合物，因此应特别注意控制溶液的酸碱度。（ ）

79. 用邻菲啰啉比色法测定葡萄酒中铁的含量时，因为试液的 pH 值对显色影响较大，所以需严格控制 pH 值在碱性范围内，再加显色剂。（ ）

80. 使用显微镜观察标本时，用右眼观察目标，左眼看着记录本。（ ）

81. 麦芽汁培养基常用来分离与培养酵母菌和霉菌。（ ）

82. 察氏培养基多用于分离与培养细菌。（ ）

83. 牛肉膏蛋白胨培养基适用于分离与培养酵母菌和霉菌。（ ）

84. 进行样品处理时，对进口食品的阳性样品，需保存 6 个月才能处理，而阴性样品随时都可处理。（ ）

85. 采样必须在无菌操作下进行，采样工具在使用之前，应湿热灭菌，也可以干热灭菌，还可以用消毒剂消毒进行处理。（ ）

86. 配制好的 $Na_2S_2O_3$ 应立即标定。（ ）

87. 凡是优级纯的物质都可用于直接法配制标准溶液。（ ）

88. 误差是指测定结果与真实值的差，差值越小，误差越小。（ ）

89. 数据的运算应先修约再运算。（ ）

90. 标准溶液浓度的表示方法一般有物质的量浓度和滴定度两种。（ ）

91. Zn^{2+} 标准溶液的配制中，基准物锌应首先加入浓 NaOH 中溶解。（ ）

92. 甲乙二人同时分析一食品中铅的含量，每次取样 3.5g，分析结果甲为 0.022×10^{-6}、0.021×10^{-6}，乙为 0.021×10^{-6}、0.0220×10^{-6}，甲乙二人的结

果均合理。 (　　)

93. 柠檬酸盐试验阳性，是因为细菌能利用柠檬酸盐作为唯一的碳源。 (　　)

94. 标定 EDTA 标准溶液可用基准物 ZnO。 (　　)

95. 采集的食物中毒样品在送检时，应注意冷藏，必要时可加入防腐剂。 (　　)

96. 测定菌落总数时，若所有稀释度的平均菌落数均小于 30，则应按稀释度最大的平板平均菌落数，乘以稀释倍数后报告结果。 (　　)

97. 黄曲霉最适宜的生长温度是 37 ℃左右，而产毒的适宜温度是 28 ~ 32 ℃。 (　　)

98. 在分析结果的报告中，有效数字位数保留的越多越准确。 (　　)

99. 薄层层析法经过展开分离样品后，不需显色即可直接在薄板上观察到相应的斑点。 (　　)

100. 碱类化学消毒剂，在水中电离为氢氧离子和金属离子，其杀菌力与氢氧离子的浓度成正相关。 (　　)

101. 配制 0.1 mol/L 的盐酸溶液 2000 mL，应吸取分析纯盐酸 20 mL，注入 2000 mL 水中混匀。 (　　)

102. 玻璃电极使用前应用蒸馏水充分浸泡。 (　　)

103. 进行菌落总数测定所得结果可全面反映污染食品的细菌污染情况。 (　　)

104. 食品微生物检验的特点是以小份样品的检测结果来说明一大批食品的卫生质量，因此用于检测的样品的代表性至关重要。 (　　)

105. 志贺氏菌引起的细菌性痢疾较为常见。人类对志贺氏菌的易感性较高，所以在食物和饮用水的卫生检验时，常以是否含有志贺氏菌作为指标。 (　　)

106. 黄酒中氨基酸态氮的甲醛测定法利用了氨基酸具有两性电解质的性质。 (　　)

107. GB601—2002 中规定标定标准溶液时两人测定结果平均值之差应小于或等于 0.1%。 (　　)

108. 金属指示剂与金属离子形成的配位化合物应溶于水，否则会使滴定终点拖长，造成分析误差。 (　　)

109. 电位滴定法属于化学分析法。 (　　)

110. 在打开分光光度计电源开关后，应该先调零再选择工作波长。 (　　)

111. 用基准试剂配制的已知浓度的标准溶液可作验证试验用。 (　　)

112. 检验金黄色葡萄球菌时，样品经增菌后应转种血平板或 Baird - Parker 平板。 (　　)

113. 肠杆菌科各属主要细菌相比较，志贺氏菌的主要鉴定特征是：不运动，对各种糖的利用能力较差，在含糖的培养基内一般不形成可见气体。（　　）

114. 样品中黄曲霉毒素 B_1 经提取、浓缩、薄层分离后，在 390 nm 波长下产生蓝色荧光。（　　）

115. 黄酒中氧化钙的化学测定原理是氧化还原反应。（　　）

116. 发酵液苦味质的主要成分是异 α－酸，故采用异辛烷作其萃取试剂。（　　）

117. 平均偏差比标准偏差能更灵敏地反映出偏差的大小。（　　）

118. 在 EDTA 直接滴定法中，终点能呈现的颜色是金属指示剂与待测金属离子形成的配位化合物的颜色。（　　）

119. 根据真菌的有性繁殖特点及菌丝有无隔膜，可将真菌分为藻菌纲、子囊菌纲和担子菌纲。（　　）

120. 气相色谱法是测定食品中农药残留量最为广泛的方法。（　　）

121. 食物中毒容器具及环境应消毒，家具墙面可用体积分数为 5% 的来苏水擦洗。（　　）

122. 测定原料浸出物的含量时，整个糖化过程应不停止搅拌。（　　）

123. 国家标准中所采用的分析方法一定是最先进、最科学的分析方法。（　　）

124. 一组平行测定中，结果一致性好，即互相很接近，表明分析结果的精密度和准确度好。（　　）

125. 在进行梯度稀释时，所吸取的 1 mL 液体需沿管壁缓慢注于盛有 9 mL 稀释液的无菌试管中，并用同一支无菌吸管反复吹打使其混合均匀。（　　）

126. 在进行霉菌及酵母菌计数和样品稀释时，用灭菌吸管吸取 1:10 的稀释液 10 mL 注入无菌试管中，另用橡胶乳头吸管反复吹吸 50 次，使霉菌孢子散开。（　　）

127. 在做沙门氏菌检验时，鲜肉、鲜蛋、鲜乳或其他未经加工的食品和原料，不必经过前增菌。（　　）

128. 杂醇油的光度测定显色剂用浓硫酸配制，其作用是使杂醇油缩合。（　　）

二、选择题（将正确答案的序号填入括号内）

（一）单选题

1. 个别测定值与多次测定的算术平均值之间的差值称为（　　）。

A. 相对误差　　B. 相对偏差　　C. 绝对偏差　　D. 绝对误差

2. 在以邻苯二甲酸氢钾（$KHC_8H_4O_4$）为基准物标定 NaOH 溶液时，下列仪器中需用操作溶液淋洗三次的是(　　)。

A. 滴定管　　B. 容量瓶　　C. 移液管　　D. 锥形瓶

3. 准确度、精密度、系统误差、偶然误差之间的关系是(　　)。

A. 准确度高，精密度不一定高

B. 精密度高，不一定能保证准确度高

C. 系统误差小，准确度一般较高

D. 准确度高，系统误差、偶然误差一定小

4. 滴定分析的相对误差一般要求小于0.1%，滴定时耗用标准溶液的体积应控制为(　　)。

A. ≤10mL　　B. 10～15mL　　C. 20～30mL　　D. 15～20mL

5. 称量时样品吸收了空气中的水分后会引起(　　)。

A. 系统误差　　B. 偶然误差　　C. 过失误差　　D. 试剂误差

6. 试剂中含有微量组分会引起(　　)。

A. 方法误差　　B. 偶然误差　　C. 过失误差　　D. 试剂误差

7. 标定 HCl 溶液时常用的基准物质是(　　)。

A. 氢氧化钠　　B. 邻苯二甲酸氢钾

C. 无水碳酸钠　　D. 草酸

8. 在可见分光光度分析中，为了消除试剂所带来的干扰，应选用(　　)。

A. 溶剂参比　　B. 试剂参比　　C. 样品参比　　D. 褪色参比

9. 原子吸收分析中的吸光物质是(　　)。

A. 分子　　B. 离子

C. 基态原子　　D. 激发态原子

10. 原子吸收分析中采用标准加入法进行分析可消除(　　)的影响。

A. 光谱干扰　　B. 基体干扰　　C. 化学干扰　　D. 背景吸收

11. 采用直接法配制标准溶液时，一定要使用(　　)试剂。

A. 化学纯　　B. 分析纯　　C. 基准　　D. 以上都是

12. 用长期保存在硅胶干燥器中的硼砂($Na_2B_4O_7 \cdot 10H_2O$)标定盐酸溶液时，结果会(　　)。

A. 偏高　　B. 偏低　　C. 没有影响　　D. 无法判断

13. 相同质量的碳酸钠，基本单元为 Na_2CO_3 的物质的量和基本单元为 1/2 Na_2CO_3 的物质的量之间的关系是(　　)。

A. $n(Na_2CO_3) = n(1/2\ Na_2CO_3)$

B. $n(Na_2CO_3) = 2n(1/2\ Na_2CO_3)$

C. $2n(Na_2CO_3) = n(1/2\ Na_2CO_3)$

D. 不确定

14. $c(K_2Cr_2O_7)=0.02000mol/L$ 的重铬酸钾标准溶液对铁的滴定度为(　　)mg/mL。

A. 6.702　　B. 670.2　　C. 0.06702　　D. 67.02

15. 标定某溶液的浓度时，四次测定结果为0.2041mol/L、0.2049mol/L、0.2043mol/L、0.2039mol/L，则测定结果的相对平均偏差为(　　)。

A. 1.5%　　B. 0.15%　　C. 0.015%　　D. 15%

16. pH = 11.20 的有效数字位数为(　　)。

A. 四位　　B. 三位　　C. 二位　　D. 任意位

17. 为了使分析结果的相对误差小于0.1%，称取样品的最低质量应(　　)。

A. 小于0.1g　　B. 在0.1~0.2g之间

C. 大于0.2g　　D. 任意称取

18. 为了判断某分析方法的准确度和分析过程中是否存在系统误差，应采取(　　)。

A. 空白试验　　B. 回收试验　　C. 对照试验　　D. 平行测定

19. 为了提高测定灵敏度，空心阴极灯的工作电流应(　　)。

A. 越大越好　　B. 越小越好

C. 为额定电流的40%~60%　　D. 无要求

20. 预混合型原子化器中雾化器将样品溶液沿毛细管吸入，采用的是(　　)。

A. 正压　　B. 负压　　C. 常压　　D. 泵

21. 增加助燃气流速，会使雾化率(　　)。

A. 下降　　B. 提高　　C. 不变　　D. 难以确定

22. 阳性样品(不含进口食品)的可处理时间是在报告发出后(　　)。

A. 1天　　B. 2天　　C. 3天　　D. 4天

23. 高锰酸钾滴定法测定钙含量时的pH值条件是(　　)。

A. 酸性溶液　　B. 中性溶液　　C. 碱性溶液　　D. 任意溶液

24. 硫氰酸盐光度法测定铁含量时的pH值条件是(　　)。

A. 酸性溶液　　B. 中性溶液　　C. 碱性溶液　　D. 任意溶液

25. 双硫腙比色法测定锌含量时的pH值条件是(　　)。

A. 酸性溶液　　B. 中性溶液　　C. 碱性溶液　　D. 任意溶液

26. 二乙基二硫代氨基甲酸钠法测定铜含量时的pH值条件是(　　)。

A. 酸性溶液　　B. 中性溶液　　C. 碱性溶液　　D. 任意溶液

27. 双硫腙比色法测定铅含量时的pH值条件是(　　)。

A. 酸性溶液　　B. 中性溶液　　C. 碱性溶液　　D. 任意溶液

28. 双硫腙比色法测定汞含量时的pH值条件是(　　)。

A. 酸性溶液　B. 中性溶液　C. 碱性溶液　D. 任意溶液

29. 原子吸收分光光度法测定铁含量时的分析线波长为(　　)。

A. 213.8nm　B. 248.3nm　C. 285.0nm　D. 279.5nm

30. 原子吸收分光光度法测定锌含量时的分析线波长为(　　)。

A. 213.8nm　B. 248.3nm　C. 285.0nm　D. 279.5nm

31. 原子吸收分光光度法测定镁含量时的分析线波长为(　　)。

A. 213.8nm　B. 248.3nm　C. 285.0nm　D. 279.5nm

32. 原子吸收分光光度法测定锰含量时的分析线波长为(　　)。

A. 213.8nm　B. 248.3nm　C. 285.0nm　D. 279.5nm

33. 原子吸收分光光度法测定铅含量时的分析线波长为(　　)。

A. 213.8nm　B. 248.3nm　C. 285.0nm　D. 283.3nm

34. 原子吸收分光光度法测定钠含量时的分析线波长为(　　)。

A. 589nm　B. 766.5nm　C. 422.7nm　D. 324.8nm

35. 原子吸收分光光度法测定钾含量时的分析线波长为(　　)。

A. 589nm　B. 766.5nm　C. 422.7nm　D. 324.8nm

36. 原子吸收分光光度法测定钙含量时的分析线波长为(　　)。

A. 589nm　B. 766.5nm　C. 422.7nm　D. 324.8nm

37. 原子吸收分光光度法测定锡含量时的分析线波长为(　　)。

A. 589nm　B. 766.5nm　C. 422.7nm　D. 324.8nm

38. 下列细菌引起菌痢症状最严重的是(　　)。

A. 痢疾志贺氏菌　B. 福氏志贺氏菌

C. 鲍氏志贺氏菌　D. 宋内氏志贺氏菌

39. 细菌染色法中，最常用最重要的鉴别染色法为(　　)。

A. 抗酸染色　B. 革兰氏染色　C. 单染色　D. 鞭毛染色

40. 下列哪种微生物在培养时会产生β-溶血环现象？(　　)

A. 肺炎链球菌　B. 军团菌

C. 乙型溶血性链球菌　D. 肺炎支原体

41. 最快速的细菌形态学检测方法是(　　)。

A. 分离培养　B. 直接涂片镜检

C. 血清学试验　D. 动物试验

42. 可用于分型分析的方法是(　　)。

A. 分离培养　B. 直接涂片镜检

C. 血清学试验　D. 动物试验

43. 细菌的基本结构不包括(　　)。

A. 细胞壁　B. 细胞膜　C. 鞭毛　D. 细胞质

44. 属于副溶血弧菌主要致病物质的毒素是(　　)。

A. 耐热肠毒素　　B. 不耐热肠毒素

C. 溶血素 A　　D. 耐热直接溶血素

45. 大多数肠道杆菌是肠道的(　　)。

A. 强致病菌　B. 正常菌群　C. 弱致病菌　D. 以上都是

46. 以下哪种说法是错误的？(　　)

A. 细菌分离培养法包括平板划线法

B. 细菌分离培养法包括倾注平板法

C. 细菌分离培养法包括液体培养基接种法

D. 纯种细菌接种法包括斜面培养基接种法

47. 下列描述，哪项是不正确的？(　　)

A. 巴氏消毒法属于干热灭菌法

B. 流动蒸汽消毒法属于湿热灭菌法

C. 间歇蒸汽灭菌法属于湿热灭菌法

D. 加压蒸汽灭菌法属于温热灭菌法

48. 细菌的群体生长繁殖可分为四期，依次为(　　)。

A. 对数期、迟缓期、稳定期和衰亡期

B. 迟缓期、对数期、稳定期和衰亡期

C. 稳定期、对数期、迟缓期和衰亡期

D. 对数期、稳定期、迟缓期和衰亡期

49. 下列有关革兰氏染色的原理，哪项是不正确的？(　　)

A. G^+ 菌细胞壁致密，乙醇不易透入

B. G^- 菌细胞有肽聚糖层很厚

C. 胞内结晶紫-碘复合物可因乙醇溶解析出而脱色

D. G^+ 菌所带负电荷比 G^- 菌多

50. 微生物学的发展分为哪几个时期？(　　)

A. 经验时期、实验微生物学时期和现代微生物学时期

B. 经验时期和现代微生物学时期

C. 实验微生物学时期和现代微生物学时期

D. 经验时期和实验微生物学时期

51. 下列描述中不正确的是(　　)。

A. 消毒是指杀死物体上所有微生物的方法

B. 灭菌是指杀灭物体上所有微生物的方法

C. 防腐是指防止或抑制细菌生长繁殖的方法

D. 无菌为不含活菌的意思

52. 肺炎链球菌在血平板上生长时，菌落周围常常会出现溶血环，其特征为(　　)。

A. 草绿色　　B. 褐色　　C. 暗红色　　D. 砖红色

53. 下列有关志贺氏菌感染的描述中，哪一项不正确？(　　)

A. 传染源是病人和带菌者，无动物宿主

B. 宋内氏志贺氏菌多引起轻型感染

C. 福氏志贺氏菌感染易转变为慢性

D. 感染后免疫期长且巩固

54. 宋内氏志贺氏菌有两个变异相，急性患者分离的菌株一般是(　　)。

A. Ⅰ相　　B. Ⅱ相

C. Ⅰ相或Ⅱ相　　D. Ⅰ相和Ⅱ相

55. 下列有关消毒剂的描述哪项是不正确的？(　　)

A. 醇类的作用机制包括蛋白变性和凝固

B. 醇类的作用机制包括干扰代谢

C. 常用消毒剂包括50%~70%(体积分数)异丙醇

D. 常用消毒剂包括50%~70%(体积分数)乙醇

56. 志贺氏菌属包括福氏志贺氏菌等(　　)个群。

A. 4　　B. 5　　C. 6　　D. 8

57. 宋内氏志贺氏菌有两个变异相，慢性患者或带菌者分离的菌株一般是(　　)。

A. Ⅰ相　　B. Ⅱ相

C. Ⅰ相或Ⅱ相　　D. Ⅰ相和Ⅱ相

58. 细菌的特殊结构不包括(　　)。

A. 菌毛　　B. 鞭毛　　C. 核质　　D. 荚膜

59. 可以产生肠毒素的细菌是(　　)。

A. 痢疾志贺氏菌　　B. 福氏志贺氏菌

C. 鲍氏志贺氏菌　　D. 宋内氏志贺氏菌

60. 下列细菌中，H_2S 阴性的是(　　)。

A. 甲型副伤寒沙门氏菌　　B. 乙型副伤寒沙门氏菌

C. 丙型副伤寒沙门氏菌　　D. 伤寒沙门氏菌

61. 志贺氏菌随饮食进入体内，导致人体发病，其潜伏期一般为(　　)。

A. 一天之内　　B. 1~3天　　C. 5~7天　　D. 7~8天

62. 下列有关志贺氏菌属的描述中，哪一项不正确？(　　)

A. K抗原为型特异性抗原　　B. O抗原为群特异性抗原

C. 分解葡萄糖，产酸不产气　　D. 分解乳糖，产酸产气

63. 下列细菌中，不属于肠杆菌科的是(   )。

A. 伤寒沙门氏菌　　B. 空肠弯曲菌

C. 奇异变形杆菌　　D. 痢疾志贺氏菌

64. 下列有关细菌培养基的描述，哪项是不正确的？(   )

A. 按物理状态可分为液体、固体和半固体三类

B. SS 培养基属于鉴别培养基

C. 血琼脂平板属于营养培养基

D. 蛋白胨水为常用的基础培养基

65. 细菌性食物中毒中(   )主要引起神经症状。

A. 福氏志贺氏菌　　B. 副溶血弧菌

C. 葡萄球菌　　D. 肉毒杆菌

66. 急性中毒性菌痢(   )。

A. 以成人多见，无明显的消化道症状

B. 以成人多见，有明显的消化道症状

C. 以小儿多见，无明显的消化道症状

D. 以小儿多见，有明显的消化道症状

67. 最早采用的细菌检测方法为(   )。

A. 分离培养　　B. 直接涂片镜检

C. 血清学试验　　D. 动物试验

68. 根据 O 抗原，志贺氏菌属分为多个群，其中 A 群为(   )。

A. 痢疾志贺氏菌　　B. 福氏志贺氏菌

C. 鲍氏志贺氏菌　　D. 宋内志贺氏菌

69. 根据 O 抗原，志贺氏菌属分为多个群，其中 B 群为(   )。

A. 痢疾志贺氏菌　　B. 福氏志贺氏菌

C. 鲍氏志贺氏菌　　D. 宋内志贺氏菌

70. 根据 O 抗原，志贺氏菌属分为多个群，其中 C 群为(   )。

A. 痢疾志贺氏菌　　B. 福氏志贺氏菌

C. 鲍氏志贺氏菌　　D. 宋内志贺氏菌

71. 常用琼脂扩散试验的琼脂质量分数为(   )。

A. 0.3%~0.5%　　B. 1%~2%

C. 3%~4%　　D. 5%~6%

72. 宋内氏志贺氏菌(   )。

A. 快速发酵乳糖

B. 为 B 群

C. 为 A 群

D. 培养中常出现扁平的粗糙型菌落

73. 下列哪一项是痢疾志贺氏菌的特性？(　　)

A. 可产生志贺毒素　　B. 只有1型

C. 迟缓发酵乳糖　　D. 有15个型

74. 沙门氏菌属在普通平板上的菌落特点为(　　)。

A. 中等大小，无色半透明　　B. 针尖状小菌落，不透明

C. 中等大小，黏液型　　D. 针尖状小菌落，黏液型

75. 沙门氏菌属(　　)。

A. 不发酵乳糖或蔗糖　　B. 不发酵葡萄糖

C. 不发酵麦芽糖　　D. 不发酵甘露醇

76. 伤寒沙门氏菌(　　)。

A. 发酵乳糖，产酸产气　　B. 发酵乳糖，产酸不产气

C. 发酵葡萄糖，产酸产气　　D. 发酵葡萄糖，产酸不产气

77. 沙门氏菌属中引起食物中毒最常见的菌种为(　　)。

A. 鼠伤寒沙门氏菌　　B. 肠炎沙门氏菌

C. 鸭沙门氏菌　　D. 猪沙门氏菌

78. 正常菌群对构成生态平衡起重要作用，其生理学意义及特征中不包括(　　)。

A. 生物拮抗

B. 成年后肠道中双歧杆菌占肠道菌群的比例明显增加

C. 促进宿主免疫器官发育成熟

D. 持续刺激宿主免疫系统发生免疫应答

79. 正常人体内及体表多处有葡萄球菌存在而不引起人的疾病，其中最主要的带菌部位是(　　)。

A. 咽喉　　B. 皮肤　　C. 鼻腔　　D. 肠道

80. 下列有关志贺氏菌所致疾病的描述中，哪一项不正确？(　　)

A. 传染源是病人和带菌者，无动物宿主

B. 急性中毒性菌痢以小儿多见，有明显的消化道症状

C. 痢疾志贺氏菌感染者病情较重

D. 福氏志贺氏菌感染者易转变为慢性

81. 样品发生汽化并解离成基态原子是在预混合型原子化器的(　　)中进行的。

A. 雾化器　　B. 预混合室　　C. 燃烧器　　D. 毛细管

82. 用火焰原子化法测定易挥发或电离电位较低的元素时应选择(　　)火焰。

A. 空气-乙炔　　B. 氧化亚氮-乙炔

C. 氧气-乙炔　　D. 氧屏蔽空气-乙炔

83. 具有强还原性，能使许多难解离元素氧化物原子化，且可消除其他火焰中可能存在的某些化学干扰的是(　　)火焰。

A. 空气-乙炔　　B. 氧化亚氮-乙炔

C. 氧气-乙炔　　D. 氧屏蔽空气-乙炔

84. 火焰温度较高且具有氧化性的火焰是(　　)。

A. 富燃性火焰　　B. 化学计量火焰

C. 贫燃性火焰　　D. 以上都不是

85. 火焰温度较低且具有还原性的火焰是(　　)。

A. 富燃性火焰　　B. 化学计量火焰

C. 贫燃性火焰　　D. 以上都不是

86. 样品在转移、蒸发过程中发生物理变化而引起的干扰是(　　)。

A. 光谱干扰　　B. 基体干扰　　C. 化学干扰　　D. 背景吸收

87. 非原子性吸收对待测元素产生的干扰是(　　)。

A. 光谱干扰　　B. 基体干扰　　C. 化学干扰　　D. 背景吸收

88. 由待测元素与其他组分之间发生的化学作用所引起的干扰是(　　)。

A. 光谱干扰　　B. 基体干扰　　C. 化学干扰　　D. 背景吸收

89. 电离属于(　　)。

A. 光谱干扰　　B. 基体干扰

C. 化学干扰　　D. 以上都不是

90. 背景吸收属于(　　)。

A. 光谱干扰　　B. 基体干扰

C. 化学干扰　　D. 以上都不是

91. 火焰中基态原子密度最大的区域是燃烧器狭缝口上方(　　)处。

A. 1 ~ 6mm　　B. 6 ~ 12mm

C. 12 ~ 18mm　　D. 18 ~ 24mm

92. 在原子荧光分光光度计中，光源、原子化器和分光系统排成(　　)。

A. 直线形　　B. 直角形　　C. 三角形　　D. 任意形状

93. 粮食中的磷化物遇到水、酸或碱时会生成(　　)。

A. 磷化铝　　B. 磷化钙　　C. 磷化锌　　D. 磷化氢

94. 测定汞时为了使汞保持氧化态，避免汞挥发损失，在消化样品时(　　)溶液应过量。

A. 硝酸　　B. 硫酸　　C. 高氯酸　　D. 以上都是

95. 用双硫腙比色法测定铅的含量时，为了防止铁、铜、锌等离子的干扰，应加入(　　)。

A. 柠檬酸铵　B. 氰化钾　C. 盐酸羟胺　D. 以上都是

96. 用双硫腙比色法测定铅的含量时，产生的废氰化钾溶液在排放前应加入(　　)降低毒性。

A. 氢氧化钠和硫酸亚铁　B. 盐酸和硫酸亚铁

C. 氢氧化钠　D. 盐酸

97. 用砷斑法测定砷的含量时，与新生态氢作用生成砷化氢的是(　　)。

A. 砷原子　B. 五价砷　C. 三价砷　D. 砷化物

98. 用砷斑法测定砷的含量时，与砷化氢作用生成砷斑的是(　　)。

A. 乙酸铅试纸　B. 溴化汞试纸

C. 氯化亚锡　D. 碘化钾

99. 用砷斑法测定砷的含量时，去除反应中生成的硫化氢气体采用(　　)。

A. 乙酸铅试纸　B. 溴化汞试纸

C. 氯化亚锡　D. 碘化钾

100. 用砷斑法测定砷的含量时，生成的砷斑是(　　)的。

A. 红色　B. 蓝色

C. 黄色或黄褐色　D. 绿色

101. 丁二肟比色法测镍应在(　　)溶液中进行。

A. 酸性　B. 碱性　C. 中性　D. 任意

102. 用丁二肟比色法测镍的含量时，测量波长为(　　)。

A. 510nm　B. 530nm　C. 550nm　D. 570nm

103. 用钼蓝比色法测磷的含量时，测量波长为(　　)。

A. 600nm　B. 620nm　C. 640nm　D. 660nm

104. 磷在酸性条件下与(　　)作用生成磷钼酸铵。

A. 钼酸铵　B. 氯化亚锡

C. 硫酸肼　D. 氯化亚锡-硫酸肼

105. 用双硫腙比色法测定汞的含量时，测量波长为(　　)。

A. 450nm　B. 470nm　C. 490nm　D. 510nm

106. 用双硫腙比色法测定铅的含量时，铅与双硫腙生成(　　)配位化合物。

A. 红色　B. 黄色　C. 蓝色　D. 绿色

107. 用双硫腙比色法测定铅的含量时，测量波长为(　　)。

A. 510nm　B. 530nm　C. 550nm　D. 570nm

108. 用银盐法测定砷的含量时，为了避免反应过缓或过激，反应温度应控制在(　　)左右。

A. 15℃　B. 20℃　C. 25℃　D. 30℃

109. 用 GC 法测定糕点中丙酸钙的含量时，使用的检测器是(　　)。

A. TCD　　B. FID　　C. ECD　　D. FPD

110. 丙酸钙对(　　)具有广泛的抗菌作用。

A. 霉菌　　B. 酵母菌　　C. 细菌　　D. 以上都是

111. 用双硫腙比色法测定锌的含量时，为了防止铜、汞、铅、铋、银和镉等离子干扰，应加入(　　)。

A. 硫代硫酸钠　　B. 盐酸羟胺

C. 乙酸钠　　D. 以上都是

112. 用原子吸收分光光度法测定锌的含量时，(　　)处理的样品测得的锌含量较低。

A. 硫酸-硝酸法　　B. 硝酸-高氯酸法

C. 灰化法　　D. 硝酸-硫酸-高氯酸法

113. 用二乙基二硫代氨基甲酸钠法测定铜的含量时，测量波长为(　　)。

A. 400nm　　B. 420nm　　C. 440nm　　D. 460nm

114. 用原子吸收分光光度法测定铜的含量时，分析线波长为(　　)。

A. 324.8nm　　B. 248.3nm　　C. 285.0nm　　D. 283.3nm

115. 用异烟酸-吡唑啉酮比色法测定粮油及制品中氰化物的含量时，在(　　)的溶液中用氯胺 T 将氰化物转化为氯化氰，再与异烟酸-吡唑啉酮作用，生成蓝色染料。

A. pH <7.0　　B. pH =7.0　　C. pH >7.0　　D. 任意

116. 用异烟酸-吡唑啉酮比色法测定粮油及制品中氰化物的含量时，测量波长为(　　)。

A. 618nm　　B. 628nm　　C. 638nm　　D. 648nm

117. 用碘量法测定面粉中过氧化苯甲酰的含量是在(　　)溶液中进行的。

A. 水　　B. 三氯甲烷　　C. 乙醇　　D. 丙酮

118. 用双硫腙比色法测定金属离子的含量是在(　　)溶液中进行的。

A. 水　　B. 三氯甲烷　　C. 乙醇　　D. 丙酮

119. 原子吸收分光光度法测定镍含量的分析线波长为(　　)。

A. 324.8nm　　B. 232.0nm　　C. 285.0nm　　D. 283.3nm

120. 冷原子吸收分光光度法测定汞含量的分析线波长为(　　)。

A. 324.8nm　　B. 248.3nm　　C. 283.3nm　　D. 253.7nm

121. 采用饮料中钾、总磷、氨基酸态氮、L-脯氨酸、总 D-异柠檬酸、总黄酮 6 种组分的实测值进行计算的方法来测定饮料中果汁的质量分数，适用于测定果汁的质量分数(　　)的饮料。

A. ≤1%　　B. 1%~2.5%　　C. ≥2.5%　　D. 任意

122. 下列物质中生物活性效价最高的是(　　)。

A. D-异抗坏血酸　　B. L-抗坏血酸

C. 二酮古洛糖酸　　D. L-脱氢抗坏血酸

123. 测定果蔬汁中L-抗坏血酸含量的标准方法是(　　)。

A. 乙醚萃取法　　B. 碘量法

C. 荧光比色法　　D. 气相色谱法

124. 测定出口饮料中维生素C含量的标准方法是(　　)。

A. 乙醚萃取法　　B. 碘量法

C. 荧光比色法　　D. 气相色谱法

125. 测定饮料中维生素C的含量时，为了防止维生素C的氧化损失，处理样品时应采用(　　)。

A. 乙酸　　B. 盐酸　　C. 硫酸　　D. 草酸

126. 氧化型2,6-二氯靛酚的颜色为(　　)。

A. 红色　　B. 蓝色　　C. 绿色　　D. 无色

127. 还原型2,6-二氯靛酚的颜色为(　　)。

A. 红色　　B. 蓝色　　C. 绿色　　D. 无色

128. 用乙醚萃取法测定维生素的含量时，以乙醚层呈(　　)为到达暂定终点。

A. 红色　　B. 蓝色　　C. 玫瑰红色　　D. 无色

129. 当用乙醚萃取法测定维生素含量到达终点时，稍过量的2,6-二氯靛酚在酸性介质中会呈(　　)。

A. 浅红色　　B. 玫瑰红色　　C. 无色　　D. 蓝色

130. 用荧光比色法测定维生素C含量时的激发波长为(　　)。

A. 345nm　　B. 365nm　　C. 400nm　　D. 430nm

131. 用荧光比色法测定维生素C含量时的荧光波长为(　　)。

A. 345nm　　B. 365nm　　C. 400nm　　D. 430nm

132. 测定饮料中茶多酚的含量时，高锰酸钾氧化法与没食子酸乙酯比色法相比，测定结果(　　)。

A. 偏高　　B. 相同　　C. 偏低　　D. 无法比较

133. 用没食子酸乙酯比色法测定饮料中茶多酚的含量时，采用(　　)的提取液进行比色。

A. 5%　　B. 10%　　C. 15%　　D. 20%

134. 咖啡因的三氯甲烷溶液对波长为(　　)的紫外光有最大吸收。

A. 232.0nm　　B. 276.5nm　　C. 283.3nm　　D. 301.2nm

135. 用邻菲啰啉比色法测定铁的含量时，应在(　　)缓冲介质中进行。

A. 乙酸钠溶液　　B. 磷酸盐溶液
C. 氨水-氯化铵溶液　　D. 硼砂溶液

136. 用原子吸收法测定锡的含量时，加入硝酸铵溶液作为基体改进剂，是为了消除(　　)的干扰。

A. 铁　　B. 钾　　C. 锌　　D. 钠

137. 用原子吸收法测定肉、蛋及其制品中锌的含量时，灰化后应将样品制成(　　)。

A. 体积分数为 1% 的 HCl 溶液
B. 体积分数为 5% 的 HCl 溶液
C. 体积分数为 1% 的硝酸溶液
D. 体积分数为 5% 的硝酸溶液

138. 咖啡因广泛分布于茶树体内，在茶叶中大致的质量分数为(　　)。

A. ≤1%　　B. 1%~2%　　C. 2%~5%　　D. ≥5%

139. 咖啡因分子对(　　)光有特定的吸收。

A. 紫外　　B. 可见　　C. 近红外　　D. 远红外

140. 茶叶中茶多酚的主要成分是(　　)。

A. 绿原酸　　B. 鸡钠酸　　C. 咖啡酸　　D. 儿茶素

141. 用可见分光光度法测定茶叶中茶多酚的含量，是利用茶多酚能与(　　)形成紫蓝色配位化合物来测定的。

A. 二价铁离子　　B. 三价铁离子　　C. 铁原子　　D. 以上都是

142. 茶叶中游离氨基酸的质量分数为(　　)。

A. <2%　　B. <5%　　C. 2%~5%　　D. >5%

143. 用可见分光光度法测定茶叶中游离氨基酸的含量时，溶液的 pH 值应控制在(　　)左右。

A. 4.0　　B. 6.0　　C. 8.0　　D. 10.0

144. 用硝酸-硫酸法消化处理样品时，不能先加硫酸是因为(　　)。

A. 硫酸有氧化性　　B. 硫酸有脱水性
C. 硫酸有吸水性　　D. 以上都是

145. 测定砷时，试验结束后锌粒应(　　)。

A. 丢弃　　B. 直接保存
C. 用热水冲洗后保存　　D. 先活化，后进行再生处理

146. 用双硫腙比色法测定铅的含量时，加入柠檬酸铵的目的是(　　)。

A. 与许多金属离子形成稳定的配位化合物而被掩蔽
B. 防止碱土金属在碱性条件下沉淀
C. 防止三价铁离子对双硫腙的氧化

D. 使铅与双硫腙形成的配位化合物稳定

147. 用双硫腙比色法测定锌的含量时，加入盐酸羟胺的作用是(　　)。

A. 消除其他金属离子的干扰

B. 使锌与双硫腙形成的配位化合物色泽稳定

C. 防止三价铁离子氧化双硫腙

D. 以上都是

148. 用乙醚萃取法测定维生素 C 的含量时，处理颜色较深的样品应采取(　　)方法。

A. 加水稀释　　B. 加活性炭处理

C. 乙醚抽提　　D. 以上都不是

149. 链球菌中菌落周围有宽而透明的溶血环，能产生溶血毒素的是(　　)。

A. 甲型(α)溶血性链球菌　　B. 乙型(β)溶血性链球菌

C. 丙型(γ)链球菌　　D. 以上都不是

150. 链球菌中不产生溶血素，菌落周围无溶血环的是(　　)。

A. 甲型(α)溶血性链球菌　　B. 乙型(β)溶血性链球菌

C. 丙型(γ)链球菌　　D. 以上都不是

151. 配制 0.1mol/L NaOH 标准溶液，下列配制错误的是(　　)。(M = 40g/mol)

A. 将 NaOH 配制成饱和溶液，储于聚乙烯塑料瓶中，密封放置至溶液清亮，取清液 5mL 注入 1L 不含 CO_2 的水中摇匀，储于无色试剂瓶中

B. 将 4.02gNaOH 溶于 1L 水中，加热搅拌，储于磨口瓶中

C. 将 4g NaOH 溶于 1L 水中，加热搅拌，储于无色试剂瓶中

D. 将 2gNaOH 溶于 500mL 水中，加热搅拌，储于无色试剂瓶中

152. 12.26 + 7.21 + 2.1341 三位数相加，由计算器所得结果为 21.6041，应修约为(　　)。

A. 21　　B. 21.6　　C. 21.60　　D. 21.604

153. 当糕点中 Zn 的含量为 $5 \times 1/10^6 \sim 10 \times 1/10^6$ 时，规定平行测定结果的绝对偏差不应大于 0.3%，对某一糕点样品进行 3 次平行测定，其结果分别为 $7.17 \times 1/10^6$、$7.31 \times 1/10^6$ 及 $7.72 \times 1/10^6$，应弃去的是(　　)。

A. $7.72 \times 1/10^6$　　B. $7.17 \times 1/10^6$

C. $7.72 \times 1/10^6$ 和 $7.31 \times 1/10^6$　　D. $7.31 \times 1/10^6$

154. 以下基准试剂使用前干燥条件不正确的是(　　)。

A. 无水 Na_2CO_3 270 ~ 300℃　　B. ZnO 800℃

C. $CaCO_3$ 800℃　　D. 邻苯二甲酸氢钾 105 ~ 110℃

155. 有关汞的处理错误的是(　　)。

A. 汞盐废液先调节 pH 值至 8 ~ 10，加入过量的 Na_2S 后再加入 $FeSO_4$ 生成 H_2S、FeS 共沉淀，再做回收处理

B. 洒落在地上的汞可用硫黄粉盖上，干后清扫

C. 试验台上的汞可采用适当措施收集在有水的烧杯内

D. 洒落过汞的地面可喷洒质量分数为 20% 的 $FeCl_2$ 水溶液，干后清扫

156. 用直接法配制 0.1mol/L NaCl 标准溶液正确的是(　　)。(M = 58.44 g/mol)

A. 称取基准 NaCl 5.844g 溶于水，移入 1L 容量瓶中稀释至刻度，摇匀

B. 称取 5.9 克基准 NaCl 溶于水，移入 1L 容量瓶中，稀释搅拌

C. 称取 5.8440g 基准 NaCl 溶于水，移入 1L 烧杯中，稀释搅拌

D. 称取 5.9 克基准 NaCl 溶于水，移入 1L 烧杯中，稀释搅拌

157. 测定果汁饮料中果汁的质量分数时，称取样品的量为 0.3853g，下列结果合理的是(　　)。

A. 36%　　B. 36.41%

C. 36.4%　　D. 36.4131%

158. 某人根据置信度为 95% 对某项分析结果计算后，写出如下报告，合理的是(　　)。

A. (25.48 ±0.1)%　　B. (25.48 ±0.135)%

C. (25.48 ±0.1348)%　　D. (25.48 ±0.13)%

159. 配制 $KMnO_4$ 标准溶液时，正确的是(　　)。

A. 将溶液加热煮沸，冷却后用砂芯漏斗过滤储存于棕色试剂瓶中

B. 将溶液加热煮沸 1h，放置数日，用砂芯漏斗过滤储存于无色试剂瓶中

C. 将溶液加热煮沸 1h，放置数日，用砂心漏斗过滤储存于棕色试剂瓶中

D. 将溶液加热，待完全溶解，放置数日，储存于棕色试剂瓶中

160. 用无水 Na_2CO_3 来标定 0.1mol/L HCl 溶液，宜称取 Na_2CO_3 的质量为(　　)。(M = 105.99g/mol)

A. 0.5 ~ 1g　　B. 0.05 ~ 0.1g

C. 1 ~ 2g　　D. 0.15 ~ 0.2g

161. 质量为 mg，摩尔质量为 Mg/mol 的物质 A，溶于水后移至 V L 的容量瓶中，稀释到刻度，则其物质的量浓度 c_A 等于(　　)。

A. $\frac{M}{m}\frac{1}{V}$　　B. $\frac{m}{M}V$　　C. $\frac{m}{M}\frac{1}{V}$　　D. $\frac{M}{m}V$

162. 下列溶血性链球菌中对杆菌肽敏感的是(　　)。

A. 甲型溶血性链球菌　　B. 乙型溶血性链球菌

C. 丙型溶血性链球菌　　D. 以上都是

163. 链激酶试验中能产生链激酶激活正常人体血液中的血浆蛋白酶原，形成血浆蛋白酶，然后溶解纤维蛋白的是(　　)。

A. 甲型溶血性链球菌　　B. 乙型溶血性链球菌

C. 丙型溶血性链球菌　　D. 以上都是

164. 检验葡萄球菌的方法中适用于检测认为带有大量竞争菌的食品及其原料和未经处理的食品中的少量葡萄球菌的是(　　)。

A. 最近似值(MPN)测定法　　B. 平板表面计数法

C. 非选择性增菌法　　D. 以上都是

165. 检验葡萄球菌的方法中适用于检查葡萄球菌数大于或等于10个/g(mL)的食品的是(　　)。

A. 最近似值(MPN)测定法　　B. 平板表面计数法

C. 非选择性增菌法　　D. 以上都是

166. 检验葡萄球菌的方法中适用于检查含有受损伤的葡萄球菌的加工食品的是(　　)。

A. 最近似值(MPN)测定法　　B. 平板表面计数法

C. 非选择性增菌法　　D. 以上都是

167. 在制备伊红美蓝琼脂时，高温灭菌时易被破坏，必须严格控制灭菌温度的是(　　)。

A. 蛋白胨　　B. 伊红Y溶液　　C. 美蓝溶液　　D. 乳糖

168. 在重量分析中，若样品中不需要测定的成分被共沉淀，则会引起(　　)。

A. 过失误差　　B. 偶然误差　　C. 随机误差　　D. 系统误差

169. 标准偏差（S）是对有限的测定次数而言的，在表示无限次数测定时，要使用总体标准偏差（σ）。此两者之间的关系 S/σ =（　　）。

A. $\sqrt{(n-1)/n}$　　B. $\sqrt{n/(n-1)}$　　C. $(n-1)/n$　　D. $n/(n-1)$

170. 沉淀滴定中，用莫尔法测定 Cl^- 时，可能的干扰离子是（　　）。

A. 与 Ag^+ 生成沉淀的阴离子，如 PO_4^{3-}、SO_4^{2-}、$C_2O_4^{2-}$ 等

B. 与 CrO_4^{2-} 生成沉淀的阳离子，如 Ba^{2+}、Pb^{2+} 等

C. 有色离子 Cu^{2+}、Co^{2+}、Ni^{2+} 等

D. A、B、C选项都正确

171. 沉淀重量法中对沉淀的要求不正确的是（　　）。

A. 沉淀的溶解度必须很小，且易于洗涤和过滤

B. 沉淀必须是无机物

C. 沉淀吸附杂质少

D. 沉淀容易转化为称量式

172. 为探证某食品中是否含有 Hg^{2+}，应配制（　　）试剂。

A. 0.1 mol/L K_2CrO_4　　B. 0.25 mol/L K_4（CN）$_6$

C. 0.5 mol/L $SnCl_2$　　D. 0.1 mol/L $AgNO_3$

173. 下面可以作为基准物质的是（　　）。

A. 纯度为99.99%的 NaOH　　B. 纯度为99.98%的 $CuSO_4 \cdot 5H_2O$

C. 纯度为99.98%的 $AgNO_3$　　D. 纯度为99.98%的 KOH

174. 以邻苯二甲酸氢钾为基准物质标定 NaOH 溶液的浓度，若滴定前碱式滴定管内的气泡未赶出，滴定过程中气泡消失，则会导致（　　）。

A. 测得的 NaOH 溶液浓度偏小　　B. 测得的 NaOH 溶液浓度偏大

C. 滴定体积减小　　D. 对测定结果无任何影响

175. 原麦汁浓度的计算公式为 $X=\frac{A\times 2.0665+n}{100+A\times 1.0665}$，式中 2.0665 g 浸出物包括的是（　　）。

A. 1 g 酒精、0.9565 g CO_2、0.11 g 酵母

B. 1 g 酒精、0.9565 g CO_2、0.11 g 麦芽糖

C. 1 g 水分、0.9565 g CO_2、0.11 g 酵母

D. 1 g 水分、0.9565 g 酒精、0.11 g CO_2

176. 配制 0.2 mol/L 的氢氧化钠标准溶液 1000 mL，下面氢氧化钠取样正确的是（　　）。

A. 直接称取氢氧化钠 8 g

B. 吸取饱和 NaOH 溶液 5 mL

C. 吸取饱和 NaOH 溶液 10 mL

D. 直接称取 NaOH 12 g

177. 在进行食品中氨基酸的定性检验时，加入水合茚三酮后试液呈（　　）。

A. 蓝色或紫色　　B. 红色

C. 黄色　　D. 亮绿色

178. 用酸度计测定溶液的 pH 值时，应用（　　）校正仪器。

A. 标准酸溶液　　B. 标准缓冲溶液

C. 标准碱溶液　　D. 标准离子溶液

179. 在进行霉菌及酵母菌的测定时，每个稀释度作（　　）平皿。

A. 4 个　　B. 3 个　　C. 2 个　　D. 1 个

180. 某食品检出一培养物，其生化试验结果为：H_2S（－），靛基质（－），尿素（－），KCN（－），赖氨酸（＋），则需进一步做（　　）试验。

A. ONPG　　B. 甘露醇　　C. 山梨醇　　D. 血清学

181. 溶血性链球菌在血清肉汤中生长时，管中的现象是（　　）。

A. 块状沉淀　　B. 絮状或颗粒状沉

C. 均匀生长　　D. 混浊

182. 食品中微量砷（As）含量的测定，应采用（　　）分析法。

A. 化学　　B. 滴定　　C. 色谱　　D. 光度

183. 用组织捣碎机粉碎样品时，样品中金属离子的含量有可能会（　　）。

A. 减少　　B. 不变　　C. 增大　　D. 无法确定

184. 为探证某食品中是否含有铜离子，应配制（　　）试剂。

A. 0.1 mol/L K_2CrO_4　　B. 0.25 mol/L $K_4(CN)_6$

C. 0.2 mol/L $AgNO_3$　　D. 0.1 mol/L $SnCl_2$

185. 用薄层色谱法测苯甲酸的含量时，无水硫酸钠的作用是（　　）。

A. 作吸附剂　　B. 参加反应　　C. 帮助沉淀　　D. 脱水

186. 在分析饮料中苯甲酸钠和糖精钠时，通常选用的装置和玻璃仪器有（　　）。

A. 蒸馏装置，圆底烧瓶和冷凝管

B. 分馏装置，圆底烧瓶和分馏柱

C. 萃取装置，分液漏斗和烧杯

D. 回流装置，圆底烧瓶和空气冷凝管

187. 酿造用水中的氨氮采用纳氏比色法测定前，干扰物多时，样品蒸馏处理的 pH 值应（　　）。

A. $\leqslant 6.0$　　B. $\leqslant 4.0$　　C. $=7.4$　　D. >8.0

188. 用碘量法测定酒精中醛的含量时，加入过量的碳酸氢钠的作用是（　　）。

A. 将醛与亚硫酸氢钠的加成物分解游离出来

B. 与过量的亚硫酸氢钠作用

C. 与样品中的醛作用

D. 消除样品中醇和酯的干扰

189. 测定黄酒氨基酸态氮时，下面操作错误的是（　　）。

A. 准确吸取 10.00 mL 样品　　B. 用 NaOH 滴定至 pH = 8.2 为终点

C. 加入中性甲醛溶液 10 mL　　D. 用 NaOH 标准溶液滴定至 pH = 10 为终点

190. 利用麦芽浸出液中所含的多种酶在一定温度下的综合水解性能，促进大麦内容物的分解，然后测大麦浸出液的（　　），从而得出样品的浸出物质量。

A. 质量　　B. 体积　　C. 密度　　D. 波美度

191. 用邻菲啰啉光度法测定铁的含量时，加入邻菲啰啉的作用是（　　）。

A. 将 Fe^{2+} 氧化成 Fe^{3+}　　B. 将 Fe^{3+} 还原成 Fe^{2+}

C. 螯合剂　　D. 显色剂

192. 测量时读错了砝码，将会引起（　　）。

A. 过失误差　B. 偶然误差　C. 方法误差　D. 系统误差

193. 用0.10 mol/L NaOH 标准溶液分别滴定20.00 mL 的 H_2SO_4 和 HCOOH 溶液，若消耗的 NaOH 的体积相同，则这两种溶液中 H_2SO_4 和 HCOOH 浓度之间的关系是（　　）。

A. c（HCOOH）$=c$（H_2SO_4）　B. $4c$（HCOOH）$=c$（H_2SO_4）

C. c（HCOOH）$=2c$（H_2SO_4）　D. $2c$（HCOOH）$=c$（H_2SO_4）

194. 根据重量分析分类，食品中粗脂肪测定属于（　　）。

A. 沉淀重量法　B. 汽化重量法　C. 萃取重量法　D. 电解重量法

195. 革兰氏阴性菌细胞壁的主要结构是（　　）。

A. 脂蛋白　B. 外膜　C. 脂多糖　D. 肽聚糖

196. 取某食品样的清溶液，加入硝酸银溶液，若有氯离子，则有（　　）现象。

A. 白色沉淀　B. 黄色沉淀　C. 褐色沉淀　D. 黑色沉淀

197. 取用 HNO_3 消化后的样品滤液1 mL，加入数滴 CCl_4 和几粒 $NaNO_2$ 结晶，振摇，若有碘存在，则 CCl_4 层有（　　）现象。

A. 白色沉淀　B. 黄色　C. 紫色　D. 蓝色

198. 用茚三酮法测定麦汁中 α－氨基氮的含量时，不需使用的仪器为（　　）。

A. 分光光度计　　B. 高精度恒温水浴

C. 定时钟　　D. 滴定管

199. 用2个标准缓冲溶液对酸度计定位时相差到3格，与下面原因可能无关的是（　　）。

A. 标准缓冲溶液污染了　　B. 玻璃电极老化了

C. 电压不稳　　D. 甘汞电极阻塞

200. 在打开分光光度计电源开关后，下一步的操作正确的是（　　）。

A. 选择灵敏度挡

B. 调节零件电位器，使电表指针指“0”

C. 预热20 min

D. 调节100%电位器使电表指针在满刻度处

201. 最常见引起细菌性食物中毒的细菌是（　　）。

A. 沙门氏菌　　B. 产毒霉菌

C. 致病性大肠杆菌　　D. 金黄色葡萄球菌

202. 薄层色谱法测定食品中黄曲霉素 B_1 的方法中，采用（　　）作为吸附剂。

A. 硅胶 G　　B. CMC　　C. 聚酰胺粉　　D. 氧化铝-G

203. 用薄层比色法测糖精钠的含量时，下列操作错误的是（　　）。

A. 聚酰胺薄层板制成后于 80 ℃干燥 1 h

B. 饮料类样品称样后，加盐酸（1+1），再用乙醚萃取

C. 提取糖精钠的乙醚层通过无水 Na_2SO_4 后，在电炉上加热使乙醚挥发干

D. 准确称取经 120 ℃，4 h 干燥的糖精钠，用乙醇溶解定量

204. 取一滴某食品消化液滴在点滴板上，加 0.25 mol/L 的（　　）生成红棕色沉淀，表示有 Cu^{2+} 存在。

A. $K_4(CN)_6$ 溶液　　B. K_2CrO_4 溶液

C. KCr_2O_7 溶液　　D. $AgNO_3$ 溶液

205. 分离志贺氏菌时，在选择平板上挑选可疑志贺氏菌菌落接种（　　）培养基。

A. 三糖铁琼脂　　B. 三糖铁和半固体

C. 半固体　　D. 半固体和靛基质

206. 用化学测定法测定黄酒中氧化钙的含量时，高锰酸钾溶液滴定的是定量的（　　）。

A. 草酸铵　　B. 氧化钙

C. 硫酸　　D. 硫酸溶解 CaC_2O_4 后释放的 $C_2O_4^{2-}$

207. 测定甲醇的光度时，下列因素（　　）对测定结果影响最大。

A. 空白试验　　B. $KMnO_4-H_3PO_4$ 用量

C. 显色剂用量　　D. 样品酒精含量及取样量

208. 不影响样品浸出物含量（协定糖化法）测量结果的因素为（　　）。

A. 麦芽汁 20 ℃时的相对密度　　B. 密度瓶的质量

C. 水的质量　　D. 乙醇乙醚洗涤密度瓶

209. 食用酒精氧化试验选用配制标准液的试剂是（　　）。

A. 三氯化铁、氯铂酸钾　　B. 三氯化铁、氯化钴

C. 三氯化铁、高锰酸钾　　D. 三氯化铁、氯化钾

210. 测定酿造用水中亚硝酸盐的含量时，加入的对氨基苯磺酸与亚硝酸盐反应生成（　　）。

A. 紫红色的偶氮染料　　B. 红色配位化合物

C. 浅红色盐类　　D. 蓝红色溶液

211. 浓度为 $c(1/5KMnO_4)=0.1$ mol/L 的溶液，换算为浓度 $c(KMnO_4)$

=（　　）mol/L 的溶液。

A. 0.1　　B. 0.01　　C. 0.05　　D. 0.02

212. 当置信度为 0.95 时，测得 Al_2O_3 的 μ 置信区间为（35.21 ±0.10%），其意义是（　　）。

A. 总体平均值 μ 落入此区间的概率为 95%

B. 若再进行测定，则将有 95% 的数据落入此区间内

C. 在所测定的数据中有 95% 在此区间内

D. 在此区间内包含 μ 值的概率是 95%

213. 在吸光光度分析中，某物质在某浓度下以 1.0 cm 比色皿测得透光度为 T。若该物质的浓度增大 1 倍，则透光度为（　　）。

A. T^2　　B. $T/2$　　C. $2T$　　D. $T^{1/2}$

214. 测定石灰石中 Ca 含量的简便方法是（　　）。

A. 莫尔法　　B. 酸碱滴定法　　C. EDTA 法　　D. 氧化还原滴定法

215. 用高压灭菌器的目的是杀灭物体上的（　　）。

A. 病原微生物　　B. 非病原微生物

C. 细菌及繁殖体　　D. 全部微生物

216. 假设 5 mL 培养基校正 pH 值至 7.4 时，用去 0.1 mol/L NaOH 0.2 mL，现有 490 mL 培养基，应加 1 mol/L NaOH（　　）mL。

A. 2.1　　B. 1.96　　C. 2.5　　D. 1.2

217. 酸度计测定溶液的 pH 值是基于（　　）与溶液的 pH 值大小有关。

A. 参比电极和溶液组成的电池

B. 指示电极和溶液组成的电池

C. 参比电极和指示电极组成的电池

D. 测量成分的离子浓度

218. 盐酸不能作为基准物质，是因为其（　　）。

A. 易挥发，组成会变　　B. 相对摩尔质量较小

C. 酸性太强　　D. 滴定时常有副反应发生

219. GB/T 5009.22—2003 中黄曲霉毒素 B_1 标准溶液采用（　　）等溶剂配制。

A. 苯-乙腈　　B. 石油醚-乙醚

C. 三氯甲烷　　D. 乙醇

220. 食品中糖精钠的测量方法最常使用的为（　　）。

A. 酚磺酞比色法　　B. 薄层色谱法

C. 高效液相色谱法　　D. 离子选择电极法

221. 用二乙硫代氨甲酸钠比色法测 Cu 的含量时，加入 EDTA 和柠檬酸铵的

作用是掩蔽（　　）的干扰。

A. Fe^{2+}　　B. Fe^{3+}　　C. Zn^{2+}　　D. Cd^{2+}

222. 用二硫腙比色法测 Pb 的含量时，可用柠檬酸铵和 EDTA 作（　　）。

A. 配位剂　　B. 催化剂　　C. 指示剂　　D. 掩蔽剂

223. 用银盐法测 As 的含量时，银盐溶液吸收生成的砷化氢形成（　　）色胶态物。

A. 红　　B. 黄　　C. 蓝　　D. 绿

224. 某食品检出一培养物，其生化试验结果为：H_2S（-），靛基质（-），尿素（-），KCN（-），赖氨酸（+），补种 ONPG 试验为阴性，则判断该培养物可能为（　　）。

A. 柠檬酸盐杆菌　　B. 大肠艾希氏菌

C. 沙门氏菌　　D. 志贺氏菌

225. 作霉菌及酵母菌计数，稀释样品时，应用灭菌吸管吸 1∶10 稀释液 1 mL 置于 9 mL 灭菌水试管中，另换 1 支 1 mL 灭菌吸管吸吹（　　）次，此液为 1∶100 稀释液。

A. 100　　B. 50　　C. 30　　D. 20

226. 某食品的清液中，加入水合茚三酮试剂后呈蓝色，证明含有（　　）。

A. 蔗糖　　B. 维生素 C　　C. 葡萄糖　　D. α-氨基酸

227. 用化学测定法测定黄酒中氧化钙的含量时，加入草酸铵的作用是（　　）。

A. 使酒中的 Ca^{2+} 沉淀分离出来　　B. 消除酒中其他金属离子的干扰

C. 消除黄酒中游离酸的干扰　　D. 消除酒中氨基酸的干扰

228. 白酒中己酸乙酯或乙酸乙酯的分析应选用下面的（　　）来测定。

A. 气相色谱热导检测器　　B. 气相色谱火焰光度检测器

C. 气相色谱氢火焰检测器　　D. 气相色谱电子捕获检测器

229. 麦芽的酶活力差别很大，用作糖化剂测浸出物含量的麦芽，必须选择糖化力和 α-淀粉酶活力高的麦芽，其浸出液应有（　　）的浸出物。

A. 1.0% ~1.5%　　B. 2.0% ~2.5%

C. 3.0% ~3.5%　　D. 4.0% ~4.5%

（二）多选题

1. 作为基准物质，必须具备的条件是（　　）。

A. 有足够的纯度

B. 实际组成与化学式完全相符

C. 性质稳定

D. 摩尔质量较大

2. 系统误差按其来源分为(　　)。

A. 方法误差　B. 仪器误差　C. 过失误差　D. 试剂误差

3. 标定氢氧化钠溶液浓度可以选择下列哪种物质作为基准物质？(　　)

A. 硼砂　B. 邻苯二甲酸氢钾

C. 草酸　D. 无水碳酸钠

4. 下列物质中可用来直接配制标准溶液的有(　　)。

A. 固体 NaOH　B. 浓盐酸

C. 基准 $K_2Cr_2O_7$　D. 基准 $CaCO_3$

5. 消除系统误差的方法有(　　)。

A. 做对照试验　B. 做空白试验

C. 增加测定次数　D. 校准仪器

6. 在火焰原子化过程中，样品分子转化为原子要经过的变化过程有(　　)。

A. 蒸发过程　B. 解离过程　C. 激发过程　D. 电离过程

7. 为了使待测元素在原子化器中更多地生成基态原子，应使基态原子尽可能不发生(　　)。

A. 解离　B. 激发　C. 电离　D. 化合

8. 为了获得较高的准确度和灵敏度，所使用的光源应(　　)。

A. 能发射待测元素的共振线，且有足够的强度

B. 发射线的半宽度要比吸收线的半宽度窄得多，即能发射锐线光谱

C. 辐射光的强度要稳定且背景小

D. 辐射的光一定要是可见光

9. 可用于原子吸收分光光度分析的光源有(　　)。

A. 氘灯　B. 空心阴极灯

C. 无极放电灯　D. 蒸气放电灯

10. 预混合型原子化器一般由(　　)组成。

A. 雾化器　B. 预混合室　C. 燃烧器　D. 石墨管

11. 细菌学诊断中标本采集和运送的原则包括(　　)。

A. 标本必须新鲜，采集后尽快送检

B. 在送检过程中，对脑膜炎球菌标本要进行保温

C. 在检验容器上要贴好标签

D. 尽可能采集病变明显部位的材料

12. 有关微生物的描述正确的是(　　)。

A. 具有致病性的微生物成为病原微生物

B. 绝大多数微生物对人类和动植物是有益的

C. 真菌具有核膜和核仁

D. 细菌的染色体裸露和环状DNA

13. 常用的细菌生化反应试验包括(　　)。

A. 糖发酵试验　　B. V·P试验

C. 甲基红试验　　D. 柠檬酸盐利用试验

14. 某地夏季突然出现腹泻病人群，发病人数在数日内迅速增加，但临床症状不典型，则细菌学诊断中对病原菌的检验方法可能是(　　)。

A. 分离培养　　B. 直接涂片镜检

C. 血清学试验　　D. 动物试验

15. 病原微生物的致病过程是一种机体与微生物间复杂的相互作用过程，机体抵抗病原微生物的屏障结构包括(　　)。

A. 皮肤与黏膜　　B. 血脑屏障

C. 胎盘屏障　　D. 免疫系统

16. 关于原子吸收光度法中标准曲线法的说法正确的是(　　)。

A. 配制的标准溶液浓度应在吸光度与浓度呈线性关系的范围内

B. 标准溶液的基体组成应尽可能与待测样品溶液一致，以减小基体影响

C. 在整个分析过程中，操作条件应保持不变

D. 每次测定不要重新绘制标准曲线

17. 消除原子吸收分析中化学干扰的方法有(　　)。

A. 加入释放剂　　B. 使用高温火焰

C. 加入消电离剂　　D. 加入缓冲剂

18. 消除原子吸收分析中基体干扰的方法有(　　)。

A. 用不含待测元素的空白溶液来调零

B. 减小狭缝宽度

C. 使用标准加入法

D. 标准溶液的基体组成应尽可能与待测样品溶液一致

19. 消除原子吸收分析中光谱干扰的方法有(　　)。

A. 用不含待测元素的空白溶液来调零

B. 减小狭缝宽度

C. 使用标准加入法

D. 标准溶液的基体组成应尽可能与待测样品溶液一致

20. 测定磷化物含量时所用的二氧化碳应经过(　　)溶液洗涤后，才能进入反应瓶。

A. 碱性高锰酸钾　　B. 饱和硝酸汞

C. 酸性高锰酸钾　　D. 饱和硫酸肼

21. 汞极易挥发，在消化样品时一般采用的消化方法有(　　)。

A. 硫酸-硝酸法　　B. 硝酸-硫酸-五氧化二钒法

C. 灰化法　　D. 以上都是

22. 用钼蓝比色法测磷的含量时，将磷钼酸铵还原成钼蓝的是(　　)。

A. 钼酸铵　　B. 对苯二酚-亚硫酸钠

C. 氯化亚锡-硫酸肼　　D. 以上都不是

23. 用冷原子吸收法测定汞的含量时，用于将元素汞吹出的载气是(　　)。

A. 空气　　B. 氧气　　C. 氢气　　D. 氮气

24. 用银盐法测定砷的含量时，加入氯化亚锡的作用是(　　)。

A. 将 As^{5+} 还原为 As^{3+}　　B. 还原反应中生成的碘

C. 抑制氢气的生成速度　　D. 抑制某些元素(如锑)的干扰

25. 用银盐法测定砷的含量时，影响测定结果的因素是(　　)。

A. 酸的用量　　B. 锌粒的规格

C. 锌粒大小　　D. 以上都不是

26. 粮食及制品中含磷量最多的是(　　)。

A. 大米　　B. 米糠　　C. 小麦　　D. 麸皮

27. 下列物质中具有生物活性的有(　　)。

A. D-异抗坏血酸　　B. L-抗坏血酸

C. 二酮古洛糖酸　　D. L-脱氢抗坏血酸

28. 用原子吸收分光光度法测定钙的含量时，为了消除阴离子效应，可加入(　　)溶液。

A. 钠　　B. 钾　　C. 镧　　D. 锶

29. 下列儿茶素中属于酯型的是(　　)。

A. L-表没食子儿茶素　　B. L-表儿茶素

C. L-表没食子儿茶素没食子酸酯　D. L-表儿茶素没食子酸酯

30. 罐头食品判定为商业无菌应满足的要求是(　　)。

A. 生产记录审查结果为正常

B. 保温后开罐经感官检查、pH 值测定，无微生物增殖现象

C. 抽取样品经保温试验，未发生胖听或泄漏现象

D. 涂片镜检或接种培养时无微生物增殖现象

31. 用双硫腙比色法测定铅的含量时，为了消除其他金属离子的干扰，应采取的措施是(　　)。

A. 控制 $pH = 8.5 \sim 9.0$　　B. 加氰化钾

C. 加柠檬酸铵　　D. 加盐酸羟胺

32. 用二乙基二硫代氨基甲酸钠法测定铜的含量时，要消除铁的干扰，应加入(　　)。

A. 柠檬酸铵　B. 酒石酸钾钠　C. 氰化钾　D. 以上都是

33. 沙门氏菌属的生化反应特征是(　　)。

A. 吲哚、尿素分解及V·P试验均呈阴性

B. 发酵葡萄糖产酸产气，产生 H_2S

C. 不分解蔗糖和水杨素，能利用丙二酸钠，液化明胶

D. 不分解乳糖，在肠道鉴别培养基上形成无色菌落

34. 沙门氏菌属的形态特征是(　　)。

A. 革兰氏阴性杆菌　B. 有芽孢

C. 有荚膜　D. 大多数有动力，周生鞭毛

35. 志贺氏菌属的形态特征为(　　)。

A. 革兰氏阴性杆菌　B. 无芽孢

C. 无荚膜，无鞭毛　D. 不运动，有菌毛

36. 志贺氏菌属的培养和生化反应特征是(　　)。

A. 需氧或兼性厌氧，营养要求不高

B. 宋内氏痢疾杆菌菌落透明度差，常出现扁平的粗糙菌落

C. 大多数痢疾杆菌不分解乳糖，不产生 H_2S，分解葡萄糖产酸不产气

D. V·P试验阳性，不分解尿素，不产生赖氨酸脱羧酶

37. 志贺氏菌属的细菌与沙门氏菌及其他肠道杆菌相比(　　)。

A. 对理化因素抵抗力较高

B. 对酸较敏感，必须使用含有缓冲剂的培养基

C. 含有高浓度胆汁的培养基能抑制某些痢疾菌株生长

D. 在适当湿度时能耐低温，在冰块中可存活三个月左右

38. 一般来说，当食品中含有(　　)时，含有志贺氏菌的可能性极大。

A. 大肠菌群　B. 大肠杆菌　C. 沙门氏菌　D. 葡萄球菌

39. 葡萄球菌属的形态特征是(　　)。

A. 革兰氏阳性球菌　B. 无鞭毛

C. 有芽孢　D. 一般形成荚膜

40. 葡萄球菌属的培养和生化反应特征是(　　)。

A. 在血琼脂平板上多数致病性菌葡萄球菌可产生溶血毒素

B. 耐盐性强

C. 能产生紫色素

D. 能产生凝固酶，分解甘露醇(在厌氧条件下)

41. 下列葡萄球菌中可以致病的是(　　)。

A. 葡萄球菌　B. 表皮葡萄球菌

C. 腐生性葡萄球菌　D. 以上都是

42. 葡萄球菌对其敏感性高的是(　　)。

A. 磺胺类药物　B. 青霉素　C. 金霉素　D. 氯霉素

43. 链球菌的形态特征是(　　)。

A. 革兰氏阳性　B. 形成芽孢

C. 无鞭毛　D. 不运动

44. 链球菌的培养和生化反应特征是(　　)。

A. 营养要求较高，需氧或兼性厌氧

B. 在血清肉汤中易形成长链

C. 通过二磷酸己糖途径发酵葡萄糖，主要产生右旋乳酸，接触酶阴性

D. 抵抗力强

45. 乙型链球菌对(　　)都很敏感。

A. 青霉素　B. 红霉素　C. 氯霉素　D. 四环素

46. 菌落周围有溶血环的链球菌是(　　)。

A. 甲型(α)溶血性链球菌　B. 乙型(β)溶血性链球菌

C. 丙型(γ)链球菌　D. 以上都是

47. 属于肠杆菌科中埃希氏菌族的是(　　)。

A. 葡萄球菌　B. 溶血性链球菌

C. 沙门氏菌　D. 志贺氏菌

48. 能有效防止沙门氏菌病发生的方法有(　　)。

A. 蒸煮　B. 巴氏消毒

C. 存放适宜温度　D. 以上都不是

49. 防治菌痢的措施有(　　)。

A. 早期诊断　B. 早期隔离

C. 早期治疗　D. 切断传染途径

50. 葡萄球菌的致病机理是多数致病性菌株能产生(　　)。

A. 溶血毒素　B. 杀白细胞毒素

C. 肠毒素　D. 血浆凝固酶

51. 链球菌的致病机理是致病性链球菌可产生(　　)。

A. 透明质酸酶　B. 链激酶

C. 链道酶　D. 溶血毒素

52. 志贺氏菌属的细菌通称为痢疾杆菌，其中在我国常见引起痢疾的是(　　)。

A. 贺氏痢疾杆菌　B. 福氏痢疾杆菌

C. 鲍氏痢疾杆菌　D. 宋内氏痢疾杆菌

53. 下列 SI 基本单位中，量的名称、单位名称、单位符号表示正确的是

（　　）。

A. 长度、米、m　　B. 质量、千克、kg

C. 电流、安、A　　D. 物质的量、摩尔、M

54. 下列原因中将引起偶然误差的是（　　）。

A. 酸碱滴定中，指示剂变色点与反应化学计量点不重合引起的滴定误差

B. 试剂中含有微量的被测组分

C. 读取 50 mL 滴定管的刻度值时，对小数点后第二位数字估测不准

D. 在标定标准溶液的过程中，室温、气压微小变化引起的误差

55. 确定可疑值取舍的常用统计学方法有（　　）。

A. Q 检验法　B. F 检验法　C. G 检验法　D. t 检验法

56. 称取一定质量的邻苯二甲酸氢钾基准物，用以标定 NaOH 溶液的浓度，在下列各情况中，引起结果偏高的有（　　）。

A. 滴定时滴定终点在计量点之前到达

B. 滴定时滴定终点在计量点之后到达

C. 使用的一只 10 mg 砝码，事后发现其校正后的值为 9.7 mg

D. 所称基准物中含有少量的邻苯二甲酸

57. 适用于沉淀滴定法的沉淀反应必须符合的条件包括（　　）。

A. 生成的沉淀必须有恒定的组成

B. 沉淀必须有足够小的溶解度

C. 沉淀反应必须能定量、迅速地进行

D. 有确定滴定终点的适当方法

58. 用于氧化还原滴定的指示剂可分为（　　）。

A. 酸碱指示剂　B. 自身指示剂　C. 专属指示剂　D. 氧化还原指示剂

59. 以下构件中，能够将光源的混合光变为单色光的是（　　）。

A. 滤光片　B. 棱镜　C. 光电池　D. 光电管

60. 用强酸滴定弱碱时，以下指示剂中能够使用的是（　　）。

A. 甲基橙　B. 酚酞　C. 甲基红　D. 溴甲酚绿

61. 下列关于薄层层析法用的吸附剂应符合的条件的叙述中，正确的是（　　）。

A. 有一定的吸附力，而且可逆性大，即容易解吸

B. 不与欲分离物质和展开剂发生化学反应

C. 结构均匀，有一定的机械强度，但对纯度无要求

D. 吸附剂的颗粒应具有一定的细度和较大的表面积

62. 在气相色谱检测器中，选择型检测器有（　　）。

A. 电子捕获检测器　　B. 氮磷检测器

C. 热导池检测器　　D. 火焰光度检测器

63. 下列对细菌芽孢的描述正确的是（　　）。

A. 是细菌细胞的特殊结构　　B. 具有繁殖能力

C. 产芽孢细菌种类较少　　D. 是生物界抗逆性最强的生命体

64. 酵母菌的细胞壁主要含（　　）。

A. 肽聚糖　　B. 葡聚糖　　C. 几丁质　　D. 甘露聚糖

65. 下列孢子中属于霉菌无性孢子的是（　　）。

A. 孢囊孢子　　B. 子囊孢子　　C. 卵孢子　　D. 分生孢子

66. 下列属于常用的天然培养基成分的是（　　）。

A. 牛肉膏　　B. 蛋白胨　　C. 琼脂　　D. 明胶

67. 下列描述中正确的是（　　）。

A. 消毒是指杀死物体上所有微生物的方法

B. 灭菌是指杀灭物体上所有微生物的方法

C. 防腐是指防止或抑制细菌生长繁殖的方法

D. 无菌为不含活菌的意思

68. 下列哪些是物理因素对微生物的影响？（　　）

A. 温度　　B. 氢离子浓度　C. 渗透压　　D. 氧化还原点位

69. 下列培养基或试剂中与食品中大肠菌群检测有关的是（　　）。

A. 乳糖胆盐发酵管　　B. 革兰氏染色液

C. 乳糖发酵管　　D. 伊红美蓝琼脂

70. 下列有关志贺氏菌检验错误的是（　　）。

A. 人类对志贺氏菌的易感性较高

B. 志贺氏菌常温存活期较短，当样品采集后，应尽快检测

C. 志贺氏菌属在三糖铁琼脂内的反应结果为底层产酸、产气

D. 志贺氏菌对各种糖的利用能力较强

71. 国标规定原料乳与乳制品中三聚氰胺定量测定的方法包括（　　）。

A. 高效液相色谱法　　B. 高效液相色谱—质谱法

C. 气相色谱-质谱联用法　　D. 酶联免疫法

72. 有机氯农药残留的定性测定主要有（　　）两种方法。

A. 焰色法　　B. 亚铁氰化银试纸法

C. 刚果红法　　D. 纸上斑点法

73. 关于酿造用粮食淀粉酸水解法的检验原理，下面叙述正确的是(　　)。

A. 淀粉加热时被酸水解成葡萄糖

B. 费林氏溶液中的二价铜被还原为一价铜

C. 葡萄糖中羰基被氧化成糖酸

D. 过量一滴还原糖即可使次甲基蓝成无色

74. 下面蛋白质的测定操作中正确的是（　　）。

A. 在凯氏烧瓶中用小火消化样品 B. 向消化液中加入碱后再连好蒸馏装置

C. 先开冷却水，再开电炉蒸馏　D. 蒸馏时将冷凝器下端插入吸收液内

75. 用索氏抽提法提取脂肪时，下列操作正确的是（　　）。

A. 样品需烘干

B. 使用无水乙醚提取脂肪

C. 样品中可拌入海砂以增加接触面积

D. 样品颗粒较大以防被氧化

76. 用邻菲啰啉光度法测定铁的含量时，样品用干法消化，下列操作正确的是（　　）。

A. 吸取25.00 mL样品，水浴蒸干

B. 置于电炉上小心炭化

C. 移入700℃ ±25 ℃高温炉中灼烧

D. 残渣呈白色，加入HCl（1 +1）溶解

77. 测定食品中的灰分时，可采用的助灰化方法是（　　）。

A. 加过氧化氢　　B. 提高灰化温度至800 ℃

C. 加水溶解残渣后继续灰化　　D. 加灰化助剂

78. 在测定啤酒中β-葡聚糖的试验中，（　　）会影响结果的准确性。

A. 反应pH值　　B. 缓冲液离子的浓度

C. 刚果红试剂浓度　　D. 试液中刚果红浓度范围

79. 下列物质中（　　）能用直接干燥法测定其水分含量。

A. 糖果　　B. 糕点　　C. 饼干　　D. 谷物

80. 食品安全国家标准（GB 5009.3—2010）中规定水分的测定方法有（　　）。

A. 直接干燥法　　B. 红外线干燥法

C. 卡尔费休法　　D. 蒸馏法

81. 对食品灰分叙述不正确的是（　　）。

A. 灰分中无机物含量与原样品中无机物含量相同

B. 灰分是指食品中含有的无机成分

C. 灰分是指样品经高温灼烧完全后的残留物

D. 灰分是指样品经酸处理后的残留物

82. 常用于标定HCl溶液浓度的基准物质有（　　）。

A. 氢氧化钠　　B. 碳酸氢钠　　C. 硼砂　　D. 无水碳酸钠

83. 下列方法中，不属于氧化还原滴定法的是（　　）。

A. 碘量法　　B. 高锰酸钾法　C. 莫尔法　　D. 法扬司法

84. 下列关于吸光光度法中吸收曲线的叙述中，不正确的是（　　）。

A. 吸收曲线描述了溶液对各种波长的光的吸收情况

B. 吸收曲线可以利用朗白-比耳定律计算后描绘

C. 在吸收曲线上可以方便地查出最大吸收波长

D. 不同溶液的同一物质溶液，其最大吸收波长不同

85. 关于金黄色葡萄球菌的检验，下列说法不正确的是（　　）。

A. 使用 Baird-Parker 平板分离

B. 使用血平板进行分离

C. 鉴定试验不包括革兰氏染色试验

D. 鉴定试验包括动力试验

86. 在利用 EDTA 测定 Ca 含量的操作中，掩蔽干扰金属离子的溶液是（　　）。

A. 氰化钠溶液　B. 柠檬酸钠　　C. 氢氧化钾溶液　D. 混合酸

87. 沉淀完全后进行陈化是为了（　　）。

A. 使无定形沉淀转化为晶形沉淀　B. 使沉淀更为纯净

C. 加速沉淀作用　　D. 使沉淀颗粒变大

88. 在分光光度法中，下列说法中正确的是（　　）。

A. 透光度与浓度成直线关系

B. 摩尔吸光系数随波长而改变

C. 透光度与吸光度成正相关关系

D. 吸光物质的吸光度与其浓度成正相关关系

89. 在吸光光度分析中，常出现标准曲线不通过原点的情况，引起这一现象的原因有（　　）。

A. 待测溶液与参比溶液所用比色皿不一致

B. 参比溶液选择不当

C. 显色反应的灵敏度低

D. 显色反应的检测下限太高

90. 常用的参比电极有（　　）。

A. 标准氢电极　　B. 甘汞电极

C. 银-氯化银电极　　D. 晶体膜电极

91. 下列对各种灭菌方法的描述，正确的是（　　）。

A. 巴氏消毒法属于干热灭菌法　B. 流动蒸汽消毒法属于湿热灭菌法

C. 间歇灭菌法属于湿热灭菌法　D. 高压蒸汽灭菌法属于湿热灭菌法

92. 属于湿热灭菌法的有（　　）。

A. 巴氏消毒法 B. 煮沸消毒法 C. 过滤除菌法 D. 间歇灭菌法

93. 下列孢子中属于霉菌有性孢子的是（ ）。

A. 孢囊孢子 B. 子囊孢子 C. 节孢子 D. 接合孢子

94. 沙门氏菌污染的主要原因包括（ ）。

A. 病畜、禽的肉制成食品 B. 病畜、禽的粪便污染了食品

C. 操作者带菌 D. 生熟食品不分，交叉污染

95. 食品微生物检验的范围包括（ ）。

A. 生产环境的检验 B. 原辅料的检验

C. 食品加工环节的检验 D. 食品贮藏环节的检验

96. 莫尔法沉淀滴定分析适用的溶液应呈（ ）。

A. 强酸性 B. 弱碱性 C. 弱酸性 D. 中性

97. 影响沉淀溶解度的因素包括（ ）。

A. 温度 B. 盐效应 C. 酸效应 D. 配位效应

98. 能用于配位滴定的配位反应必须具备的条件有（ ）。

A. 生成的配位化合物应稳定 B. 配位比例应固定

C. 反应速率要快 D. 要有适当的方法指示滴定终点

99. 下列关于色谱流出曲线（色谱图）的作用叙述中，正确的是（ ）。

A. 根据色谱峰的位置可以进行定性检定

B. 根据色谱峰的面积或高度可以进行定量测定

C. 根据色谱峰的位置及宽度，可以对色谱柱分离情况进行评价

D. 根据色谱峰的形状，可以判断被分离物质的某些性质，如酸碱性、氧化性等

100. 有关消毒剂的描述哪些是正确的（ ）。

A. 醇类的作用机制包括蛋白变性和溶解脂肪

B. 酚类的作用机制是凝固菌体蛋白质及作用于细胞膜上的酶类

C. 氧化剂可作用于蛋白质的巯基使蛋白质和酶失活

D. 2% ~5% 的酚类溶液用于器械及喷雾消毒

101. 下列培养基中不是用来分离培养细菌的是（ ）。

A. 牛肉膏蛋白胨培养基 B. 高氏一号培养基

C. 马铃薯培养基 D. 麦芽汁培养基

102. 对大肠杆菌描述正确的是（ ）。

A. 能运动 B. 周身鞭毛 C. 无芽孢 D. 革兰氏阳性

103. 对病毒特征的描述正确的是（ ）。

A. 个体极其微小

B. 无细胞结构

C. 每一种病毒可能含几种类型的核酸

D. 严格的活细胞内寄生

104. VC 的 2，6-二氯靛酚滴定法检验原理，下面说明正确的是（ ）。

A. VC 能还原 2，6-二氯靛酚　　B. 在酸性溶液中 2，6-二氯靛酚呈红色

C. VC 在酸性溶液中比较稳定　　D. 该法能测定总 VC 的含量

105. β-葡聚糖的存在对啤酒生产及成品啤酒的影响主要有（ ）。

A. 可以赋予啤酒醇厚感

B. 可以增强啤酒的起泡沫性和提高泡沫的稳定性

C. 可以造成啤酒非生物混浊

D. 会造成麦汁过滤困难

106. 0.1 mol/L HCl 和 0.1 mol/L H_2SO_4 混合溶液含有的离子是（ ）。

A. H^+　　B. Cl^-　　C. HSO_4^-　　D. SO_4^{2-}

107. 在相同体积、相同物质的量浓度的酸中，下列叙述正确的是（ ）。

A. 溶质的质量可能不等　　B. 溶质的质量分数一定相等

C. 溶质的物质的量一定相等　　D. 氢离子的物质的量一定相等

108. 下列 pH 值中，适用于莫尔法的有（ ）。

A. 3.6　　B. 5.0　　C. 6.9　　D. 8.0

109. 下列电极中，能用于测定溶液 pH 值的是（ ）。

A. 玻璃电极　　B. 饱和甘汞电极

C. 氧电极　　D. 锑-氧化锑电极

110. 影响薄层层析比移值 R_f 的因素有（ ）。

A. 欲分离物质的性质　　B. 展开剂的性质

C. pH 值的大小　　D. 展开时的温度

111. 下列不属于细菌细胞特殊结构的是（ ）。

A. 鞭毛　　B. 核蛋白体　　C. 胞浆颗粒　　D. 芽孢

112. 曲霉的主要特征有（ ）。

A. 多细胞　　B. 菌丝无隔膜　　C. 没有假根　　D. 产分生孢子

技能要求试题

一、面粉中磷含量的测定

1. 准备要求

（1）仪器准备 同第二章第五节训练3。可见分光光度计应处于稳定工作状态，其他测定用仪器应齐全。

（2）试剂准备 同第二章第五节训练3。所用试剂及溶液均应配制好。

2. 考核内容

（1）考核要求

① 正确、熟练使用可见分光光度计、吸管、容量瓶。

② 正确绘制标准曲线，并能准确查出测定结果。

③ 两次测定的结果之差，不得超过平均值的10%。

④ 遵守操作规程，操作现场整洁。

（2）时间定额 120min。

（3）安全文明生产

① 正确执行安全技术操作规程。

② 按企业有关文明生产规定进行操作。

（4）评分表 见表1。

表1 面粉中磷含量的测定评分表

序号	考核内容	配分	评分标准	得分
1	吸管、容量瓶操作使用是否正确、规范	10		
2	对测定原理是否熟悉	10		
3	对可见分光光度计的使用操作是否正确、熟练	20		
4	对数据的处理是否合理、准确	15		
5	分析结果是否准确	15		
6	是否按操作规程进行操作	10		
7	是否正确执行安全技术操作规程	10		
8	是否做到操作现场整洁	10		
合计		100		

二、葡萄酒中铁含量的测定

1. 准备要求

（1）仪器准备　同第五章第四节训练2。可见分光光度计应处于稳定工作状态，其他测定用仪器应齐全。

（2）试剂准备　同第五章第四节训练2。所用试剂及溶液均应配制好。

2. 考核内容

（1）考核要求

① 正确、熟练使用可见分光光度计、吸管、容量瓶。

② 正确绘制标准曲线，并能准确查出测定结果。

③ 两次测定的结果之差，不得超过平均值的10%。

④ 遵守操作规程，操作现场整洁。

（2）时间定额　120min。

（3）安全文明生产

① 正确执行安全技术操作规程。

② 按企业有关文明生产规定进行操作。

（4）评分表　参见表1。

三、啤酒中苦味质含量的测定

1. 准备要求

（1）仪器准备　同第六章第三节训练实例。紫外分光光度计应处于稳定工作状态，其他测定用仪器应齐全。

（2）试剂准备　同第六章第三节训练实例。所用试剂及溶液均应配制好。

2. 考核内容

（1）考核要求

① 正确、熟练使用紫外分光光度计、离心机、电动振荡器、吸管、容量瓶。

② 正确绘制标准曲线，并能准确查出测定结果。

③ 计算结果取整数，两次测定结果之差的标准偏差为±2.4。

④ 遵守操作规程，操作现场整洁。

（2）时间定额　120min。

（3）安全文明生产

① 正确执行安全技术操作规程。

② 按企业有关文明生产规定进行操作。

（4）评分表　参见表1。

四、咖啡中咖啡因含量的测定

1. 准备要求

（1）仪器准备　同第七章第六节训练2。紫外分光光度计应处于稳定工作状态，其他测定用仪器应齐全。

（2）试剂准备 同第七章第六节训练2。所用试剂及溶液均应配制好。

2. 考核内容

（1）考核要求

① 正确、熟练使用紫外分光光度计、吸管、容量瓶。

② 正确绘制标准曲线，并能准确查出测定结果。

③ 平行测定结果的相对偏差为15%。

④ 遵守操作规程，操作现场整洁。

（2）时间定额 120min。

（3）安全文明生产

① 正确执行安全技术操作规程。

② 按企业有关文明生产规定进行操作。

（4）评分表 参见表1。

五、苹果汁中锌含量的测定

1. 准备要求

（1）仪器准备 同第四章第三节训练2。原子吸收分光光度计应处于最佳操作状态。参考测定条件：灯电流为6mA，波长为213.8nm，狭缝宽度为0.38nm，空气流量为10L/min，乙炔流量为2.3L/min，灯头高度为3mm，氘灯背景校正。其他测定用仪器应齐全。

（2）试剂准备 同第四章第三节训练2。所用试剂及溶液均应配制好。

2. 考核内容

（1）考核要求

① 正确、熟练使用原子吸收分光光度计、吸管、容量瓶。

② 能选择合适的原子吸收分光光度计的操作条件。

③ 正确绘制标准曲线，并能准确查出测定结果。

④ 两次测定的结果之差，不得超过平均值的10%。

⑤ 遵守操作规程，操作现场整洁。

（2）时间定额 120min。

（3）安全文明生产

① 正确执行安全技术操作规程。

② 按企业有关文明生产规定进行操作。

（4）评分表 参见表1。

六、胡萝卜汁饮料中镁含量的测定

1. 准备要求

（1）仪器准备　同第四章第三节训练 5。原子吸收分光光度计应处于最佳操作状态。参考测定条件：灯电流为 7.5mA，波长为 285.2nm，狭缝宽度为 1.3nm，空气流量为 9.5L/min，乙炔流量为 2.5L/min，燃烧器高度为 12.5mm。其他测定用仪器应齐全。

（2）试剂准备　同第四章第三节训练 5。所用试剂及溶液均应配制好。

2. 考核内容

（1）考核要求

① 正确、熟练使用原子吸收分光光度计、吸管、容量瓶。

② 能选择合适的原子吸收分光光度计的操作条件。

③ 正确绘制标准曲线，并能准确查出测定结果。

④ 两次测定的结果之差，不得超过平均值的 10%。

⑤ 遵守操作规程，操作现场整洁。

（2）时间定额　120min。

（3）安全文明生产

① 正确执行安全技术操作规程。

② 按企业有关文明生产规定进行操作。

（4）评分表　参见表 1。

七、皮蛋中铅含量的测定

1. 准备要求

（1）仪器准备　同第九章第二节训练 3。原子吸收分光光度计应处于最佳测量状态。参考测定条件：灯电流为 7.5mA，波长为 283.3nm，狭缝宽度为 0.2nm，氘灯背景校正。

石墨炉操作条件：120℃干燥 20s，450℃灰化 20s，2300℃原子化 5s。因某些样品量增加而使干扰增大，加基底改善剂后的石墨炉条件可以自行决定。其他测定用仪器应齐全。

（2）试剂准备　同第九章第二节训练 3。所用试剂及溶液均应配制好。

2. 考核内容

（1）考核要求

① 正确、熟练使用原子吸收分光光度计、吸管、容量瓶。

② 能选择合适的原子吸收分光光度计的操作条件。

③ 正确绘制标准曲线，并能准确查出测定结果。

④ 两次测定的结果之差，不得超过平均值的10%。

⑤ 遵守操作规程，操作现场整洁。

（2）时间定额 120min。

（3）安全文明生产

① 正确执行安全技术操作规程。

② 按企业有关文明生产规定进行操作。

（4）评分表 参见表1。

八、茶叶中茶多酚含量的测定

1. 准备要求

（1）仪器准备 同第十一章第五节训练1。可见分光光度计应处于稳定工作状态，其他测定用仪器应齐全。

（2）试剂准备 同第十一章第五节训练1。所用试剂及溶液均应配制好。

2. 考核内容

（1）考核要求

① 正确、熟练使用可见分光光度计、吸管、容量瓶。

② 正确计算出测定结果。

③ 同一样品的两次测定值之差，每100g样品不得超过0.5g。

④ 遵守操作规程，操作现场整洁。

（2）时间定额 120min。

（3）安全文明生产

① 正确执行安全技术操作规程。

② 按企业有关文明生产规定进行操作。

（4）评分表 参见表1。

九、鲜蛋中沙门氏菌的检验

1. 准备要求

（1）仪器准备 参见第三章第四节训练3。所用测定仪器及无菌操作台应准备齐全。

（2）试剂准备 参见第三章第四节训练3。所用试剂及溶液均应配制好。

2. 考核内容

（1）考核要求

① 能正确配制检验所需的培养基及染色液。

② 熟悉沙门氏菌属的生化特征，对结果判断正确。

③ 对仪器设备的使用规范、熟练，能正确进行无菌操作。

④ 遵守操作规程，操作现场整洁。

（2）时间定额　根据鉴定内容要求自行确定。

（3）安全文明生产

① 正确执行安全技术操作规程。

② 按企业有关文明生产规定进行操作。

（4）评分表　参见表1。

十、酸奶中志贺氏菌的检验

1. 准备要求

（1）仪器准备　参见第三章第四节训练4。所用测定仪器及无菌操作台应准备齐全。

（2）试剂准备　参见第三章第四节训练4。所用试剂及溶液均应配制好。

2. 考核内容

（1）考核要求

① 能正确配制检验所需的培养基及染色液。

② 熟悉志贺氏菌属的生化特征，对结果判断正确。

③ 对仪器设备的使用规范、熟练，能正确进行无菌操作。

④ 遵守操作规程，操作现场整洁。

（2）时间定额　根据鉴定内容要求自行确定。

（3）安全文明生产

① 正确执行安全技术操作规程。

② 按企业有关文明生产规定进行操作。

（4）评分表　参见表1。

十一、糖果中葡萄球菌的检验

1. 准备要求

（1）仪器准备　同第三章第四节训练5。所用测定仪器及无菌操作台应准备齐全。

（2）试剂准备　同第三章第四节训练5。所用试剂及溶液均应配制好。

2. 考核内容

（1）考核要求

① 能正确配制检验所需的培养基及染色液。

② 熟悉葡萄球菌属的生化特征，结果判断正确。

③ 对仪器设备的使用规范、熟练，能正确进行无菌操作。

④ 遵守操作规程，操作现场整洁。

（2）时间定额　根据鉴定内容要求自行确定。

（3）安全文明生产

① 正确执行安全技术操作规程。

② 按企业有关文明生产规定进行操作。

（4）评分表　参见表1。

十二、肉类罐头中溶血性链球菌的检验

1. 准备要求

（1）仪器准备　参见第三章第四节训练6。所用测定仪器及无菌操作台应准备齐全。

（2）试剂准备　参见第三章第四节训练6。所用试剂及溶液均应配制好。

2. 考核内容

（1）考核要求

① 能正确配制检验所需的培养基及染色液。

② 熟悉溶血性链球菌属的生化特征，结果判断正确。

③ 对仪器设备的使用规范、熟练，能正确进行无菌操作。

④ 遵守操作规程，操作现场整洁。

（2）时间定额　根据鉴定内容要求自行确定。

（3）安全文明生产

① 正确执行安全技术操作规程。

② 按企业有关文明生产规定进行操作。

（4）评分表　参见表1。

模拟试卷样例

（满分 100 分，考试时间 120min）

一、判断题（对的画√，错的画×，画错倒扣分；每题 1 分，共 20 分）

1. 检验报告单可以由进修及代培人员填写，但必须有指导人员或室负责人的同意和签字，检验结果才能生效。（ ）

2. 原子吸收分光光度分析是一种良好的定性、定量分析方法。（ ）

3. 丙酸钙用于面包及糕点中可起到防腐作用，pH 值越高，其防腐效力越高。（ ）

4. 用没食子酸乙酯比色法测定饮料中的茶多酚含量时，如果改变磷酸盐缓冲溶液的浓度，那么显色后溶液的吸光度也会发生变化。（ ）

5. 用邻菲啰啉比色法测定铁的含量时，应该先加盐酸羟胺和乙酸钠，后加邻菲啰啉。（ ）

6. 用苯芴酮比色法测定锡的含量时，在弱酸性溶液中四价锡离子与苯芴酮形成微溶性的橙红色配位化合物，应在保护性胶体存在的情况下与标准系列比较定量。（ ）

7. 葡萄球菌的培养条件是营养要求较高，在普通培养基上生长不良。（ ）

8. 链球菌的培养条件是营养要求不高，在普通培养基上生长良好。（ ）

9. 志贺氏菌的培养特征是在普通培养基上形成中等大小半透明的光滑型菌落。（ ）

10. 沙门氏菌能发酵葡萄糖产酸产气，也能分解蔗糖、水杨素和乳糖。（ ）

11. M·R 试验时，甲基红指示剂呈红色，可判断为阴性反应；若呈黄色，则可判断为阳性反应。（ ）

12. 称取某样品 0.0250g 进行分析，最后分析结果报告为 96.24%（质量分数）是合理的。（ ）

13. 为了提高测定低含量组分时的灵敏度，通常选用待测元素的共振线作为分析线。但当待测元素的共振线受到其他谱线干扰时，则选用其他无干扰的较灵敏谱线作为分析线。（ ）

14. 测定饮料中咖啡因的含量时，在样品干过滤时弃去前过滤液，对试验结果有影响。（ ）

15. 原子吸收分光光度计的检出极限数值越小，仪器的噪声就越小，灵敏度也就越高。 (　　)

16. 柠檬酸盐试验呈阳性，是因为细菌能利用柠檬酸盐作唯一的碳源。 (　　)

17. 标定EDTA标准溶液可用基准物ZnO。 (　　)

18. 采集的食物中毒样品在送检时，应注意冷藏，必要时可加入防腐剂。 (　　)

19. 测定菌落总数时，若所有稀释度的平均菌落数均小于30，则应按稀释度最大的平板平均菌落数，乘以稀释倍数后报告结果。 (　　)

20. 黄曲霉最适的生长温度是37 ℃左右，而产毒的适宜温度是28～32 ℃。 (　　)

二、选择题(将正确答案的序号填入括号内,共80分)

(一) 单选题(每小题1分,共40分)

21. 个别测定值与多次测定的算术平均值之间的差值称为(　　)。

A. 相对误差　　B. 相对偏差

C. 绝对偏差　　D. 绝对误差

22. 在以邻苯二甲酸氢钾($KHC_8H_4O_4$)为基准物标定NaOH溶液时，下列仪器中需用操作溶液淋洗三次的是(　　)。

A. 滴定管　　B. 容量瓶

C. 移液管　　D. 锥形瓶

23. 准确度、精密度、系统误差、偶然误差之间的关系是(　　)。

A. 准确度高，精密度不一定高

B. 精密度高，不一定能保证准确度高

C. 系统误差小，准确度一般较高

D. 准确度高，系统误差、偶然误差一定小

24. 滴定分析的相对误差一般要求小于0.1%，滴定时耗用标准溶液的体积应控制在(　　)。

A. ≤10mL　　B. 10～15mL

C. 20～30mL　　D. 15～20mL

25. 称量时样品吸收了空气中的水分会引起(　　)。

A. 系统误差　　B. 偶然误差

C. 过失误差　　D. 试剂误差

26. 为了提高测定灵敏度，空心阴极灯的工作电流应(　　)。

A. 越大越好　　B. 越小越好

C. 为额定电流的40% ~60%　　D. 无要求

27. 原子吸收分光光度法测定铅含量时的分析线波长为(　　)。

A. 213.8nm　　B. 248.3nm

C. 285.0nm　　D. 283.3nm

28. 粮食中的磷化物遇到水、酸或碱时会生成(　　)。

A. 磷化铝　　B. 磷化钙

C. 磷化锌　　D. 磷化氢

29. 测定汞时为了使汞保持氧化态，避免汞挥发损失，在消化样品时(　　)溶液应过量。

A. 硝酸　　B. 硫酸

C. 高氯酸　　D. 以上都是

30. 用双硫腙比色法测定铅的含量时，为了防止铁、铜、锌等离子的干扰，应加入(　　)。

A. 柠檬酸铵　　B. 氰化钾

C. 盐酸羟胺　　D. 以上都是

31. 用砷斑法测定砷的含量时，与新生态氢作用生成砷化氢的是(　　)。

A. 砷原子　　B. 五价砷

C. 三价砷　　D. 砷化物

32. 咖啡因分子对(　　)光有特定的吸收。

A. 紫外　　B. 可见

C. 近红外　　D. 远红外

33. 荧光比色法测定维生素C含量时的荧光波长为(　　)。

A. 345nm　　B. 365nm

C. 400nm　　D. 430nm

34. 测定饮料中茶多酚的含量时，高锰酸钾氧化法比没食子酸乙酯比色法的测定结果(　　)。

A. 偏高　　B. 相同

C. 偏低　　D. 无法比较

35. 下列哪一项是痢疾志贺氏菌的特性？(　　)

A. 可产生志贺毒素　　B. 只有1型

C. 迟缓发酵乳糖　　D. 有15个型

36. 沙门氏菌属在普通平板上的菌落特点为(　　)。

A. 中等大小，无色半透明　　B. 针尖状小菌落，不透明

C. 中等大小，黏液型　　D. 针尖状小菌落，黏液型

37. 下列哪种微生物在培养时会产生β-溶血环现象？(　　)

A. 肺炎链球菌　　B. 军团菌

C. 乙型溶血性链球菌　　D. 肺炎支原体

38. 常用琼脂扩散试验的琼脂质量分数为(　　)。

A. 0.3% ~0.5%　　B. 1% ~2%

C. 3% ~4%　　D. 5% ~6%

39. 正常人体内及体表多处有葡萄球菌存在而不引起人的疾病，其中最主要的带菌部位是(　　)。

A. 咽喉　　B. 皮肤

C. 鼻腔　　D. 肠道

40. 电离属于(　　)。

A. 光谱干扰　　B. 基体干扰

C. 化学干扰　　D. 以上都不是

41. 在重量分析中，若样品中不需要测定的成分被共沉淀，则会引起(　　)。

A. 过失误差　　B. 偶然误差

C. 随机误差　　D. 系统误差

42. 标准偏差（S）是对有限的测定次数而言的，在表示无限次数测定时，要使用总体标准偏差（σ）。此两者之间的关系 S/σ =（　　）。

A. $\sqrt{(n-1)/n}$　　B. $\sqrt{n/(n-1)}$

C. $(n-1)/n$　　D. $n/(n-1)$

43. 沉淀滴定中，用莫尔法测定 Cl^- 时，可能的干扰离子是(　　)。

A. 与 Ag^+ 生成沉淀的阴离子，如 PO_4^{3-}、SO_4^{2-}、$C_2O_4^{2-}$ 等

B. 与 CrO_4^{2-} 生成沉淀的阳离子，如 Ba^{2+}、Pb^{2+} 等

C. 有色离子 Cu^{2+}、Co^{2+}、Ni^{2+} 等

D. A、B、C 选项都正确

44. 沉淀重量法中对沉淀的要求不正确的是(　　)。

A. 沉淀的溶解度必须很小，且易于洗涤和过滤

B. 沉淀必须是无机物

C. 沉淀吸附杂质少

D. 沉淀容易转化为称量式

45. 为探证某食品中是否含有 Hg^{2+}，应配制(　　)试剂。

A. 0.1 mol/L K_2CrO_4　　B. 0.25 mol/L $K_4(CN)_6$

C. 0.5 mol/L $SnCl_2$　　D. 0.1 mol/L $AgNO_3$

46. 下面可以作为基准物质的是(　　)。

A. 纯度为 99.99% 的 NaOH

B. 纯度为99.98%的$CuSO_4 \cdot 5H_2O$

C. 纯度为99.98%的$AgNO_3$

D. 纯度为99.98%的KOH

47. 以邻苯二甲酸氢钾为基准物质标定NaOH溶液的浓度，若滴定前碱式滴定管内的气泡未赶出，滴定过程中气泡消失，则会导致（　　）。

A. 测得的NaOH溶液浓度偏小　B. 测得的NaOH溶液浓度偏大

C. 滴定体积减小　D. 对测定结果无任何影响

48. 原麦汁浓度的计算公式为$X = \frac{A \times 2.0665 + n}{100 + A \times 1.0665}$，式中2.0665 g浸出物包括的是(　　)。

A. 1 g酒精、0.9565 g CO_2、0.11 g酵母

B. 1 g酒精、0.9565 g CO_2、0.11 g麦芽糖

C. 1 g水分、0.9565 g CO_2、0.11 g酵母

D. 1 g水分、0.9565 g酒精、0.11 g CO_2

49. 配制0.2 mol/L的氢氧化钠标准溶液1000 mL，下面氢氧化钠取样正确的是(　　)。

A. 直接称取氢氧化钠8 g　B. 吸取饱和NaOH溶液5 mL

C. 吸取饱和NaOH溶液10 mL　D. 直接称取NaOH 12 g

50. 在进行食品中氨基酸的定性检验时，加入水合茚三酮后试液呈(　　)。

A. 蓝色或紫色　B. 红色

C. 黄色　D. 亮绿色

51. 用酸度计测定溶液的pH值时，应用（　　）校正仪器。

A. 标准酸溶液　B. 标准缓冲溶液

C. 标准碱溶液　D. 标准离子溶液

52. 在进行霉菌及酵母菌的测定时，每个稀释度作（　　）平皿。

A. 4个　B. 3个

C. 2个　D. 1个

53. 某食品检出一培养物，其生化试验结果为：H_2S（－），靛基质（－），尿素（－），KCN（－），赖氨酸（+），则需进一步做（　　）试验。

A. ONPG　B. 甘露醇

C. 山梨醇　D. 血清学

54. 溶血性链球菌在血清肉汤中生长时，管中的现象是(　　)。

A. 块状沉淀　B. 絮状或颗粒状沉

C. 均匀生长　D. 混浊

55. 食品中微量砷（As）含量的测定，应采用（　　）分析法。

A. 化学　　B. 滴定
C. 色谱　　D. 光度

56. 用组织捣碎机粉碎样品时，样品中金属离子的含量有可能会(　　)。
A. 减少　　B. 不变
C. 增大　　D. 无法确定

57. 为探证某食品中是否含有铜离子，应配制（　　）试剂。
A. 0.1 mol/L K_2CrO_4　　B. 0.25 mol/L $K_4(CN)_6$
C. 0.2 mol/L $AgNO_3$　　D. 0.1 mol/L $SnCl_2$

58. 用薄层色谱法测苯甲酸的含量时，无水硫酸钠的作用是(　　)。
A. 作吸附剂　　B. 参加反应
C. 帮助沉淀　　D. 脱水

59. 在分析饮料中苯甲酸钠和糖精钠时，通常应选用的装置和玻璃仪器有(　　)。
A. 蒸馏装置，圆底烧瓶和冷凝管
B. 分馏装置，圆底烧瓶和分馏柱
C. 萃取装置，分液漏斗和烧杯
D. 回流装置，圆底烧瓶和空气冷凝管

60. 酿造用水中的氨氮采用纳氏比色法测定前，干扰物多时，样品蒸馏处理的 pH 值应(　　)。
A. $\leqslant 6.0$　　B. $\leqslant 4.0$
C. $=7.4$　　D. >8.0

（二）**多选题**(每小题 1 分,共 40 分)

61. 细菌学诊断中标本采集和运送的原则包括(　　)。
A. 标本必须新鲜，采集后尽快送检
B. 在送检过程中，对脑膜炎球菌标本要进行保温
C. 在检验容器上要贴好标签
D. 尽可能采集病变明显部位的材料

62. 消除系统误差的方法有(　　)。
A. 做对照试验　　B. 做空白试验
C. 增加测定次数　　D. 校准仪器

63. 常用的细菌生化反应包括(　　)。
A. 糖发酵试验　　B. V · P 试验
C. 甲基红试验　　D. 柠檬酸盐利用试验

64. 消除原子吸收分析中化学干扰的方法有(　　)
A. 加入释放剂　　B. 使用高温火焰

C. 加入消电离剂　　　　　　　　D. 加入缓冲剂

65. 用冷原子吸收分光光度法测定汞的含量时，用于将元素汞吹出的载气是(　　)。

A. 空气　　　　　　　　B. 氧气

C. 氢气　　　　　　　　D. 氮气

66. 用银盐法测定砷的含量时，加入氯化亚锡的作用是(　　)。

A. 将 As^{5+} 还原为 As^{3+}

B. 还原反应中生成的碘

C. 抑制氢气的生成速度

D. 抑制某些元素(如锑)的干扰

67. 下列 SI 基本单位中，量的名称、单位名称、单位符号表示正确的是(　　)。

A. 长度、米、m　　　　　　　　B. 质量、千克、kg

C. 电流、安、A　　　　　　　　D. 物质的量、摩尔、M

68. 下列原因中将引起偶然误差的是(　　)。

A. 酸碱滴定中，指示剂变色点与反应化学计量点不重合引起的滴定误差

B. 试剂中含有微量的被测组分

C. 读取 50 mL 滴定管的刻度值时，对小数点后第二位数字估测不准

D. 在标定标准溶液过程中，室温、气压微小变化引起的误差

69. 确定可疑值取舍的常用统计学方法有(　　)。

A. Q 检验法　　　　　　　　B. F 检验法

C. G 检验法　　　　　　　　D. t 检验法

70. 称取一定质量的邻苯二甲酸氢钾基准物，用以标定 NaOH 溶液的浓度，在下列各情况中，引起结果偏高的有(　　)。

A. 滴定时滴定终点在计量点之前到达

B. 滴定时滴定终点在计量点之后到达

C. 使用的一只 10 mg 砝码，事后发现其校正后的值为 9.7 mg

D. 所称基准物中含有少量的邻苯二甲酸

71. 适用于沉淀滴定法的沉淀反应必须符合的条件包括(　　)。

A. 生成的沉淀必须有恒定的组成

B. 沉淀必须有足够小的溶解度

C. 沉淀反应必须能定量、迅速地进行

D. 有确定滴定终点的适当方法

72. 用于氧化还原滴定的指示剂可分为(　　)。

A. 酸碱指示剂　　　　　　　　B. 自身指示剂

C. 专属指示剂　　D. 氧化还原指示剂

73. 以下构件中，能够将光源的混合光变为单色光的是(　　)。

A. 滤光片　　B. 棱镜

C. 光电池　　D. 光电管

74. 用强酸滴定弱碱时，以下指示剂中能够使用的是(　　)。

A. 甲基橙　　B. 酚酞

C. 甲基红　　D. 溴甲酚绿

75. 下列关于薄层层析法用的吸附剂应符合的条件的叙述中，正确的是(　　)。

A. 有一定的吸附力，而且可逆性大，即容易解吸

B. 不与欲分离物质和展开剂发生化学反应

C. 结构均匀，有一定的机械强度，但对纯度无要求

D. 吸附剂的颗粒应具有一定的细度和较大的表面积

76. 在气相色谱检测器中，选择型检测器有(　　)。

A. 电子捕获检测器　　B. 氮磷检测器

C. 热导池检测器　　D. 火焰光度检测器

77. 下列对细菌芽孢的描述中正确的是(　　)。

A. 细菌细胞的特殊结构

B. 具有繁殖能力

C. 产芽孢细菌种类较少

D. 是生物界抗逆性最强的生命体

78. 酵母菌的细胞壁主要含(　　)。

A. 肽聚糖　　B. 葡聚糖

C. 几丁质　　D. 甘露聚糖

79. 下列孢子中属于霉菌无性孢子的是(　　)。

A. 孢囊孢子　　B. 子囊孢子

C. 卵孢子　　D. 分生孢子

80. 下列属于常用的天然培养基成分的是(　　)。

A. 牛肉膏　　B. 蛋白胨

C. 琼脂　　D. 明胶

81. 下列描述中正确的是(　　)。

A. 消毒是指杀死物体上所有微生物的方法

B. 灭菌是指杀灭物体上所有微生物的方法

C. 防腐是指防止或抑制细菌生长繁殖的方法

D. 无菌为不含活菌的意思

82. 下列哪些是物理因素对微生物的影响？(　　)

A. 温度　　B. 氢离子浓度

C. 渗透压　　D. 氧化还原点位

83. 下列培养基或试剂中与食品中大肠菌群检测有关的是(　　)。

A. 乳糖胆盐发酵管　　B. 革兰氏染色液

C. 乳糖发酵管　　D. 伊红美蓝琼脂

84. 下列有关志贺氏菌检验错误的是(　　)。

A. 人类对志贺氏菌的易感性较高

B. 志贺氏菌常温存活期较短，当样品采集后，应尽快检测

C. 志贺氏菌属在三糖铁琼脂内的反应结果为底层产酸、产气

D. 志贺氏菌对各种糖的利用能力较强

85. 国标规定原料乳与乳制品中三聚氰胺定量测定的方法包括(　　)。

A. 高效液相色谱法　　B. 高效液相色谱-质谱法

C. 气相色谱-质谱联用法　　D. 酶联免疫法

86. 有机氯农药残留的定性测定主要有(　　)两种方法。

A. 焰色法　　B. 亚铁氰化银试纸法

C. 刚果红法　　D. 纸上斑点法

87. 关于酿造用粮食淀粉酸水解法的检验原理，下面叙述正确的是(　　)。

A. 淀粉加热时被酸水解成葡萄糖

B. 费林氏溶液中的二价铜被还原为一价铜

C. 葡萄糖中羰基被氧化成糖酸

D. 过量一滴还原糖即可使次甲基蓝成无色

88. 下面蛋白质的测定操作中正确的是(　　)。

A. 在凯氏烧瓶中用小火消化样品

B. 向消化液中加入碱后再连好蒸馏装置

C. 先开冷却水，再开电炉蒸馏

D. 蒸馏时将冷凝器下端插入吸收液内

89. 用索氏抽提法提取脂肪时，下列操作正确的是(　　)。

A. 样品需烘干

B. 使用无水乙醚提取脂肪

C. 样品中可拌入海砂以增加接触面积

D. 样品颗粒较大以防被氧化

90. 用邻菲啰啉光度法测定铁的含量时，样品用干法消化，下列操作正确的是(　　)。

A. 吸取25.00 mL样品，水浴蒸干

B. 置于电炉上小心炭化

C. 移入700℃ ±25 ℃高温炉中灼烧

D. 残渣呈白色，加入HCl（1+1）溶解

91. 测定食品中的灰分时，可采用的助灰化方法是(　　)。

A. 加过氧化氢　　B. 提高灰化温度至800 ℃

C. 加水溶解残渣后继续灰化　　D. 加灰化助剂

92. 在测定啤酒中β-葡聚糖的试验中，(　　) 会影响结果的准确性。

A. 反应pH值　　B. 缓冲液离子的浓度

C. 刚果红试剂浓度　　D. 试液中刚果红浓度范围

93. 下列物质中（　　）能用直接干燥法测定其水分含量。

A. 糖果　　B. 糕点

C. 饼干　　D. 谷物

94. 食品安全国家标准（GB 5009.3—2010）中规定水分的测定方法有(　　)。

A. 直接干燥法　　B. 红外线干燥法

C. 卡尔费休法　　D. 蒸馏法

95. 对食品灰分叙述不正确的是(　　)。

A. 灰分中无机物含量与原样品中无机物含量相同

B. 灰分是指食品中含有的无机成分

C. 灰分是指样品经高温灼烧完全后的残留物

D. 灰分是指样品经酸处理后的残留物

96. 常用于标定HCl溶液浓度的基准物质有(　　)。

A. 氢氧化钠　　B. 碳酸氢钠

C. 硼砂　　D. 无水碳酸钠

97. 下列方法中，不属于氧化还原滴定法的是(　　)。

A. 碘量法　　B. 高锰酸钾法

C. 莫尔法　　D. 法扬司法

98. 下列关于吸光光度法中吸收曲线的叙述中，不正确的是(　　)。

A. 吸收曲线描述了溶液对各种波长的光的吸收情况

B. 吸收曲线可以利用朗白-比耳定律计算后描绘

C. 在吸收曲线上可以方便地查出最大吸收波长

D. 不同溶液的同一物质溶液，其最大吸收波长不同

99. 关于金黄色葡萄球菌的检验，下列说法不正确的是(　　)。

A. 使用Baird-Parker平板分离

B. 使用血平板进行分离

C. 鉴定试验不包括革兰氏染色试验

D. 鉴定试验包括动力试验

100. 在利用 EDTA 测定 Ca 含量的操作中，掩蔽干扰金属离子的溶液是（　）。

A. 氰化钠溶液　　B. 柠檬酸钠

C. 氢氧化钾溶液　　D. 混合酸

答案部分

知识要求试题答案

一、判断题

1. √	2. ×	3. ×	4. ×	5. √	6. ×	7. √	8. ×
9. √	10. ×	11. ×	12. √	13. ×	14. ×	15. √	16. ×
17. √	18. √	19. ×	20. √	21. √	22. ×	23. ×	24. ×
25. ×	26. ×	27. √	28. ×	29. ×	30. √	31. ×	32. ×
33. ×	34. √	35. ×	36. ×	37. √	38. √	39. ×	40. ×
41. √	42. ×	43. √	44. √	45. ×	46. √	47. √	48. ×
49. √	50. √	51. √	52. ×	53. ×	54. √	55. ×	56. √
57. ×	58. √	59. √	60. √	61. ×	62. √	63. ×	64. √
65. ×	66. √	67. ×	68. √	69. ×	70. √	71. ×	72. ×
73. ×	74. ×	75. √	76. ×	77. √	78. ×	79. ×	80. ×
81. √	82. ×	83. ×	84. √	85. ×	86. ×	87. ×	88. √
89. √	90. √	91. ×	92. ×	93. √	94. √	95. ×	96. ×
97. √	98. ×	99. ×	100. √	101. ×	102. √	103. ×	104. √
105. √	106. √	107. √	108. √	109. ×	110. ×	111. ×	112. √
113. √	114. ×	115. √	116. √	117. ×	118. ×	119. ×	120. √
121. √	122. √	123. ×	124. ×	125. ×	126. √	127. √	128. ×

二、选择题

（一）单选题

1. C	2. A	3. D	4. C	5. B	6. D	7. C	8. B
9. C	10. B	11. C	12. B	13. C	14. A	15. B	16. C
17. C	18. B	19. C	20. B	21. B	22. C	23. A	24. A
25. A	26. C	27. C	28. A	29. B	30. A	31. C	32. C
33. D	34. A	35. B	36. C	37. D	38. A	39. B	40. C
41. B	42. C	43. C	44. D	45. B	46. C	47. A	48. B
49. B	50. A	51. A	52. A	53. D	54. A	55. D	56. A

57. B	58. C	59. A	60. A	61. B	62. D	63. B	64. B
65. D	66. C	67. B	68. A	69. B	70. C	71. B	72. D
73. A	74. A	75. A	76. D	77. A	78. B	79. C	80. B
81. C	82. A	83. B	84. C	85. A	86. B	87. A	88. C
89. C	90. A	91. B	92. B	93. D	94. A	95. D	96. A
97. C	98. B	99. A	100. C	101. B	102. B	103. D	104. A
105. C	106. A	107. A	108. C	109. B	110. D	111. A	112. C
113. C	114. A	115. B	116. C	117. D	118. B	119. C	120. D
121. C	122. B	123. A	124. C	125. D	126. B	127. D	128. C
129. A	130. B	131. D	132. C	133. A	134. B	135. A	136. D
137. A	138. C	139. A	140. D	141. A	142. C	143. C	144. B
145. D	146. B	147. C	148. C	149. B	150. C	151. B	152. C
153. A	154. C	155. D	156. A	157. B	158. D	159. C	160. D
161. C	162. B	163. B	164. A	165. B	166. C	167. D	168. D
169. B	170. D	171. B	172. C	173. C	174. A	175. A	176. C
177. A	178. B	179. C	180. A	181. B	182. D	183. C	184. B
185. D	186. C	187. C	188. A	189. D	190. C	191. D	192. A
193. C	194. C	195. C	196. A	197. C	198. D	199. C	200. C
201. A	202. A	203. C	204. A	205. B	206. D	207. D	208. D
209. B	210. A	211. D	212. A	213. D	214. C	215. D	216. B
217. C	218. A	219. A	220. C	221. B	222. D	223. A	224. B
225. B	226. D	227. A	228. C	229. D			

（二）多选题

1. ABCD	2. ABD	3. BC	4. CD	5. AB	6. AB
7. BCD	8. ABC	9. BCD	10. ABC	11. ABCD	12. ABCD
13. ABCD	14. ABCD	15. ABC	16. ABC	17. ACD	18. CD
19. AB	20. BCD	21. AB	22. BC	23. AD	24. ABCD
25. ABC	26. BD	27. ABD	28. CD	29. CD	30. ABCD
31. ABCD	32. AB	33. ABD	34. AD	35. ABCD	36. ABC
37. BCD	38. ABC	39. AB	40. ABCD	41. AB	42. BC
43. ACD	44. ABC	45. ABCD	46. AB	47. CD	48. ABC
49. ABCD	50. ABCD	51. ABCD	52. BD	53. ABC	54. CD
55. AC	56. AC	57. ABCD	58. BCD	59. AB	60. ACD
61. ABD	62. ABD	63. ACD	64. BD	65. AD	66. AB

67. ABCD 68. AC 69. ABCD 70. CD 71. ABC 72. AB
73. ABCD 74. ACD 75. ACB 76. ABD 77. ACD 78. ABCD
79. BCD 80. ACD 81. ABD 82. CD 83. CD 84. BD
85. CD 86. AB 87. BD 88. BD 89. ABD 90. ABC
91. BCD 92. ABD 93. BD 94. ABCD 95. ABCD 96. BD
97. ABCD 98. ABCD 99. ABC 100. ABCD 101. BCD 102. ABC
103. ABD 104. ABC 105. ABCD 106. ABD 107. AC 108. CD
109. AD 110. ABCD 111. BC 112. ACD

模拟试卷样例答案

一、判断题

1. √ 2. × 3. × 4. √ 5. √ 6. √ 7. × 8. ×
9. √ 10. × 11. × 12. × 13. √ 14. √ 15. √ 16. √
17. √ 18. × 19. × 20. √

二、选择题

（一）单选题

21. C 22. A 23. D 24. C 25. B 26. C 27. D 28. D
29. A 30. D 31. C 32. A 33. D 34. C 35. A 36. A
37. C 38. B 39. C 40. C 41. D 42. B 43. D 44. B
45. C 46. C 47. A 48. A 49. C 50. A 51. B 52. C
53. A 54. B 55. D 56. C 57. B 58. D 59. C 60. C

（二）多选题

61. ABCD 62. AB 63. ABCD 64. ACD 65. AD 66. ABCD
67. ABC 68. CD 69. AC 70. AC 71. ABCD 72. BCD
73. AB 74. ACD 75. ABD 76. ABD 77. ACD 78. BD
79. AD 80. AB 81. ABCD 82. AC 83. ABCD 84. CD
85. ABC 86. AB 87. ABCD 88. ACD 89. ACB 90. ABD
91. ACD 92. ABCD 93. BCD 94. ACD 95. ABD 96. CD
97. CD 98. BD 99. CD 100. AB

参考文献

[1] 于世林，苗凤琴．分析化学[M]．北京：化学工业出版社，2001.
[2] 郭若鹜．分析化学[M]．北京：中国轻工业出版社，1999.
[3] 陈立春．仪器分析[M]．北京：中国轻工业出版社，2002.
[4] 项琦．粮油食品微生物学检验[M]．北京：中国轻工业出版社，1992.
[5] 沈萍．微生物学[M]．北京：高等教育出版社，2000.
[6] 张惠康．微生物学[M]．北京：中国轻工业出版社，1990.
[7] 无锡轻工业大学．微生物学[M]．2 版．北京：中国轻工业出版社，1990.
[8] Harrigan W F. 食品微生物实验手册[M]．李卫华，等译．北京：中国轻工业出版社，2004.
[9] 蔡静平．粮油食品微生物学[M]．北京：中国轻工业出版社，2002.
[10] 张文治．新编食品微生物学[M]．北京：中国轻工业出版社，1995.
[11] 周德庆．微生物学教程[M]．北京：高等教育出版社，1993.
[12] 张青，等．微生物学[M]．北京：科学出版社，2004.
[13] 李晓宏，张普民．粮油及制品检验技术[M]．北京：中国计量出版社，1996.
[14] 解庆先，王燕玲．糕点糖果检验技术[M]．北京：中国计量出版社，1996.
[15] 张英．食品理化与微生物检测实验[M]．北京：中国轻工业出版社，2004.
[16] 杨文泰．乳及乳制品检验技术[M]．北京：中国计量出版社，1997.
[17] 《职业技能鉴定教材》《职业技能鉴定指导》编审委员会．乳品检验工 [M]．北京：中国劳动出版社，1996.
[18] 刘丽．白酒果酒黄酒检验技术 [M]．北京：中国计量出版社，1997.
[19] 马佩选．葡萄酒质量与检验 [M]．北京：中国计量出版社，2002.
[20] 李周奎．啤酒检验技术 [M]．北京：中国计量出版社，1996.
[21] 管敦仪．啤酒工业手册：中册 [M]．北京：中国轻工业出版社，1982.
[22] 张水华．饮料检验技术 [M]．北京：中国计量出版社，1996.
[23] 杨桂馥．软饮料工业手册 [M]．北京：中国轻工业出版社，2002.
[24] 张水华．罐头食品检验技术 [M]．北京：中国计量出版社，1997.
[25] 谢倩．肉蛋及其制品检验技术 [M]．北京：中国计量出版社，1996.
[26] 丁媛丽．调味品酱货腌制品检验技术 [M]．北京：中国计量出版社，1996.
[27] 靳敏，夏玉宇．食品检验技术 [M]．北京：化学工业出版社，2003.
[28] 朱懿德，等．工业发酵分析 [M]．北京：中国轻工业出版社，1991.
[29] 天津轻工业学院，等．工业发酵分析 [M]．北京：中国轻工业出版社，1980.
[30] 黄伟坤，等．食品检验与分析 [M]．北京：中国轻工业出版社，1997.
[31] 张意静．食品分析技术 [M]．北京：中国轻工业出版社，2001.
[32] 严洪德，等．茶叶深加工技术 [M]．北京：中国轻工业出版社，1998.
[33] 黄伟坤，等．食品检测与分析 [M]．北京：中国轻工业出版社，1989.

国家职业资格培训教材

丛书介绍：深受读者喜爱的经典培训教材，依据最新国家职业标准，按初级、中级、高级、技师（含高级技师）分册编写，以技能培训为主线，理论与技能有机结合，书末有配套的试题库和答案。所有教材均免费提供 PPT 电子教案，部分教材配有 VCD 实景操作光盘（注：标注★的图书配有 VCD 实景操作光盘）。

读者对象：本套教材是各级职业技能鉴定培训机构、企业培训部门、再就业和农民工培训机构的理想教材，也可作为技工学校、职业高中、各种短训班的专业课教材。

◆机械识图
◆机械制图
◆金属材料及热处理知识
◆公差配合与测量
◆机械基础（初级、中级、高级）
◆液气压传动
◆数控技术与 AutoCAD 应用
◆机床夹具设计与制造
◆测量与机械零件测绘
◆管理与论文写作
◆钳工常识
◆电工常识
◆电工识图
◆电工基础
◆电子技术基础
◆建筑识图
◆建筑装饰材料
◆车工（初级★、中级、高级、技师和高级技师）
◆铣工（初级★、中级、高级、技师和高级技师）
◆磨工（初级、中级、高级、技师和高级技师）
◆钳工（初级★、中级、高级、技师和高级技师）
◆机修钳工（初级、中级、高级、技师和高级技师）
◆锻造工（初级、中级、高级、技师和高级技师）
◆模具工（中级、高级、技师和高级技师）
◆数控车工（中级★、高级★、技师和高级技师）
◆数控铣工/加工中心操作工（中级★、高级★、技师和高级技师）
◆铸造工（初级、中级、高级、技师和高级技师）
◆冷作钣金工（初级、中级、高级、技师和高级技师）
◆焊工（初级★、中级★、高级★、技师和高级技师★）
◆热处理工（初级、中级、高级、技师和高级技师）
◆涂装工（初级、中级、高级、技师和高级技师）
◆电镀工（初级、中级、高级、技师和高级技师）
◆锅炉操作工（初级、中级、高级、

技师和高级技师）
◆数控机床维修工（中级、高级和技师）
◆汽车驾驶员（初级、中级、高级、技师）
◆汽车修理工（初级★、中级、高级、技师和高级技师）
◆摩托车维修工（初级、中级、高级）
◆制冷设备维修工（初级、中级、高级、技师和高级技师）
◆电气设备安装工（初级、中级、高级、技师和高级技师）
◆值班电工（初级、中级、高级、技师和高级技师）
◆维修电工（初级★、中级★、高级、技师和高级技师）
◆家用电器产品维修工（初级、中级、高级）
◆家用电子产品维修工（初级、中级、高级、技师和高级技师）
◆可编程序控制系统设计师（一级、二级、三级、四级）
◆无损检测员（基础知识、超声波探伤、射线探伤、磁粉探伤）
◆化学检验工（初级、中级、高级、技师和高级技师）
◆食品检验工（初级、中级、高级、技师和高级技师）
◆制图员（土建）
◆起重工（初级、中级、高级、技师）
◆测量放线工（初级、中级、高级、技师和高级技师）
◆架子工（初级、中级、高级）
◆混凝土工（初级、中级、高级）
◆钢筋工（初级、中级、高级、技师）
◆管工（初级、中级、高级、技师和高级技师）
◆木工（初级、中级、高级、技师）
◆砌筑工（初级、中级、高级、技师）
◆中央空调系统操作员（初级、中级、高级、技师）
◆物业管理员（物业管理基础、物业管理员、助理物业管理师、物业管理师）
◆物流师（助理物流师、物流师、高级物流师）
◆室内装饰设计员（室内装饰设计员、室内装饰设计师、高级室内装饰设计师）
◆电切削工（初级、中级、高级、技师和高级技师）
◆汽车装配工
◆电梯安装工
◆电梯维修工

变压器行业特有工种国家职业资格培训教程

丛书介绍：由相关国家职业标准的制定者——机械工业职业技能鉴定指导中心组织编写，是配套用于国家职业技能鉴定的指定教材，覆盖变压器行业5个特有工种，共10种。

读者对象：可作为相关企业培训部门、各级职业技能鉴定培训机构的鉴定培训教材，也可作为变压器行业从业人员学习、考证用书，还可作为技工学校、职业高中、各种短训班的教材。

◆变压器基础知识
◆绕组制造工（基础知识）
◆绕组制造工（初级　中级　高级技能）
◆绕组制造工（技师　高级技师技能）
◆干式变压器装配工（初级、中级、高级技能）
◆变压器装配工（初级、中级、高级、技师、高级技师技能）
◆变压器试验工（初级、中级、高级、技师、高级技师技能）
◆互感器装配工（初级、中级、高级、技师、高级技师技能）
◆绝缘制品件装配工（初级、中级、高级、技师、高级技师技能）
◆铁心叠装工（初级、中级、高级、技师、高级技师技能）

国家职业资格培训教材——理论鉴定培训系列

丛书介绍：以国家职业技能标准为依据，按机电行业主要职业（工种）的中级、高级理论鉴定考核要求编写，着眼于理论知识的培训。

读者对象：可作为各级职业技能鉴定培训机构、企业培训部门的培训教材，也可作为职业技术院校、技工院校、各种短训班的专业课教材，还可作为个人的学习用书。

◆车工（中级）鉴定培训教材
◆车工（高级）鉴定培训教材
◆铣工（中级）鉴定培训教材
◆铣工（高级）鉴定培训教材
◆磨工（中级）鉴定培训教材
◆磨工（高级）鉴定培训教材
◆钳工（中级）鉴定培训教材
◆钳工（高级）鉴定培训教材
◆机修钳工（中级）鉴定培训教材
◆机修钳工（高级）鉴定培训教材
◆焊工（中级）鉴定培训教材
◆焊工（高级）鉴定培训教材
◆热处理工（中级）鉴定培训教材
◆热处理工（高级）鉴定培训教材
◆铸造工（中级）鉴定培训教材
◆铸造工（高级）鉴定培训教材
◆电镀工（中级）鉴定培训教材
◆电镀工（高级）鉴定培训教材
◆维修电工（中级）鉴定培训教材
◆维修电工（高级）鉴定培训教材
◆汽车修理工（中级）鉴定培训教材
◆汽车修理工（高级）鉴定培训教材
◆涂装工（中级）鉴定培训教材
◆涂装工（高级）鉴定培训教材
◆制冷设备维修工（中级）鉴定培训教材
◆制冷设备维修工（高级）鉴定培训教材

国家职业资格培训教材——操作技能鉴定实战详解系列

丛书介绍：用于国家职业技能鉴定操作技能考试前的强化训练。特色：

- 重点突出，具有针对性——依据技能考核鉴定点设计，目的明确。
- 内容全面，具有典型性——图样、评分表、准备清单，完整齐全。
- 解析详细，具有实用性——工艺分析、操作步骤和重点解析详细。
- 练考结合，具有实战性——单项训练题、综合训练题，步步提升。

读者对象：可作为各级职业技能鉴定培训机构、企业培训部门的考前培训教材，也可供职业技能鉴定部门在鉴定命题时参考，也可作为读者考前复习和自测使用的复习用书，还可作为职业技术院校、技工院校、各种短训班的专业课教材。

◆车工（中级）操作技能鉴定实战详解
◆车工（高级）操作技能鉴定实战详解
◆车工（技师、高级技师）操作技能鉴定实战详解
◆铣工（中级）操作技能鉴定实战详解
◆铣工（高级）操作技能鉴定实战详解
◆钳工（中级）操作技能鉴定实战详解
◆钳工（高级）操作技能鉴定实战详解
◆钳工（技师、高级技师）操作技能鉴定实战详解
◆数控车工（中级）操作技能鉴定实战详解
◆数控车工（高级）操作技能鉴定实战详解
◆数控车工（技师、高级技师）操作技能鉴定实战详解
◆数控铣工/加工中心操作工（中级）操作技能鉴定实战详解
◆数控铣工/加工中心操作工（高级）操作技能鉴定实战详解
◆数控铣工/加工中心操作工（技师、高级技师）操作技能鉴定实战详解
◆焊工（中级）操作技能鉴定实战详解
◆焊工（高级）操作技能鉴定实战详解
◆焊工（技师、高级技师）操作技能鉴定实战详解
◆维修电工（中级）操作技能鉴定实战详解
◆维修电工（高级）操作技能鉴定实战详解
◆维修电工（技师、高级技师）操作技能鉴定实战详解
◆汽车修理工（中级）操作技能鉴定实战详解
◆汽车修理工（高级）操作技能鉴定实战详解

技能鉴定考核试题库

丛书介绍：根据各职业（工种）鉴定考核要求分级编写，试题针对性、通用性、实用性强。

读者对象：可作为企业培训部门、各级职业技能鉴定机构、再就业培训机构培训考核用书，也可供技工学校、职业高中、各种短训班培训考核使用，还可作为个人读者学习自测用书。

◆机械识图与制图鉴定考核试题库
◆机械基础技能鉴定考核试题库
◆电工基础技能鉴定考核试题库
◆车工职业技能鉴定考核试题库
◆铣工职业技能鉴定考核试题库
◆磨工职业技能鉴定考核试题库
◆数控车工职业技能鉴定考核试题库
◆数控铣工/加工中心操作工职业技能鉴定考核试题库
◆模具工职业技能鉴定考核试题库
◆钳工职业技能鉴定考核试题库
◆机修钳工职业技能鉴定考核试题库
◆汽车修理工职业技能鉴定考核试题库
◆制冷设备维修工职业技能鉴定考核试题库
◆维修电工职业技能鉴定考核试题库
◆铸造工职业技能鉴定考核试题库
◆焊工职业技能鉴定考核试题库
◆冷作钣金工职业技能鉴定考核试题库
◆热处理工职业技能鉴定考核试题库
◆涂装工职业技能鉴定考核试题库

机电类技师培训教材

丛书介绍：以国家职业标准中对各工种技师的要求为依据，以便于培训为前提，紧扣职业技能鉴定培训要求编写。加强了高难度生产加工，复杂设备的安装、调试和维修，技术质量难题的分析和解决，复杂工艺的编制，故障诊断与排除以及论文写作和答辩的内容。书中均配有培训目标、复习思考题、培训内容、试题库、答案、技能鉴定模拟试卷样例。

读者对象：可作为职业技能鉴定培训机构、企业培训部门、技师学院培训鉴定教材，也可供读者自学及考前复习和自测使用。

◆公共基础知识
◆电工与电子技术
◆机械制图与零件测绘
◆金属材料与加工工艺
◆机械基础与现代制造技术
◆技师论文写作、点评、答辩指导
◆车工技师鉴定培训教材
◆铣工技师鉴定培训教材

◆钳工技师鉴定培训教材
◆焊工技师鉴定培训教材
◆电工技师鉴定培训教材
◆铸造工技师鉴定培训教材
◆涂装工技师鉴定培训教材
◆模具工技师鉴定培训教材
◆机修钳工技师鉴定培训教材
◆热处理工技师鉴定培训教材
◆维修电工技师鉴定培训教材
◆数控车工技师鉴定培训教材
◆数控铣工技师鉴定培训教材
◆冷作钣金工技师鉴定培训教材
◆汽车修理工技师鉴定培训教材
◆制冷设备维修工技师鉴定培训教材

特种作业人员安全技术培训考核教材

丛书介绍：依据《特种作业人员安全技术培训大纲及考核标准》编写，内容包含法律法规、安全培训、案例分析、考核复习题及答案。

读者对象：可用作各级各类安全生产培训部门、企业培训部门、培训机构安全生产培训和考核的教材，也可作为各类企事业单位安全管理和相关技术人员的参考书。

◆起重机司索指挥作业
◆企业内机动车辆驾驶员
◆起重机司机
◆金属焊接与切割作业
◆电工作业
◆压力容器操作
◆锅炉司炉作业
◆电梯作业
◆制冷与空调作业
◆登高作业

读者信息反馈表

感谢您购买《食品检验工（高级）第2版》一书。为了更好地为您服务，有针对性地为您提供图书信息，方便您选购合适图书，我们希望了解您的需求和对我们图书的意见和建议，愿这小小的表格为我们架起一座沟通的桥梁。

<table>
<tr><td>姓名</td><td></td><td>所在单位名称</td><td colspan="2"></td></tr>
<tr><td>性别</td><td></td><td>所从事工作(或专业)</td><td colspan="2"></td></tr>
<tr><td>通信地址</td><td colspan="2"></td><td>邮编</td><td></td></tr>
<tr><td>办公电话</td><td></td><td>移动电话</td><td colspan="2"></td></tr>
<tr><td>E-mail</td><td colspan="4"></td></tr>
<tr><td colspan="5">1. 您选择图书时主要考虑的因素(在相应项前面✓)：
(　)出版社　(　)内容　(　)价格　(　)封面设计　(　)其他
2. 您选择我们图书的途径(在相应项前面✓)：
(　)书目　(　)书店　(　)网站　(　)朋友推介　(　)其他</td></tr>
<tr><td colspan="5">希望我们与您经常保持联系的方式：
□电子邮件信息　□定期邮寄书目
□通过编辑联络　□定期电话咨询</td></tr>
<tr><td colspan="5">您关注(或需要)哪些类图书和教材：</td></tr>
<tr><td colspan="5">您对我社图书出版有哪些意见和建议(可从内容、质量、设计、需求等方面谈)：</td></tr>
<tr><td colspan="5">您今后是否准备出版相应的教材、图书或专著(请写出出版的专业方向、准备出版的时间、出版社的选择等)：</td></tr>
</table>

非常感谢您能抽出宝贵的时间完成这张调查表的填写并回寄给我们，我们愿以真诚的服务回报您对机械工业出版社的关心和支持。

请联系我们——

地　　址　北京市西城区百万庄大街22号　机械工业出版社技能教育分社

邮　　编　100037

社长电话　(010)88379083　88379080　68329397(带传真)

E-mail　jnfs@ cmpbook. com